国家出版基金项目
NATIONAL PUBLICATION FOUNDATION

矿区生态环境修复丛书

有色金属矿山尾矿库
生态修复

李金天　束文圣　杨胜香　著

科　学　出　版　社
龍　門　書　局
北　京

内 容 简 介

本书围绕国家有色金属矿山污染生态修复的重大需求，针对尾矿库环境污染特征及修复现状，总结作者多年来的研究成果。全书共分 6 章，分别为有色金属矿山尾矿库概况、有色金属矿山尾矿库原生演替、有色金属矿山尾矿库的酸化及其机制、有色金属矿山尾矿库生态修复中植物的筛选与配置技术、有色金属矿山尾矿库原位基质改良技术、有色金属矿山尾矿库生态修复中的土壤微生物群落结构与功能。

本书可供从事矿山污染控制及生态修复的工程技术人员、科研人员和管理人员使用，也可作为高校和科研院所研究生的教材和参考书。

图书在版编目（CIP）数据

有色金属矿山尾矿库生态修复/李金天,束文圣,杨胜香著. —北京:龙门书局，2021.3
（矿区生态环境修复丛书）
国家出版基金项目
ISBN 978-7-5088-5921-7

Ⅰ.① 有… Ⅱ.① 李… ②束… ③杨… Ⅲ.① 有色金属矿山-尾矿利用-生态恢复-研究 ②TD862 Ⅳ.① X322.2

中国版本图书馆 CIP 数据核字（2021）第 047293 号

责任编辑：李建峰 杨光华 刘 畅/责任校对：高 嵘
责任印制：彭 超/封面设计：苏 波

科 学 出 版 社 出版
龙 门 书 局
北京东黄城根北街 16 号
邮政编码：100717
http://www.sciencep.com
武汉精一佳印刷有限公司印刷
科学出版社发行 各地新华书店经销
*
开本：787×1092 1/16
2021 年 3 月第 一 版 印张：14 1/2
2021 年 3 月第一次印刷 字数：350 000
定价：188.00 元
（如有印装质量问题，我社负责调换）

"矿区生态环境修复丛书"

编　委　会

顾问专家

傅伯杰　彭苏萍　邱冠周　张铁岗　王金南

袁　亮　武　强　顾大钊　王双明

主　编

干　勇　胡振琪　党　志

副主编

柴立元　周连碧　束文圣

编　委（按姓氏拼音排序）

陈永亨　冯春涛　侯恩科　侯浩波　黄占斌　李建中

李金天　林　海　刘　恢　卢桂宁　罗　琳　齐剑英

沈渭寿　汪云甲　夏金兰　谢水波　薛生国　杨胜香

杨志辉　余振国　赵廷宁　周　旻　周爱国　周建伟

秘　书

杨光华

"矿区生态环境修复丛书"序

我国是矿产大国，矿产资源丰富，已探明的矿产资源总量约占世界的 12%，仅次于美国和俄罗斯，居世界第三位。新中国成立尤其是改革开放以后，经济的发展使得国内矿山资源开发技术和开发需求上升，从而加快了矿山的开发速度。由于我国矿产资源开发利用总体上还比较传统粗放，土地损毁、生态破坏、环境问题仍然十分突出，矿山开采造成的生态破坏和环境污染点多、量大、面广。截至 2017 年底，全国矿产资源开发占用土地面积约 362 万公顷，有色金属矿区周边土壤和水中镉、砷、铅、汞等污染较为严重，严重影响国家粮食安全、食品安全、生态安全与人体健康。党的十八大、十九大高度重视生态文明建设，矿业产业作为国民经济的重要支柱性产业，矿产资源的合理开发与矿业转型发展成为生态文明建设的重要领域，建设绿色矿山、发展绿色矿业是加快推进矿业领域生态文明建设的重大举措和必然要求，是党中央、国务院做出的重大决策部署。习近平总书记多次对矿产开发做出重要批示，强调"坚持生态保护第一，充分尊重群众意愿"，全面落实科学发展观，做好矿产开发与生态保护工作。为了积极响应习总书记号召，更好地保护矿区环境，我国加快了矿山生态修复，并取得了较为显著的成效。截至 2017 年底，我国用于矿山地质环境治理的资金超过 1 000 亿元，累计完成治理恢复土地面积约 92 万公顷，治理率约为 28.75%。

我国矿区生态环境修复研究虽然起步较晚，但是近年来发展迅速，已经取得了许多理论创新和技术突破。特别是在近几年，修复理论、修复技术、修复实践都取得了很多重要的成果，在国际上产生了重要的影响力。目前，国内在矿区生态环境修复研究领域尚缺乏全面、系统反映学科研究全貌的理论、技术与实践科研成果的系列化著作。如能及时将该领域所取得的创新性科研成果进行系统性整理和出版，将对推进我国矿区生态环境修复的跨越式发展起到极大的促进作用，并对矿区生态修复学科的建立与发展起到十分重要的作用。矿区生态环境修复属于交叉学科，涉及管理、采矿、冶金、地质、测绘、土地、规划、水资源、环境、生态等多个领域，要做好我国矿区生态环境的修复工作离不开多学科专家的共同参与。基于此，"矿区生态环境修复丛书"汇聚了国内从事矿区生态环境修复工作的各个学科的众多专家，在编委会的统一组织和规划下，将我国矿区生态环境修复中的基础性和共性问题、法规与监管、基础原理/理论、监测与评价、规划、金属矿冶区/能源矿山/非金属矿区/砂石矿废弃地修复技术、典型实践案例等已取得的理论创新性成果和技术突破进行系统整理，综合反映了该领域的研究内容，系统化、专业化、整体性较强，本套丛书将是该领域的第一套丛书，也是该领域科学前沿和国家级科研项目成果的展示平台。

本套丛书通过科技出版与传播的实际行动来践行党的十九大报告"绿水青山就是金山银山"的理念和"节约资源和保护环境"的基本国策，其出版将具有非常重要的政治意义、理论和技术创新价值及社会价值。希望通过本套丛书的出版能够为我国矿区生态环境修复事业发挥积极的促进作用，吸引更多的人才投身到矿区修复事业中，为加快矿区受损生态环境的修复工作提供科技支撑，为我国矿区生态环境修复理论与技术在国际上全面实现领先奠定基础。

干 勇　胡振琪　党　志

柴立元　周连碧　束文圣

2020 年 4 月

前　言

　　矿产资源是国民经济、社会发展和人民生活的重要物质基础。当今世界约95%的一次性能源、80%的工业原材料、75%以上的农业生产资料都来自矿产资源。然而，矿产资源的开发在给人类带来巨大的经济利益的同时，也产生了大量的尾矿。通常情况下，每处理1t矿石产生0.50～0.95t的尾矿。尾矿产生后通常以尾矿浆的形式排出，排出后一般堆放在尾矿库内。截至2020年5月底，全国共有尾矿库7278座。尾矿的露天堆放不仅占用大量土地，而且会污染土壤、水体和大气，对矿区及其周边地区的生态环境和人体健康造成严重危害，且其环境影响具有普遍性、严重性、持久性和区域性等特点，有色金属尾矿库治理与生态修复迫在眉睫。

　　目前，国内外关于尾矿废弃地的治理措施主要有三种：物理固定法、化学改良法和植被恢复法。基于植被重建的有色金属尾矿库生态修复是一项兴起于20世纪50年代、被誉为最具有发展潜力的尾矿治理技术，它具有经济、环保等优点，目前已经在世界范围内获得了广泛的认可。针对有色金属尾矿库物理结构不良、持水保肥能力差、养分贫乏、重金属毒性强、酸化潜力高、治理与生态修复难度大等问题，作者所在的科研团队在原生演替、酸化机制、耐性植物筛选、基质改良、微生物群落等方面进行了长达二十年的研究，明确了有色金属尾矿库原生演替规律，提出了简单易行的酸化预测方法，筛选出了适合有色金属尾矿库基质的耐性植物和改良方法，探究了尾矿库微生物群落结构与功能变化，为今后有色金属尾矿库治理与生态修复提供科学依据与技术支撑。

　　本书的研究工作得到了国家高技术研究发展计划（863计划）项目"重金属尾矿的灌-草-苔藓联合修复技术"（2006AA06Z359），国家自然科学基金委员会-广东省人民政府联合基金重点项目"华南典型有色金属矿业废弃物酸化对重金属释放的影响及其控制原理"（U1201233），国家自然科学基金项目"极端酸性环境形成过程中微生物群落结构与功能演变"（40930212）、"尾矿原生演替过程中生物多样性演变与尾矿生态恢复"（30970548）、"重金属复合污染土壤植物修复的机理与技术"（40471117）、"矿业废弃地植被恢复中废弃物的酸化预测与过程控制研究"（39770154）、"铅锌矿尾矿废弃地植被重建中的生态问题研究"（39270149）、"物种多样性在重金属尾矿生态恢复中的作用与机制"（41471257）、"尾矿生态恢复中碳、氮、磷循环及其微生物调节机制"（41561076）、"尾矿生态恢复中地上-地下生态过程的相互作用"（41101532）等的资助，在此表示感谢。另外，还要感谢团队的博士研究生王宏镖、叶脉、王胜龙、宋勇生、杨涛涛、刘俊及硕士研究生龚亚龙、谢莹莹、陈娅婷等为本书所做的贡献。书中所引用文献资料统一列在参考文献中，部分做了取舍、补充或变动，而对于难以准确说明之处，敬请作者或原资料作者谅解，在此表示衷心的感谢。

由于作者水平所限，书中疏漏之处在所难免，敬请读者批评指正。

作 者

2020 年 6 月 6 日

目　　录

第1章　有色金属矿山尾矿库概况 ·· 1

1.1　尾矿库及其环境效应 ··· 1

1.2　尾矿库的治理措施 ··· 1

   1.2.1　物理固定法 ·· 2

   1.2.2　化学改良法 ·· 2

   1.2.3　植被恢复法 ·· 2

1.3　尾矿库修复的关键科学问题 ··· 3

   1.3.1　尾矿库的原生演替理论 ·· 3

   1.3.2　尾矿库废弃物酸化及其机制 ·· 3

1.4　尾矿库生态修复的关键技术问题 ··· 4

   1.4.1　尾矿库生态修复的植物筛选 ·· 4

   1.4.2　尾矿库生态修复的基质改良 ·· 5

参考文献 ·· 6

第2章　有色金属矿山尾矿库原生演替 ··· 10

2.1　尾矿库原生演替过程中的土壤性质变化特征 ······································· 11

   2.1.1　土壤物理性质变化特征 ·· 11

   2.1.2　土壤化学性质变化特征 ·· 13

2.2　尾矿库原生演替过程中的植物群落变化特征 ······································· 20

2.3　尾矿库原生演替过程中的动物群落变化特征 ······································· 21

   2.3.1　大中型土壤动物群落的变化特征 ·· 21

   2.3.2　螨虫群落的变化特征 ·· 23

   2.3.3　线虫群落的变化特征 ·· 23

   2.3.4　原生动物群落的变化特征 ·· 26

2.4　尾矿库原生演替过程中的微生物群落变化特征 ····································· 31

   2.4.1　细菌群落的变化特征 ·· 31

   2.4.2　真菌群落的变化特征 ·· 36

2.5　尾矿库原生演替过程中土壤生物与土壤演化结构方程模型 ··························· 43

   2.5.1　土壤生物与土壤物理化学性质演化 ·· 43

   2.5.2　土壤生物与土壤养分演化 ·· 45

   2.5.3　土壤生物与土壤重金属演化 ·· 48

参考文献 ··· 52

第3章 有色金属矿山尾矿库的酸化及其机制 ·························· 54

  3.1 尾矿酸化过程及酸化潜力预测 ······························· 54

    3.1.1 尾矿的酸化过程 ··································· 54

    3.1.2 酸性环境的微生物 ································· 56

    3.1.3 尾矿的酸化潜力及其预测 ··························· 57

  3.2 尾矿的酸化机制 ····································· 58

    3.2.1 不同酸化阶段尾矿的理化特征和矿物学组成 ·················· 59

    3.2.2 不同酸化阶段尾矿的微生物群落特征 ····················· 60

    3.2.3 尾矿酸化的微生物机制 ····························· 63

  参考文献 ··· 71

第4章 有色金属矿山尾矿库生态修复中植物的筛选与配置技术 ·············· 74

  4.1 重金属耐性植物的筛选 ································· 74

    4.1.1 华南典型铅锌矿区重金属耐性植物的筛选 ··················· 74

    4.1.2 两广地区典型砷矿区重金属耐性植物的筛选 ·················· 77

    4.1.3 长江中下游典型铜矿区重金属耐性植物的筛选 ················· 87

    4.1.4 云南典型铅锌矿重金属耐性植物的筛选 ···················· 95

    4.1.5 湘西地区典型铅锌锰矿区重金属耐性植物的筛选 ··············· 107

  4.2 植物物种配置 ······································ 116

    4.2.1 重金属胁迫对生物多样性与生态系统功能关系的影响 ············· 116

    4.2.2 不同植物物种配置模式对铜尾矿库生态修复效果的影响 ··········· 122

    4.2.3 不同植物物种多样性对铅锌尾矿库生态修复效果的影响 ··········· 127

  参考文献 ··· 134

第5章 有色金属矿山尾矿库原位基质改良技术 ······················ 138

  5.1 尾矿库理化性质 ····································· 139

  5.2 铅锌尾矿库基质改良的室内盆栽试验 ························ 140

    5.2.1 有机废弃物对铅锌尾矿的改良效果 ······················ 140

    5.2.2 工业有机废弃物对铅锌尾矿的改良效果 ···················· 144

    5.2.3 有机废弃物配合氮磷肥施用对铅锌尾矿的改良效果 ············· 149

  5.3 铅锌尾矿库基质改良的野外田间试验 ························ 155

    5.3.1 三种工业有机废弃物对铅锌尾矿的改良效果 ················· 155

    5.3.2 碳氮磷源改良剂对铅锌尾矿的改良效果 ···················· 163

  参考文献 ··· 175

第6章　有色金属矿山尾矿库生态修复过程中的土壤微生物群落结构与功能…………178

6.1　土壤原核微生物群落结构的变化特征及其主要影响因子 ………………180

　　6.1.1　土壤原核微生物群落结构的变化特征 ………………180

　　6.1.2　土壤原核微生物群落结构与理化因子的关系 ………………188

6.2　土壤真菌群落结构的变化特征及其主要影响因子 ………………192

　　6.2.1　土壤真菌群落结构的变化特征 ………………192

　　6.2.2　土壤真菌群落结构与理化因子的关系 ………………196

6.3　土壤微生物群落功能的变化特征 ………………199

　　6.3.1　土壤微生物群落功能基因的总体情况 ………………200

　　6.3.2　土壤微生物群落适应极端环境相关基因的变化特征 ………………203

　　6.3.3　土壤微生物群落铁/硫氧化相关基因的变化特征 ………………204

　　6.3.4　土壤微生物群落碳固定相关基因的变化特征 ………………206

　　6.3.5　土壤微生物群落氮代谢相关基因的变化特征 ………………208

参考文献 ………………213

术语索引 ………………217

植物索引 ………………219

第1章　有色金属矿山尾矿库概况

1.1　尾矿库及其环境效应

尾矿是指对有色金属矿山开采出的矿石利用各种分选方法选取精矿后产生的大量脉石废渣，通常以尾矿浆的形式排出，排出后一般堆放在尾矿库内。我国是一个矿业大国，但大多数矿产资源的品位较低，在选矿过程中会排出大量的尾矿。通常情况下，每处理 1 t 矿石产生 0.50～0.95 t 的尾矿（周连碧，2012）。截至 2016 年，全国共有尾矿库 8 385 座（徐洪达，2020）。随着采选矿技术的日益提高，矿石可开采的品位相应降低，尾矿的产生量却在逐年增加。尾矿的露天堆放不仅占用大量土地，而且会污染土壤、水体和大气，对矿区及其周边地区的生态环境和人体健康造成严重危害，且其环境影响具有普遍性、严重性、持久性和区域性等特点（Martin-Peinadoa et al.，2015；Mendez et al.，2008），其环境效应主要表现在以下三个方面。

（1）占用大量的土地。尾矿堆存需要占用大量的土地。例如，一个年产 200 万 t 铁精矿的选矿厂，建一座尾矿库需占地 53.4～66.7 hm^2，并且只能维持 10～15 年生产之用（徐慧 等，2006）。随着老的尾矿库闭库，新的尾矿库不断增加，必将占用更多的土地。

（2）污染环境。尾矿一般具有颗粒较细、结构松散、孔隙率大、保水能力差、无土壤团粒结构、养分贫乏、极端 pH、重金属污染严重等特点。据报道，一个大型尾矿场扬出的粉尘可以飘浮到 10～12 km 之外，降尘量达 300 t/hm^2，粉尘污染可使谷物损失达 27%～29%（白中科 等，2000）。有关模型测算表明，未经处置的尾矿重金属污染会持续 100 年以上（黄铭洪，2003）。

（3）安全隐患。很多尾矿库因超过库容、超龄服役、遇山洪暴雨、设计不合理、安全措施不到位等，均可能会引起塌陷、滑坡，造成尾矿库溃坝。自 20 世纪 80 年代以来，我国共发生尾矿库溃坝重大事故 200 余起，尾矿事故不仅造成人员伤亡，而且也造成巨大的经济损失（常前发，2010）。

1.2　尾矿库的治理措施

有色金属矿山尾矿库的治理是世界性的难题（Dobson et al.，1997），因为它的理化性质非常极端，主要表现在物理结构不良、持水保肥能力差、养分贫乏、重金属毒性强、酸化潜力高等方面（Mendez et al.，2008；Bradshaw，1993）。目前，国内外关于尾矿废弃地的治理措施主要有三种：物理固定法、化学改良法和植被恢复法。

1.2.1　物理固定法

物理固定法是指在有色金属矿山尾矿废弃地表面覆盖无害的材料，如煤渣、钢渣、砾石、表土等，达到稳定、固化、降低水蚀和风蚀作用、减少重金属污染的目的（Johnson et al.，2005）。然而，尾矿废弃地一般占地面积大，难以获得合适数量和质量的覆盖材料，且运输成本高昂。覆土法是目前国内治理尾矿库常用的措施，我国大部分有色金属矿山在南部山区，土源本来就比较少，多年采矿后取土越来越困难，有的矿山甚至花巨资在耕地上取土。一个中等规模的尾矿库覆土需要约 20 000 m³ 土方量，相当于从 12 亩[①]（约 8 000 m²）耕地挖深 2.5 m 取土（代宏文 等，2002）。这种做法既不能解决矿山长期使用土源问题，又破坏我国宝贵的耕地资源，还给矿山带来沉重的负担。

1.2.2　化学改良法

化学改良法是指在有色金属矿山尾矿库中添加一种或几种化学材料，如乙二胺四乙酸（ethylene diaminetetraacetic acid，EDTA）、生石灰、有机废弃物等，通过添加的改良剂来螯合、络合重金属离子，降低重金属毒性，在尾矿库表面形成坚实的外壳，防止尾矿库受风蚀、水蚀、地表径流、地下渗漏等影响，达到减轻环境污染的目的（Basta et al.，2004）。美中不足的是，化学改良法不能改变原有景观，缺乏长期效果，需要定期检查其实际应用效果。此外，改良材料一般比较昂贵、改良剂的添加会破坏尾矿的结构和微生物区系，易造成二次污染。这项技术通常仅仅用来对尾矿废弃物进行暂时固定以利于植物定植。

1.2.3　植被恢复法

植被恢复法是指利用植物自然生长或采用人工辅助措施，如添加改良剂和利用金属耐性植物在尾矿库上进行植被重建，通过形成持久的植被覆盖达到控制其污染扩散的目的（Kabas et al.，2011；Lei et al.，2008）。植被恢复是矿山废弃地生态恢复的关键，因为几乎所有的自然生态系统的恢复总是以植被的恢复为前提。成功的植被恢复不仅可以稳定土壤、控制污染、改善景观、减轻污染对人类健康的威胁（Gomez-Ros et al.，2013），而且可以有效地恢复生态系统的完整性（如物质循环、能量流动、信息传递等）（Kabas et al.，2011）。但尾矿库对植物而言是一个非常恶劣的生长环境，因为它存在许多限制植物生长的因素，尤其是高浓度的残留重金属、大量营养元素（如 N、P）的缺乏、极差的土质结构及表层不稳定性。这些特征导致尾矿库即使在经过多年的废弃之后，绝大部分还是不适宜自然植被生长。

---

① 1 亩 ≈ 666.7 m²

1.3　尾矿库修复的关键科学问题

1.3.1　尾矿库的原生演替理论

原生演替是生态学的核心理论问题之一，同时对指导退化生态系统的生态恢复也有着重要的意义。有色金属矿山尾矿库是一种极端的裸地，不具备正常土壤的基本结构和肥力。作为新形成的生态系统，尾矿库具有植被缺乏、重金属浓度较高、养分不足、微生物群落结构简单、土壤团聚体尚未形成等特点。对于研究生态系统恢复过程中的演化机制，尾矿库生态系统是非常理想的天然模板（Ruiz-Jaen et al.，2005；朱伟兴，2005）。尾矿库作为一种极端生境，植物的自然定居和生态系统的原生演替过程极其缓慢，自然建立一个良好的植被往往需要几百年甚至千年以上的时间（Lichter，1998；Connell et al.，1977）。其演替过程也是基质的缓慢改良和耐性植物的逐渐形成过程（Hu et al.，2003；Walker et al.，2003；Chapin et al.，1994）。从实质上来说，尾矿库生态修复就是复制其自然演替，并加快其自然演替过程。它不仅有着重要的应用价值，同时也蕴藏着重大科学问题，主要体现在尾矿库作为一种以重金属毒害为主要特征的极端裸地，其生态系统自然演替过程与机理研究是原生演替理论的重要组成部分（束文圣 等，2003）。生态学中的生物与土壤因素的相互作用、种内关系、种间关系、群落的集合过程与机理、多样性与稳定性关系、生态系统演替等重大理论问题，以及环境因子中的土壤结构和养分演变等规律，都可以通过尾矿库生态修复实践得到检验、发展和补充（Milner et al.，2007；Young，2000；Dobson et al.，1997）。

1.3.2　尾矿库废弃物酸化及其机制

采矿废弃物酸化是全世界范围内一个较为普遍的现象。大部分有色金属矿山的地层都含有各种类型的金属硫化物，含硫尾矿的氧化是尾矿库酸化污染扩散的根源（Alpers et al.，1994）。这些金属硫化物在采矿活动中与空气接触发生氧化作用，从而生成硫酸（Kittrick et al.，1982）。在强酸性环境下，pH 的降低直接影响重金属的活性，尾矿中大量潜在的有毒元素在酸性条件下会加速溶解，并随酸性矿山废水（acid mine drainage，AMD）迁移出尾矿库。这种酸化尾矿的环境效应主要表现在 4 个方面。①强酸性环境及由此带来的重金属元素毒害。极端酸性会加剧重金属离子的溶出和毒害。Havas（1985）发现，pH 每降低一个单位，Al^{3+} 活性大致增加 10 倍。②极端酸性及盐分直接伤害植物。较低的 pH 使可溶性盐类含量增加，高浓度的 H^+ 和含盐量过高会导致植物酶系统的失活，细胞膜受损害，抑制植物的呼吸作用和根系对水分和营养元素的吸收，大多数农作物的生长在电导率达 1.5～7.0 dS/m 时便受影响（Dent，1986）。③土壤熟化受阻及 N、P 和 K 等营养元素供应不足。土壤的物理熟化在很大程度上有赖于生长其上的植物的蒸腾作用，然而酸化层形成后造成土壤板结，严重阻碍植物根系的向下穿透从而影响土壤的熟化。酸化还会严重影响有机质分解、养分的释放和保持，在酸化环境中土壤的离子交换能力降低，导致植物所需要的大量元素和其他微量元素严重不足（Bradshaw et al.，1980）。④对整个生态系统的破坏作用。由酸性硫酸盐土排出的酸水可污染邻近的正常土壤和水域，恶化河流、港湾水质并导致鱼类对疾病的抵抗能力降低，甚至导致大量鱼类死亡（Callinan et al.，1988；Singh et al.，1988）。

金属硫化物的纯化学氧化是一个十分缓慢的过程，土壤中金属硫化物的迅速氧化必须有微生物的参与。在发生氧化之前，金属硫化物沉积物通常呈中性至弱碱性，这一条件并不利于能将 Fe^{2+} 转化为 Fe^{3+} 的氧化亚铁硫杆菌（*Thiobacillus ferrooxidans*）和铁氧化钩端螺旋菌（*Leptospirillum ferrooxidans*）的生存，因此，在金属硫化物生物氧化之前，需要经历一个初始的酸化过程。这一初始酸化过程是由 O_2 介导的自然氧化过程，反应速率极其缓慢，其化学反应方程式为

$$2FeS_2 + 7O_2 + 2H_2O \longrightarrow 2FeSO_4 + 2H_2SO_4 \qquad (1.1)$$

FeS_2 的氧化主要是由 Fe^{2+} 的氧化来完成。在这个过程中主要涉及三个反应：

$$4Fe^{2+} + O_2 + 4H^+ \longrightarrow 4Fe^{3+} + 2H_2O \qquad (1.2)$$

$$Fe^{3+} + 3H_2O \longrightarrow Fe(OH)_3 + 3H^+ \qquad (1.3)$$

$$14Fe^{3+} + FeS_2 + 8H_2O \longrightarrow 15Fe^{2+} + 2SO_4^{2-} + 16H^+ \qquad (1.4)$$

其中嗜酸微生物的作用在于它能催化反应（1.2），通过把 Fe^{2+} 氧化成 Fe^{3+}，从而促进反应（1.2）的进行（Johnson et al.，2005；Baker et al.，2003）。在微生物作用下，Fe^{2+} 的氧化速率要比其单独被 O_2 氧化的速率快 5 个数量级（Singer et al.，1970）。矿业废弃物中硫化物（FeS_2）的整个氧化产酸过程见图 1.1（Ferguson et al.，1988）。

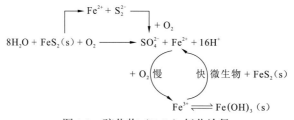

图 1.1　硫化物（FeS_2）氧化途径

1.4　尾矿库生态修复的关键技术问题

1.4.1　尾矿库生态修复的植物筛选

基于植被重建的有色金属矿山尾矿库生态修复是一项兴起于 20 世纪 50 年代、被誉为最具有发展潜力的尾矿治理技术（Wang et al.，2017；Mendez et al.，2008），它具有经济、环保等优点，目前已经在世界范围内获得了广泛的认可。该技术的核心思想是利用重金属耐性植物在尾矿上重新建立植被，并通过辅助措施促使它们逐步演替成为能自

维持的、稳定的生态系统，从而将重金属污染长期固定在原地。因此，该技术也被称为植物稳定（phytostabilization），是广义植物修复技术（phytoremediation）的一个分支（Mendez et al.，2008；Wong，2003）。国外研究起步较早，在理论和实践上都取得了重大的成果。欧洲尤其是英国关于重金属尾矿生态恢复的研究，带动了相应的植物重金属耐性生理、生态、遗传和进化生物学方向的研究，并在此基础上推动了重金属污染的植物修复技术的进步，成功地开发出可商业化应用的针对不同重金属矿山废弃地的耐性品种系列，如狗牙根（*Cynodon dactylon*）、香根草（*Vetiveria zizanioides*）、双穗雀稗（*Paspalum distichum*）、宽叶香蒲（*Typha latifolia*）等（Shu et al.，2005；Adriano et al.，2004）。发展了直接植被法、覆土与隔离覆土植被法及表土转换与复原技术等，加之严格的法规管理与大量的经济投入，至 20 世纪 80 年代，国外尤其是欧美等矿业废弃地植被恢复实践已取得重大进展，废弃地的复垦率一般都在 50%以上，污染情况得到有效控制，废弃地甚至被用于农林等经济目的（付艳华 等，2016；罗明 等，2013；胡振琪 等，2008）。我国对于尾矿库的植物修复研究起步于 20 世纪 80 年代，中山大学和香港浸会大学合作提出了尾矿库影响植物定居的主要限制因子及其改良措施，筛选出多种重金属耐性植物种类，创立了重金属耐性植物为主体的重金属矿山废弃地的植被重建模式（黄铭洪 等，2003；束文圣 等，2003）。矿冶科技集团有限公司在铜陵五公里铜尾矿、中国科学院生态环境研究中心在德兴铜尾矿的植被重建研究也都是尾矿库生态修复的代表性工作（周连碧，2012；雷梅 等，2005）。此外，中国科学院地理科学与资源研究所、中国科学院南京土壤研究所、安徽师范大学、浙江大学也对全国各地的重金属矿山进行野外调查分析，报道了一批具有重金属耐性的植物（余海波 等，2010；田胜尼 等，2005）。经过半个多世纪的发展，基于植被重建的重金属尾矿库生态恢复的理论研究已经取得了丰富的成果，主要体现在 5 个方面（Liu et al.，2014；Yang et al.，2010；Liao et al.，2007；束文圣 等，2003）：①明确了限制植物在尾矿废弃地上定居的主要胁迫因子并提出了相应的改良措施；②总结出植物适应尾矿废弃地极端环境的主要策略并筛选出一大批可用于生态恢复的植物种类；③揭示了植物在尾矿废弃地自然定居的过程和机理；④探讨了豆科植物、菌根真菌、土壤种子库等对尾矿废弃地生态恢复的作用；⑤系统研究了重金属在重建生态系统中的迁移规律及由此产生的潜在生态风险。

1.4.2　尾矿库生态修复的基质改良

有色金属矿山尾矿库传统的修复方法主要包括物理稳定法、化学稳定法和植物稳定法（Mendez et al.，2008）。物理稳定法和化学稳定法易破坏土壤结构，产生二次污染，稳定效果差，且效果常常是暂时性的；植物稳定法以其潜在的高效、廉价及其环境友好性被世界各国政府、科技界、企业界所关注，具有很好的应用前景（Karaca et al.，2018；Clémence et al.，2014）。然而对植物来讲，尾矿库是一个非常恶劣的生长环境，存在许多限制植物生长的因素。因此，通常的做法是在有色金属矿山尾矿中添加改良剂，降低尾矿基质的重金属毒性、改善物理结构、提高有机质及营养元素含量，利于植物的定居和生长（Gil-Loaiza et al.，2016；Pardo et al.，2014）。近年来，各种各样的材料，如石灰、沸石、粉煤灰、赤泥、禽畜类粪便、污水污泥、作物秸秆等被用作改良剂，用于有色金属矿山尾矿库生态修复时的基质改良（吴烈善 等，2015；Kabas et al.，2012）。其中，有机质丰富的材料备受欢迎，它们在进行尾矿基质改良时主要发挥了 4 个方面的功能：①改善尾矿基质的理化性质、提高其持水保肥的能力；②螯合、固定部分重金属离子，缓解其毒性；③缓慢释放养分，可供植物较持久利用；④重建微生物群落，恢复尾矿的生态学功能（Yang et al.，2017；Li et al.，2015；Kabas et al.，2012）。

参 考 文 献

白中科，赵景逵，2000. 工矿土地复垦与生态重建. 北京: 中国农业科技出版社.

常前发，2010. 我国矿山尾矿综合利用和减排的新进展. 金属矿山，405(3): 1-5.

代宏文，周连碧，2002. 尾矿库边坡植被生态稳定技术研究. 矿冶，11: 257-260.

付艳华，胡振琪，商馨莹，等，2016. 美国怀俄明州矿区土地复垦验收标准及保证金返还. 金属矿山，11: 152-155.

胡振琪，卞正富，成枢，等，2008. 土地复垦与生态重建. 徐州: 中国矿业大学出版社.

黄铭洪，2003. 环境污染与生态恢复. 北京: 科学出版社.

黄铭洪，骆永明，2003. 矿区土地修复与生态恢复. 土壤学报，40: 161-169.

雷梅，岳庆玲，陈同斌，等，2005. 湖南柿竹园矿区土壤重金属含量及植物吸收特征. 生态学报，25(5): 1146-1151.

刘驰，李家宝，芮俊鹏，等，2015. 16S rRNA 基因在微生物生态学中的应用. 生态学报，9: 2769-2788.

罗明，肖文，李茜，2013. 国外历史遗留废弃矿地复垦及借鉴. 中国土地，10: 1-3.

束文圣，叶志鸿，张志权，等，2003. 华南铅锌尾矿生态恢复的理论与实践. 生态学报，23(8): 1629-1639.

田胜尼，孙庆业，王铮峰，等，2005. 铜陵铜尾矿废弃地定居植物及基质理化性质的变化. 长江流域资源与环境，14(1): 88-93.

吴烈善，曾东梅，莫小荣，等，2015. 不同钝化剂对重金属污染土壤稳定化效应的研究. 环境科学，36(1): 309-313.

徐慧，徐凯，2006. 加快我国有色金属矿山尾矿开发利用. 中国有色金属，10: 49-51.

徐洪达，2020. 中国尾矿坝安全现状. 第十三届全国尾矿库安全运行高峰论坛暨设备展示会论文集，8: 21-23.

余海波，周守标，宋静，等，2010. 铜尾矿库能源植物稳定化修复过程中定居植物多样性研究. 中国农学通报，26(18): 341-346.

赵武，霍成立，刘明珠，等，2011. 有色金属尾矿综合利用的研究进展. 中国资源利用，29(3): 24-28.

周连碧，2012. 铜尾矿废弃地重金属污染特征与生态修复研究. 北京: 中国矿业大学(北京).

朱伟兴，2005. 恢复及演替过程中的土壤生态学考虑. 植物生态学报，29(3): 479-486.

ADRIANO D C, WENZEL W W, VANGRONSVELD J, et al., 2004. Role of assisted natural remediation in environmental cleanup. Geoderma, 122: 21-142.

ALPERS C, BLOWES D, 1994. Environmental geochemistry of sulfide oxidation. Columbus, American Chemical Society, 9: 752.

BASTA N T, MCGOWEN S L, 2004. Evaluation of chemical immobilization treatments for reducing heavy metal transport in a smelter-contaminated soil. Environmental Pollution, 127: 73-82.

BAKER B J, BANFIELD J F, 2003. Microbial communities in acid mine drainage. FEMS Microbiology Ecology, 44: 139-152.

BRADSHAW A D, 1993. Restoration ecology as a science. Restoration Ecology, 1: 71-73.

BRADSHAW A D, CHADWICK M J, 1980. The restsration of land: The ecology and reclamation of derelict and degraded land. Berkeley: University of California Press.

CALLINAN R B, FRASER G C, MELVILLE M D. 1988. Seasonally recurrent fish mortalities and ulcerative disease outbreaks associated with acid sulphate soils in Australian estuaries//DENT D, MENSVOORT M E F. Selected papers of Ho Chi Minh City symposium on acid sulphate soils. Wageningen: ILRI Publication: 53.

CHAPIN F S III, WALKER L R, FASTIE C L, et al., 1994. Mechanisms of primary succession following deglaciation at Glacier Bay, Alaska. Ecological Monographs, 64: 149-175.

CLÉMENCE M B, PARDO T, BERNAL M P, et al., 2014. Assessment of the environmental risks associated with two mine tailing soils from the La Unión-Cartagena(Spain)mining district. Journal of Geochemical Exploration, 147: 98-106.

CONNELL J H, SLATYER R O, 1977. Mechanisms of succession in natural communities and their roles in community stability and organization. The American Naturalist, 111: 1119-1144.

DENT D, 1986. Acid sulphate soil: A baseline for research and development. Wageningen: ILRI Publication.

DOBSON A P, BRADSHAW A D, BAKER A J M, 1997. Hopes for the future: Restoration ecology and conservation biology. Science, 277: 515-522.

FERGUSON K, ERICKSON P, 1988. Pre-mine prediction of acid mine drainge//SALOMONS W, FÖRSTNER U. Environmental management of solid waste. Berlin: Springer-Verlag: 26-27.

GIL-LOAIZA J, WHITE S A, ROOT R A, et al., 2016. Phytostabilization of mine tailings using compost-assisted direct planting: Translating greenhouse results to the field. Science of the Total Environment, 565: 451-461.

GOMEZ-ROS J M, GARCIA G, PENAS J M, 2013. Assessment of restoration success of former metal mining areas after 30 years in a highly polluted Mediterranean mining area: Cartagena-La Union. Ecological Engineering, 57: 393-402.

HAVAS M, 1985. Aluminum bioaccumulation and toxicity to Daphnia magna in soft water at low pH. Canadian Journal of Fisheries and Aquatic Sciences, 42(11): 1741-1748.

HETRICK B, WILSON G, FIGGE D, 1994. The influence of mycorrhizal symbiosis and fertilizer amendments on establishment of vegetation in heavy metal in mine spoil. Environment Pollution, 86: 171-179.

HU C X, LIU Y D, 2003. Primary succession of algae community structure in desert soil. Acta Botanic Sinica, 45: 917-924.

JEFFRIES P, GIANINAZZI S, PEROTTO S, et al., 2003. The contribution of arbuscular mycorrhizal fungi in sustainable maintenance of plant health and soil fertility. Biology and Fertility of Soils, 37: 1-16.

JOHNSON D B, HALLBERG K B, 2005. Acid mine drainage remediation options: A review. Science of the Total Environment, 338: 3-14.

KABAS S, ACOSTA JA, ZORNOZA R, et al., 2011. Integration of landscape reclamation and design in a mine tailings in Cartagena-La Unión, SE Spain. International Journal of Energy and Environment, 5(2): 301-308.

KABAS S, FAZ A, ACOSTA J A, et al., 2012. Effect of marble waste and pig slurry on the growth of native vegetation and heavy metal mobility in a mine tailing pond. Journal of Geochemical Exploration, 123(12): 69-76.

KARACA O, CAMESELLE C, REDDY K R, 2018. Mine tailings disposal sites: Contamination problems, remedial options and phytocaps for sustainable remediation. Reviews in Environmental Science and Bio-technology, 17: 205-228.

KITTRICK J, FANNING D, HOSSENER L, 1982. Acid sulfate weathering. Madison, Soil Science Society of America: 234.

LEI D M, DUAN C Q, 2008. Restoration of potential of pioneer plants growing on lead-zinc mine tailings in Lanping, southwest China. Journal of Environmental Science, 20: 1202-1209.

LI J J, ZHOU X M, YAN J X, et al., 2015. Effects of regenerating vegetation on soil enzyme activity and microbial structure in reclaimed soils on a surface coal mine site. Applied Soil Ecology, 87(3): 56-62.

LI X F, PHILIP L B, NOSTRAND J, et al., 2015. Longbin Huang. From lithotrophto organotroph-dominant: Directional shift of microbial community in sulphidic tailings during phytostabilization. Scientific Reports, 5: 12978.

LIAO B, HUANG L N, YE Z H, et al., 2007. Cut-off net acid generation pH in predicting acid-forming potential in mine spoils. Journal of Environmental Quality, 36: 887-891.

LICHTER J, 1998. Primary succession and forest development on coastal lake Michigan sand dune. Ecological Monographs, 68: 487-510.

LIU W Q, YANG C, SHI S, et al., 2014. Effects of plant growth-promoting bacteria isolated from copper tailings on plants in sterilized and non-sterilized tailings. Chemosphere, 97: 47-53.

MARTIN-PEINADOA F J, ROMERO-FREIREA A, GARCÍA-FERNÁNDEZB I, et al., 2015. Long-term contamination in a recovered area affected by a mining spill. Science of the Total Environment, 514: 219-223.

MENDEZ M O, MAIER R M, 2008. Phytostabilization of mine tailings in arid and semiarid environments: An emerging remediation technology. Environmental Health Perspectives, 116: 278-283.

MILNER A M, FASTIE C L, CHAPIN S, et al., 2007. Interactions and linkages among ecosystems during landscape evolution. Bioscience, 57: 237-247.

NIES D, 1999. Microbial heavy-metal resistance. Applied Microbiology Biotechnology, 51: 730-750.

PARDO T, BERNAL M P, CLEMENTE R, 2014. Efficiency of soil organic and inorganic amendments on the remediation of a contaminated mine soil: I. Effects on trace elements and nutrients solubility and leaching risk. Chemosphere, 107(7): 121-128.

ROANE T, 1999. Lead resistance in two bacterial isolates from heavy metal-contaminated soils. Microbiology Ecology, 37: 218-224.

RUIZ-JAEN M C, AIDE T M, 2005. Restoration success: How is it being measured. Restoration Ecology, 13: 569-577.

SHU W S, YE Z H, ZHANG Z Q, et al., 2005. Natural colonization of plants on five lead/zinc mine tailings in southern China. Restoration Ecology, 13(1): 49-60.

SINGER P C, STUMM W, 1970. Acidic mine drainage: The rate deteriming step. Science, 167:1121-1123.

SINGH V, POERNOMO T R B, 1988. Reclamation and management of brackish water fish ponds in acid sulphate soils: Philippine experience//DOST H. Selected papers of the dakar symposium on acid sulphate soils. Wageningen: ILRI Publication: 44.

THAVAMANI P, SAMKUMAR R A, SATHEESH V, et al., 2017. Microbes from mined sites: Harnessing their potential for reclamation of derelict mine sites. Environmental Pollution, 230: 495-505.

VAN DER HEIJDEN M G, BARDGETT R D, VAN STRAALEN N M, 2008. The unseen majority: Soil microbes as drivers of plant diversity and productivity in terrestrial ecosystems. Ecology Letters, 11: 296-310.

WALKER L R, DEL MORAL R, 2003. primary succession and ecosystem rehabilitation. Cambridge: Cambridge University Press.

WANG L, JI B, HU Y H, et al., 2017. A review on in situ phytoremediation of mine tailings. Chemosphere, 184: 594-600.

WARDLE D A, BARDGETT R D, KLIRONOMOS J N, et al., 2004. Ecological linkages between aboveground and belowground biota. Science, 304(5677): 1629-1633.

WONG M H, 2003. Ecological restoration of mine degraded soils, with emphasis on metal soils. Chemosphere, 50: 775-780.

YANG B, ZHOU M, SHU W S, et al., 2010. Constitutional tolerance to heavy metals of a fiber crop, ramie(*Boehmeria nivea*), and its potential usage. Environmental Pollution, 158: 551-558.

YANG T T, LIU J, CHEN W C, et al., 2017. Changes in microbial community composition following phytostabilization of an extremely acidic Cu mine tailings. Soil Biology and Biochemistry, 114: 52-58.

YOUNG T P, 2000. Restoration ecology and conservation biology. Biological Conservation, 92: 73-83.

ZORNOZA R, ACOSTA J A, BASTIDA F, et al., 2015. Identification of sensitive indicators to assess the interrelationship between soil quality. management practices and human health. Soil, 1: 173-185.

第2章 有色金属矿山尾矿库原生演替

2006年科研团队对安徽省铜陵市的杨山冲铜尾矿库进行了全面的生态调查,该尾矿库(30°54′N,117°53′E)位于安徽省铜陵市东南部1.2 km,属亚热带湿润气候区。季节特征分明,春季较短,气候温和,雨量充沛。夏季多雨炎热,伏热干旱,年均气温16.2℃,平均最低气温在1月(3.2℃),平均最高气温在7月(28.8℃),年平均太阳辐射总量114.8 kJ/cm²。无霜期平均为237~258 d,年均降水量1 340 mm,主要集中在5~9月,全年平均湿度在75%~80%(Sun et al.,2004),累计储存铜尾矿747万 m³,占地面积达36.44 hm²,1991年闭库。在杨山冲尾矿库的自然演替过程中,1/3的区域处于酸化板结或沙漠化状态,1/3的区域为维管植物生长区,1/3的区域为生物结皮覆盖区。优势植物群落主要有白茅(*Imperata cylindrica*)群落、结缕草(*Zoysia japonica*)群落、节节草(*Equisetum ramosissimum*)群落、狗牙根(*Cynodon dactylon*)群落和天蓝苜蓿(*Medicago lupulina*)群落。生物结皮主要由苔藓结皮、苔-藻混合结皮和藻类结皮三种类型组成。科研团队选择裸地(L)、藻类结皮(Z)、苔-藻混合结皮(TZ)、苔藓结皮(T)、豆科(Leguminosae)群落和草本植被覆盖区(V)作为铜尾矿库生态系统早期演替的系列样地(图2.1)。另外,选择邻近山上土壤结构好、物种丰富的草本植被区作为演替后期的对照点(CK)(图2.1),选择停排放一年的水木冲铜尾砂点作为原生演替早期的对照点(SL)。

图 2.1　尾矿库生态演替系列和对照样点

其中裸地（L）、藻类结皮（Z）、苔-藻混合结皮（TZ）、苔藓结皮（T）、草本植被覆盖区（V）和豆科（Leguminosae）群落
为尾矿库生态系统演替系列，对照点（CK）为附近矮山上未受干扰和污染、以草本植物为主的植物群落

2.1　尾矿库原生演替过程中的土壤性质变化特征

　　土壤的形成是生物与非生物因子协同作用的结果，涉及土壤矿物质（固相）的产生、选择、积累和分化等过程。其实质是物质的地质大循环与生物小循环的对立统一，地质大循环是物质的淋失过程，生物小循环是土壤元素的集中过程，它们的共同作用是土壤形成的基础。系统完整的土壤形成过程可以表示为土壤形成因素→土壤系统内在功能→确切的土壤发生过程→土壤形态和土壤性状→土壤外在功能（Targulian，2005；Krasilnikov，2000）。已有关于土壤形成的研究工作多局限于定性方面，在土壤参数的定量方面尤其是定性与定量结合方面研究不多。

2.1.1　土壤物理性质变化特征

　　在铜尾矿库生态系统原生演替阶段，沙粒仍然是尾矿基质机械组成的主要部分，高达 85%以上。粒径大于 0.05 mm 的沙粒在 L、Z、TZ、T 和 V 系列土壤中的比例分别为 94.3%、89.5%、91.2%、92.8%和 88.5%，虽略低于沙漠生态系统中沙粒占 95%的比例（Duan et al.，2004），却是正常对照土壤沙粒含量的 1.76～1.87 倍。显然，生物结皮和植物定居对改善表层土壤质地具有重要意义，这主要体现在增加粉粒含量和降低沙粒含量方面。不同生物结皮类型对改善土壤颗粒组成的贡献也有所差别，其中以藻类结皮的效果最好。藻类结皮的沙粒占比为 89.5%，显著低于裸地的 94.3%，而粉粒含量则提高了一倍以上，达到了 5.0%。植物群落系列的土壤粉粒占比达到 7.3%，而沙粒占比降低到 88.5%[图 2.2(a)]。但是与对照土壤 50.3%沙粒和 24.6%粉粒占比（数据未列出）相比，尾矿基质机械组成与正常土壤差异很大。Pearson 相关分析表明，土壤质地和容重与除电导率和有效磷之外的大多数土壤因子密切相关。藻类结皮、苔-藻混合结皮和植物生长能显著增加表层土壤水分保持能力，苔藓结皮的保水能力很差[图 2.2（b）]。这主要与苔藓多生长于尾矿无遮阴的环境有关，更多的水分被苔藓吸收以保证其生长和蒸腾作用，而藻类结皮在土壤表层形成的干壳层则阻断了土壤水分的蒸腾通道。土壤容重分析表明[图 2.2（c）、(d)]，生物活动能改善土壤容重，沿 L-T-Z-TZ-V 系列梯度极显著性地呈线性（$R^2=0.987$）下降。显然，生物（包括结皮生物和植物）的发展改善了土壤结构，这种改善除来源于地表生物捕获空气中尘埃（Guo et al.，2008）之外，更主要是矿物风化和生物活动（Cornelissen et al.，2007；Shirato et al.，2005）的结果。耕层土壤容重一般在 1.2～1.3 g/cm³。按照这种发展趋势，土壤容重将会很快达到正常耕作土壤状态。

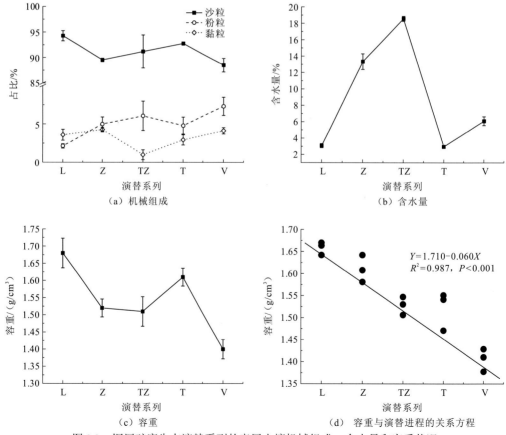

图 2.2　铜尾矿库生态演替系列的表层土壤机械组成、含水量和容重状况

2.1.2　土壤化学性质变化特征

1. 土壤 pH、电导率和阳离子交换量的变化

与裸地相比，各生态演替系列和各层次的土壤 pH 变化都不明显，大约维持在 8.0 左右[图 2.3（a）]，与正常植被土壤 pH 在 6～7 相比，显然还不能完全适于植物生长。但值得注意的是，显著性检验表明，苔藓结皮和生物结皮系列在表层 0～5 cm 土壤的 pH 明显不同，分别为 7.7 和 8.4。这说明苔藓结皮能够降低土壤 pH，而藻类结皮则导致 pH 上升，这可能是两类结皮生物产生的分泌物不同的结果。这与 Sun 等（2004）在该尾矿的研究结果相似，主要原因在于尾矿中含有大量的含硫物质（以黄铁矿为主）。当这些含硫物质暴露于空气和水中时，容易被氧化产生 SO_4^{2-}（Peppas et al., 2000），从而引起土壤变酸和矿物质溶解。由于苔藓结皮的这种促酸作用加速了一些离子的溶解，从而也促进了表层电导率的增加[图 2.3（b）]。土壤阳离子交换量大小一定程度上反映了土壤保肥能力高低。生物结皮和植物生长能提高土壤阳离子交换量[图 2.3（c）]，但是生物结皮主要作用于表层 0～5 cm 土壤，其中以藻类结皮效果最为显著。而植物生长由于有相对发达的根系，在 0～5 cm、5～10 cm 和 10～20 cm 三个层次的土壤都能明显改善阳离子交

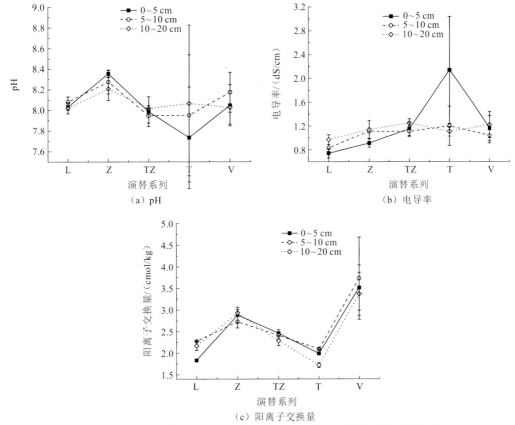

图 2.3　铜尾矿库生态演替系列的土壤 pH、电导率和阳离子交换量变化

换量。植被系列的各层次土壤的阳离子交换量在 3.4～3.7 cmol/kg，就这一指标而言，目前尾矿库生态系统原生演替系列的保肥能力只有 CK（21.2～23.5 cmol/kg）的 14.5%～17.5%。土壤阳离子交换量反映了土壤溶液对阳离子的缓冲能力（如酸性阳离子 NH_4^+，基本阳离子 Ca^{2+}、Mg^{2+} 和有毒害性的 Al^{3+}），也反映酸化敏感性和养分保持能力（Bobbink et al.，1998）。本小节中，尾矿库各生态系列的阳离子交换量为 V（3.5 cmol/kg）>Z（2.9 cmol/kg）>TZ（2.5 cmol/kg）>T（2.0 cmol/kg）>L（1.8 cmol/kg），生物结皮有助于土壤阳离子交换量的提高。另外，土壤阳离子交换量与植物物种的丰富度有很大关系，生物结皮系列的物种丰富度只有植被系列的一半左右，较低的土壤阳离子交换量可能预示着物种容易丧失（Clark et al.，2007）。

2. 土壤总有机碳和其他活性有机碳的变化

总有机碳的变化趋势与土壤总氮相似[图 2.4（a）]，表层 0～5 cm 土壤的总有机碳含量以 V 系列最高为 0.3%，L 系列最低为 0.1%。所有演替系列不同土层中均以 V 系列总有机碳含量最高。各演替系列的水溶性有机碳差异不明显，主要在 30～40 mg/kg。除 V 系列外，水溶性有机碳在土壤剖面分布上没有显著性差别[图 2.4（b）]。这说明，植物根系生长可能会吸收利用下层水溶性有机碳，导致水溶性有机碳分布由上到下递减。易氧化有机碳、微生物生物量碳和潜在可矿化碳是土壤活性有机碳的不同表现形式。在指示土壤质量和肥力变化的时候，土壤活性有机碳有时要比有机质更灵敏，更能反映土壤理化性质。其中微生物生物量碳是指土壤中体积小于 5～105 μm³ 的总微生物含碳量，是土壤有机碳中最活跃和最易变化的部分。尾矿库原生演替系列的土壤中易氧化有机碳、微生物生物量碳和潜在可矿化碳结果见图 2.4（c）～图 2.4（e）。三个活性有机碳中易氧化有机碳含量相对较低，都低于 12 mg/kg，且随演替系列呈下降趋势，其中以 V 和 T 系列下降较为明显。在表层土壤中，TZ 系列显著增加微生物生物量碳含量，而 V 系列则降低潜在可矿化碳含量。在 Z 系列的 5～10 cm 层，微生物生物量碳和潜在可矿化碳显著低于其他系列。各演替系列中，表层土壤微生物生物量碳占该层次土壤总有机碳含量的 3%～5%，而一般耕层土壤仅在 3% 左右，这表明在尾矿库原生演替阶段，微生物对

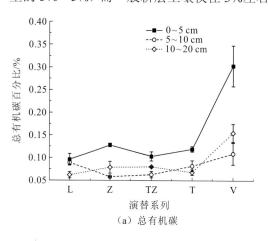

（a）总有机碳

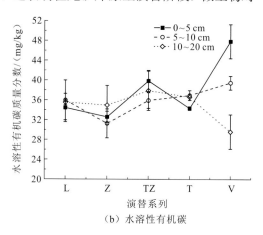

（b）水溶性有机碳

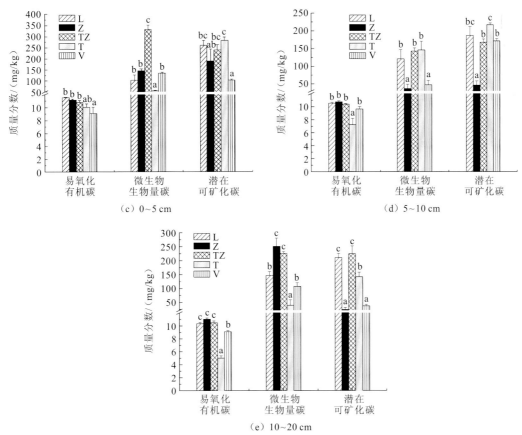

图 2.4　铜尾矿库生态演替系列的土壤总有机碳、水溶性有机碳、易氧化有机碳、
微生物生物量碳和潜在可矿化碳含量变化

土壤总有机碳的贡献率要高于正常土壤。而易氧化有机碳、微生物生物量碳和潜在可矿化碳在 5～10 cm、10～20 cm 的趋势和表层基本一致。

3. 土壤总氮、铵态氮和硝态氮的变化

大多数生态系统中，氮素的缺乏是限制初级生产力的最主要因子之一，而尾矿库生态系统氮素缺乏状况更加严重（Thomas et al.，2008）。在铜尾矿库原生演替过程中，土壤氮素的积累会逐渐增加［图 2.5（a）］，这在表层土壤中尤为明显，藻类结皮和植被系列的土壤氮素增加量要高于苔藓结皮和苔-藻混合结皮。在 L、Z、TZ、T 和 V 5 个尾矿原生演替系列中，0～5 cm 土壤总氮质量分数分别为 33.6 mg/kg、95.4 mg/kg、49.9 mg/kg、63.4 mg/kg 和 166.8 mg/kg，但与 CK 的 1 588.8 mg/kg 相比，分别只有对照系列的约 2.1%、6.0%、3.1%、4.0% 和 10.5%。从土壤中铵态氮和硝态氮分布来看，L、Z 和 TZ 中的铵态氮含量要高于 T 和 V 系列［图 2.5（b）］，这可能表明，T 和 V 系列的土壤特性不利于铵态氮的保留。而土壤中硝态氮含量则随演替系列呈上升趋势［图 2.5（c）］，其中 5～10 cm 土层的硝态氮含量最高、0～5 cm 土层的硝态氮含量最低，出现这种状况应当与表层的

硝态氮更容易淋失有关。这两种无机形态的氮素含量都比较低，它们占土壤总氮含量的比例以 L 最高，V 最低。这一结果也从侧面反映出生物结皮和植物活动对土壤总氮增加的贡献更多体现在提高土壤有机氮的含量。

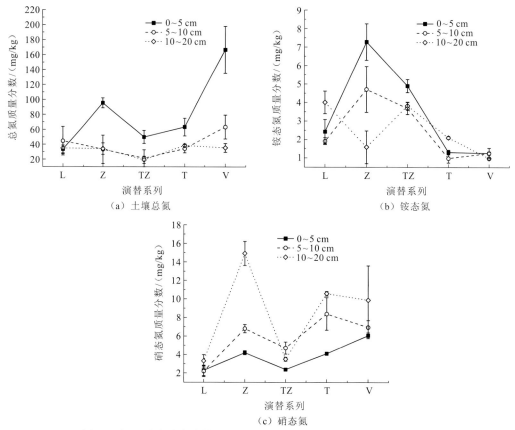

图 2.5 铜尾矿库生态演替系列的土壤总氮、铵态氮和硝态氮含量变化

4. 土壤总磷、速效磷和无机磷组分的变化

在多数陆地生态系统中，磷素缺乏也是初级生产力限制因子之一。对铜尾矿库原生演替阶段的磷研究表明，生物结皮和植物生长活动可以促进土壤磷素的积累和提高土壤速效磷的活性（图 2.6）。其中 Z 和 V 系列显著增加 0~10cm 土层总磷含量[图 2.6（a）]；而苔藓则极大地促进了土壤磷的活化[图 2.6（b）]，与 CK 相比，T 系列在 0~5 cm、5~10 cm 和 10~20 cm 土层的速效磷分别高达 176%、153% 和 113%。这表明，生物结皮为后续演替植物的定居提供了磷素保障。土壤无机磷组分分析结果如图 2.7 所示。在无机磷组分中，Ca_2-P 和 Ca_8-P 的含量最低，其中最高 L 系列表层只有 0.33 mg/kgCa_8-P[图 2.7（b）]；而 $Ca_{10}-P$ 是尾矿原生演替阶段土壤无机磷的主要形态，最低值约为 40 mg/kg[图 2.7（f）]。从不同演替系列对无机磷组分的影响来看，L 系列增加了 Al-P 转化；Z 和 V 系列主要促进 Ca_2-P、Fe-P 和 $Ca_{10}-P$ 活化；TZ 系列抑制大多数无机磷组分的转化；T 系列主要促进 Fe-P 和 0~5cm 层 O-P 的形成。在土壤表层 0~10cm，尾矿各生态

系列的无机磷占总磷比例都超过了 10%，Z 系列和 V 系列的这一比例更高，分别为 45% 和 20% 以上，有苔藓参与的生物结皮系列只有不到 15%，而 CK 的 Pi/TP 比值不超过 5%。所有生物结皮系列的 Pi/TP 比值随土壤深度增加呈下降趋势，而 V 和 CK 的 Pi/TP 比值随土壤深度增加逐渐上升。这些结果很有可能表明，尾矿生态系统中土壤无机磷的比例相对过高，而苔藓生物结皮和苔藓藻类混合结皮有助于加快土壤有机磷向无机磷的转化速度。

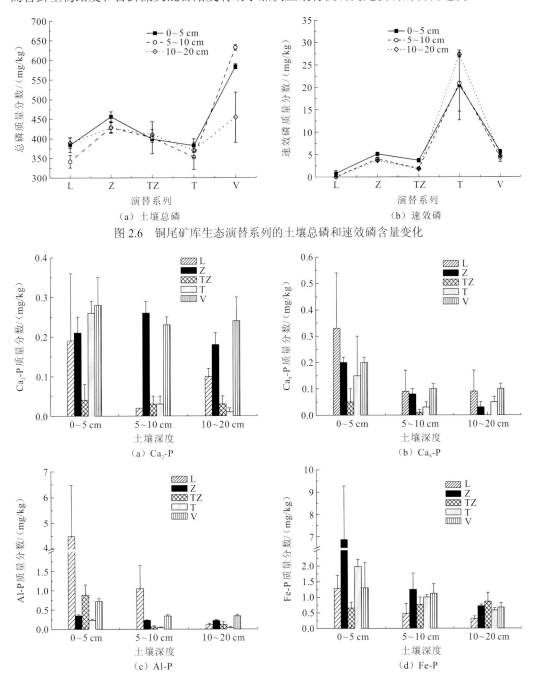

（a）土壤总磷　　　　　　　　　（b）速效磷

图 2.6　铜尾矿库生态演替系列的土壤总磷和速效磷含量变化

（a）Ca$_2$-P　　　　　　　　　（b）Ca$_8$-P

（c）Al-P　　　　　　　　　（d）Fe-P

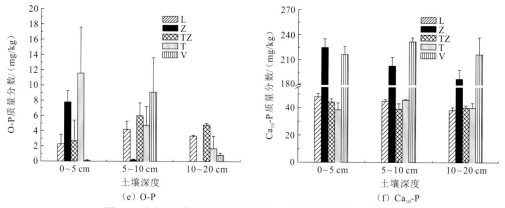

（e）O-P   （f）Ca_{10}-P

图 2.7 铜尾矿库生态演替系列的土壤无机磷组分含量变化

5. 土壤重金属总量的变化

铜尾矿基质中，Cu、Zn、Fe、Mn 的总量都很高。总体看来，铜尾矿库生态系统原生演替导致土壤中的 Cu 含量下降[图 2.8（a）]，而 Z 和 Mn 的含量则呈上升趋势[图 2.8（b）（d）]。不同演替系列对 Fe 的影响则出现明显分化，其中 T 系列为促进作用，而 Z 和 V 系列明显抑制了 0～5 cm 土壤中的 Fe 含量[图 2.8（c）]。重金属元素在土壤剖面分布上也基本一

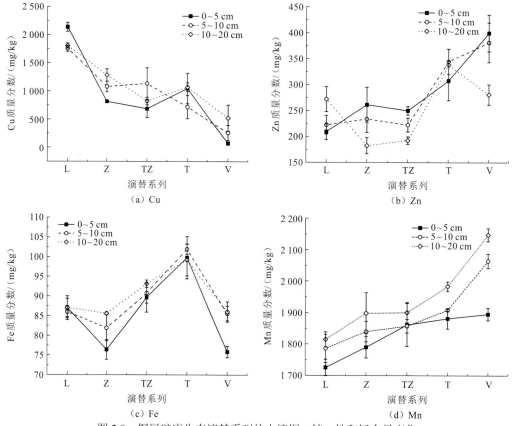

（a）Cu   （b）Zn

（c）Fe   （d）Mn

图 2.8 铜尾矿库生态演替系列的土壤铜、锌、铁和锰含量变化

致，含量随土壤层由上到下逐渐递增。Pearson 相关分析表明，Cu 含量与土壤容重、沙粒含量、电导率、硫含量呈正相关，与粉粒含量、黏粒含量、阳离子交换量、总有机碳、水溶性有机碳、总氮、总磷、总钾、镁含量和锰含量呈负相关；Zn 含量与电导率、pH、Mn含量、Ca 含量呈正相关，与黏粒含量、阳离子交换量、水溶性有机碳、总氮、总钾和 Mn含量呈负相关；Fe 含量与沙粒含量、硫含量、Ca 含量、Mn 含量和 Al 含量呈正相关，与黏粒含量、阳离子交换量、总有机碳、水溶性有机碳、总氮、总钾和 Mn 含量呈负相关；Mn 含量与 pH、Zn 含量、Fe 含量、Ca 含量和 Al 含量呈正相关，与黏粒含量、阳离子交换量、总有机碳、水溶性有机碳、总氮呈负相关。

6. 土壤重金属有效态含量的变化

与总量变化不同的是，各重金属元素有效态在不同生态系列和土壤层次上出现明显分化（图 2.9）。苔藓结皮能够提高土壤中 DTPA-Cu、DTPA-Zn 的活性，同时也抑制了表层 0～10 cm 的 DTPA-Fe 和 DTPA-Mn 活性。藻类结皮在 DTPA-Zn 的活化上与 T 系列作用相似，但是能促进 DTPA-Fe、DTPA-Mn 和下层土壤中 DTPA-Cu 的活化。V 系列中铜的活性与 L 大致一样，但是显著提高了 DTPA-Zn、DTPA-Fe 和 DTPA-Mn 的活性。这些结果也表明，苔藓结皮在铜尾矿的发展可能与其对铜的吸收有关，而藻类和植物有可能依靠避开或不吸收机制实现在尾矿上的定居。尾矿库生态演替系列的 DTPA-Cu 和 DTPA-Zn

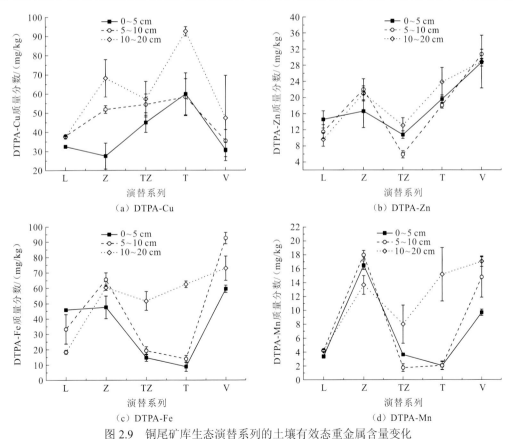

图 2.9　铜尾矿库生态演替系列的土壤有效态重金属含量变化

远远高于 CK，而 DTPA-Fe 和 DTPA-Mn 相反。大致可以认为，尾矿中高浓度的 DTPA-Cu 和 DTPA-Zn 依然是限制生态系统演替的主要因子之一，而 DTPA-Fe 和 DTPA-Mn 在一定程度上可以缓解 DTPA-Cu 和 DTPA-Zn 的毒害。

2.2 尾矿库原生演替过程中的植物群落变化特征

铜尾矿库原生演替系列的植被特征参数见表 2.1。从表中可以看出，生物结皮系列的物种数和凋落物生物量都低于非生物结皮的植物群落。T 系列的物种数最少，但是 Shannon-Wiener 指数、Simpson 指数和物种均匀度指数超过了其他生物结皮系列和植被群落系列。这可能是因为苔藓结皮相对严格隔离了每棵植物的生长空间，避免了植物间的相互竞争，使每种植物个体数目多寡取决于繁殖体的随机分布过程。而演替早期以单优或双优物种为主的植物群落也不利于提高植物多样性。V 系列的凋落物生物量与 TZ、T 系列相比，分别增加了约 4.71 倍和 3.31 倍。对生物结皮与非生物结皮区的植物茎根比研究表明（图 2.10），生物结皮显著性提高了白茅（*Imperata cylindrica*）的茎根比，但却明显降低了结缕草（*Zoysia japonica*）的茎/根比。这可能与生物结皮在一定程度上能影响某些物种的定居和已定居物种的生长发育有关。

表 2.1 铜尾矿库生态演替系列的植被参数

参数	Z 系列	TZ 系列	T 系列	V 系列
物种数	10	13	9	20
Shannon-Wiener 指数	0.353	0.673	0.764	0.625
Simpson 指数（1/D）	1.559	3.430	4.944	3.254
物种均匀度指数	0.353	0.604	0.800	0.480
凋落物生物量/（g/m²）	—	60.18[b]±6.34	79.66[b]±6.15	343.4[a]±45.21

注：凋落物生物量为均值，上标字母 a，b 表示不同处理之间存在显著差异（$P<0.05$）

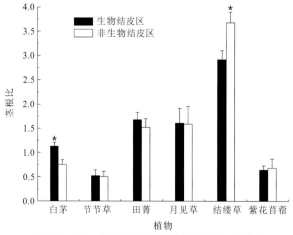

图 2.10 生物结皮对不同植物根茎生长的影响

2.3　尾矿库原生演替过程中的动物群落变化特征

本节对地表生物群落的斑块分布样地进行大中型土壤动物的群落组成分析，土壤螨类的种类组成及多样性分析，土壤线虫和原生动物的群落组成、多样性分析和生物量分析，结合 T-RFLP 和测序分析手段对土壤微生物类群（细菌、真菌和古菌三个类群分别分析）的群落组成及多样性分析，用磷脂脂肪酸（PLFA）手段对土壤细菌、真菌和原生动物的生物量进行分析，综合分析各个土壤生物类群间的关系、土壤生物类群与土壤理化性质间的关系及斑块分布下土壤理化性质及土壤生物类群的组成及变化规律。

2.3.1　大中型土壤动物群落的变化特征

在 7 个系列样地中共采集到 609 个大中型土壤动物个体，分属于 34 个科。其中个体数占所调查样地总大型土壤动物数 5%以上的依次是蚁科（Formicidae）、螟蛾科（Pyralidae）、水虻科（Stratiomyiidae）和叩甲科（Elateridae），分别占 31.0%、21.8%、6.9%和 5.4%。然后依次是隆头蛛科（Eresidae）、钜蚓科（Megascolecidae）、步甲科（Carabidae）、卷壳虫科（Armadillidae）、丸甲科（Byrrhidae）、隐翅虫科（Staphylinidae）、土蝽科（Cydnidae）、金龟子科（Scarabaeidae）和蚁蜂科（Mutillidae），这 9 个科的土壤动物个体数量所占的比例都在 1%～5%；其他 22 个科的大中型土壤动物个体数所占的比例都在 1%以下，为样地中不常见类群（表 2.2）。

表 2.2　大中型土壤动物各科在 7 个演替系列的分布（均值±标准误差，$n = 5$）

科	SL	L	Z	TZ	T	V	CK	总个数
步甲科 Carabidae	0	0	0	0	0	4	21	24
蝉科 Cicadidae	0	0	0	0	0	0	3	3
长蝽科 Lygaeidae	0	0	0	0	1	5	12	18
蜍蝽科 Ochteridae	0	0	1	0	1	0	0	2
大蚊科 Tipulidae	0	0	0	2	0	0	0	2
毒蛾科 Lymantriidae	0	0	0	0	0	1	0	1
玛瑙螺科 Achatinidae	0	0	0	0	0	3	2	5
蜚蠊科 Blattidae	0	0	0	0	0	0	1	1
花蝽科 Anthocoridae	0	0	0	2	0	0	1	3
金龟子科 Scarabaeidae	0	0	0	0	0	3	4	7
钜蚓科 Megascolecidae	0	0	0	0	0	0	15	15

续表

科	SL	L	Z	TZ	T	V	CK	总个数
卷壳虫科 Armadillidae	0	0	0	0	0	0	12	12
甲螨科 Scheloribatidae	0	0	0	0	0	1	0	1
叩甲科 Elateridae	0	1	2	10	17	3	0	33
隆头蛛科 Eresidae	0	0	1	1	0	6	21	29
螟蛾科 Pyralidae	0	0	6	26	97	4	0	133
拟步甲科 Tenebrionidae	0	0	0	0	9	10	0	19
皮蠹科 Dermestidae	0	0	0	0	0	2	0	2
蠼螋科 Labiduridae	4	1	0	0	0	4	2	11
马陆科 Jalidae	0	0	0	0	0	0	1	1
水虻科 Stratiomyiidae	0	21	0	0	0	0	21	42
土蝽科 Cydnidae	0	0	2	0	0	0	7	9
丸甲科 Byrrhidae	0	0	2	0	8	2	0	12
蜈蚣科 Scolopendridae	0	0	0	0	0	0	3	3
小翅蛾科 Micropterygidae	0	0	0	0	0	1	0	1
薪甲科 Lathridiidae	0	0	0	0	0	0	3	3
蚜科 Aphididae	0	0	0	0	0	1	0	1
蚜小蜂科 Aphelinidae	0	1	0	0	2	0	1	4
阎虫科 Histeridae	0	0	0	0	0	0	1	1
叶蝉科 Cicadellidae	0	0	0	0	0	1	0	1
蚁蜂科 Mutillidae	7	0	0	0	0	0	0	7
蚁科 Formicidae	0	0	0	6	5	131	47	189
隐翅虫科 Staphylinidae	0	0	1	0	0	4	7	12
缘蝽科 Coreidae	0	0	0	0	0	1	0	1
总数	11	24	15	47	140	187	185	609
多样性指数	0	0	0.7±0.3a	0.7±0.3a	0.9±0.3ab	1.6±0.2bc	2±0.2c	

注：同一行数据后不同字母指示数据之间存在显著差异（$P<0.05$），后同

　　大中型土壤动物在 7 个演替系列的分布情况与地上演替序列空间分布的情况一致。从 SL 到 CK 系列，土壤动物的个体数有逐渐增多趋势。从 SL 至 CK 系列，大中型土壤动物的多样性也呈现升高趋势。在 SL 和 L 系列中，由于土壤动物的类群单一，多样性几乎为零；在 Z 和 TZ 系列，土壤动物多样性低于 T、V 和 CK 系列的土壤动物多样性，存在显著差异（$P<0.05$）；T 系列低于 V 系列的土壤动物多样性，但差异不显著；CK 系列的土壤动物多样性最高，除 V 系列外，与其他各系列土壤动物的多样性均存在显著差异（$P<0.05$）（表 2.2）。因此推测这些类群的土壤动物并非环境特异的，只是因为所采样重复较少，而这些类群又非常见种，造成了这些类群只在某些系列出现的结果（Platt et al.，2003；Foster et al.，2000）。

2.3.2　螨虫群落的变化特征

　　螨虫共计 33 个个体，分属 13 科 19 种。优势科为奥甲螨科（Oppiidae），共 9 个个体，分别属于 5 个种。所发现的 33 个个体中，绝大部分来自 CK 系列（24 个个体），其次是 V 系列（3 个个体）。除 SL 为 2 个个体外，其他 4 个系列都只检出 1 个个体。由于 7 个系列中螨虫个体数量太少、分布极不均匀，系列间无法进行统计分析。

2.3.3　线虫群落的变化特征

　　调查发现，随着尾矿库生态系统演替的进行，地表逐渐出现从藻类到苔藓到草本植物的演替，线虫的数量和多样性也呈现逐渐增加的趋势。在 7 个样地系列中共鉴定出线虫 50 个属，其中植物寄生线虫 9 属，食真菌线虫 7 属，食细菌线虫 20 属，捕食/杂食性线虫 14 属。所调查样地中共有 10 个优势属，分别是针属（*Paratylenchus*）、短体属（*Pratylenchus*）、异皮线虫属（*Heterodera*）、拟丽突属（*Acrobeloides*）、杆咽属（*Rhabdolaimus*）、伪管咽属（*Pseudoaulolaimus*）、棱咽属（*Prismatolaimus*）、茎线虫属（*Ditylenchus*）、滑刃属（*Aphelenchoides*）和小矛线属（*Microdorylaimus*）（表 2.3）。土壤线虫的密度在 7 个样地系列的分布具有明显的规律性，线虫密度从高到低依次是 CK＞V＞Z≈TZ＞T＞L≈SL（$P<0.05$；表 2.4）。SL 系列线虫密度最低，平均 100 g 干土内线虫数量不到 2 条。在 L 系列中，线虫密度较 SL 系列中的线虫密度高，但 100 g 干土中线虫的平均数量也在 5 条左右。线虫密度最高的是草本植物种类丰富、土壤结构较好的 CK 系列，每 100 g 土壤中的线虫平均数量都在 100 条以上。其次是 V 系列，100 g 干土其线虫平均数量在 75 条左右。Z 和 TZ 系列中的线虫密度较为一致，平均 100 g 干土有 40 条左右。而 T 系列中的线虫密度与 Z 和 TZ 系列中的线虫密度相比存在显著差异，仅为其密度的一半左右（$P<0.05$），这一结果与三个结皮系列生物多样性一致的预期差异较大。7 个样地系列的线虫的多样性分布与相应的线虫密度分布趋势基本一致，总体上表现为随原生演替的发展线虫多样性逐渐升高（表 2.4）。线虫的 4 个营养群在 7 个演替系列中的分布也具有很强的规律性。在植物出现前的 5 个演替系列中，食细菌线虫在 4 个线虫营养群中的比例大都是最高的，而几乎没有植物寄生线虫存在。当植被出现时，植物寄生线虫的比例最高，其次是食细菌线虫，而食真菌线虫的比例最低（表 2.4）。

表 2.3 7 个演替系列下土壤线虫各属的相对多度 （单位：%）

属	线虫	SL	L	Z	TZ	T	V	CK
剑尾垫刃属 *Malenchus*	H	0	0	0	0	0	0	0.1
丝尾垫刃属 *Filenchus*	H	4	0	0	0	1.7	2.2	1.2
平滑垫刃属 *Psilenchus*	H	0	0	0	0	0	0	0.1
楯垫属 *Scutylenchus*	H	0	0	0	0	0	0	0.2
螺旋属 *Helicotylenchus*	H	0	0	0	0	5.2	0.5	1
短体属 *Pratylenchus*	H	0	0	0	0	2.2	12.9	4.9
异皮线虫属 *Heterodera*	Ba	0	12	0	0	0	0	0.5
针属 *Paratylenchus*	Ba	0	0	0	0	2.2	10.8	4.1
小杆属 *Rhabditis*	Ba	0	10	0	0	0	0	0.3
中小杆线虫属 *Mesorhabditis*	Ba	0	0	0	0	0	0	0.1
原杆属 *Protorhabditis*	Ba	6	0	0	0	1.7	0	0.4
真头叶属 *Eucephalobus*	Ba	0	0	1	0	0	0.3	0.4
异头叶属 *Heterocephalobus*	Ba	0	0	0	0	0	0	0.1
丽突属 *Acrobeles*	Ba	0	0	5.9	4	2.6	7.5	5.1
拟丽突属 *Acrobeloides*	Ba	53.3	16	11.9	16.7	19.4	8.0	12.1
鹿角唇属 *Cervidellus*	Ba	0	0	0	0	0	0.6	0.3
板唇属 *Chiloplacus*	Ba	0	0	2.7	1.7	2.6	2.3	2.2
全凹属 *Panagrolaimus*	Ba	0	0	0	0	0	1.2	0.5
其双胃属 *Diplogasteritus*	Ba	0	0	0	0	0	0	0.1
似绕线属 *Anaplectus*	Ba	0	0	0	0	0	0	0.1
绕线属 *Plectus*	Ba	0	0	0	2	0	3.4	1.7
威尔斯属 *Wilsonema*	Ba	0	0	0	0	0	0	0.1
纤咽属 *Leptolaimus*	Ba	0	0	0	0	0	0	0.1
杆咽属 *Rhabdolaimus*	Ba	0	0	2.2	20.4	0	2.8	5.9
伪管咽属 *Pseudoaulolaimus*	Ba	0	0	22.5	0	0	0	5
棱咽属 *Prismatolaimus*	Ba	6.7	0	4.2	3.7	0	4.0	3.3

续表

属	线虫	SL	L	Z	TZ	T	V	CK
无咽属 *Alaimus*	Ba	0	0	0	0	0	0	0.2
拟高杯侧器属 *Paramphidelus*	Fu	0	0	0	0	0	0	0.2
茎线虫属 *Ditylenchus*	Fu	0	12	3.2	0.8	3.5	4.9	3.4
真滑刃属 *Aphelenchus*	Fu	0	0	0	0	0	0	0.1
拟滑刃属 *Paraphelenchus*	Fu	0	0	0	0	2.6	0	0.4
滑刃属 *Aphelenchoides*	Fu	13.3	14	2.2	3.2	0.9	7.2	4.3
伞滑刃属 *Bursaphelenchus*	Fu	0	0	4.2	5	0	0	2.1
垫咽属 *Tylencholaimus*	Fu	0	0	8.4	2.7	0	3.5	3.8
膜皮属 *Diphtherophora*	Fu	0	0	0	0	0	0.9	0.5
三孔属 *Tripyla*	OC	0	0	0	0	0	0	0.2
托布利属 *Tobrilus*	OC	0	0	0	0	0	0	0.2
锯齿属 *Prionchulus*	OC	0	0	0	0	0	0	0.2
Chrysonemoides	OC	0	0	0	0	0	0	0.3
前矛线属 *Prodorylaimus*	OC	0	0	0	0	0	0	0.3
中矛线属 *Mesodorylaimus*	OC	6.7	6	4.4	6.7	0	0.9	3.2
索努斯属 *Thonus*	OC	0	0	2.5	1.7	0	2.6	2
真矛线属 *Eudorylaimus*	OC	0	0	0	0	0	1.1	0.6
表矛线属 *Epidorylaimus*	OC	0	0	0	0.8	0.9	1.5	1
短矛属 *Dorydorella*	OC	0	0	5.2	7.2	1.7	6.2	5.2
小矛线属 *Microdorylaimus*	OC	20	16	14.8	18.4	48.3	6.0	15.8
无孔小咽属 *Aporcelaimellus*	OC	0	4	0	0.5	0	2.3	1.3
牙咽属 *Dorylaimellus*	OC	0	0	0.7	1.7	1.3	5.7	2.9
狭咽属 *Discolaimium*	OC	0	0	2.2	1.5	3.5	0	1.5
盘咽属 *Discolaimus*	OC	0	0	1.7	1.2	0	0.6	1.1

注：H 代表植物寄生线虫，Ba 代表食细菌线虫，Fu 代表食真菌线虫，OC 代表捕食/杂食线虫，*Chrysonemoides* 暂无中文名

表 2.4 7 个演替系列中线虫营养类群及多样性的分布规律（均值±标准误差，$n=5$）

（单位：条 / 100 g）

营养类群	SL	L	Z	TZ	T	V	CK
植物寄生线虫	0a	0.8±0.1a	0a	0a	3±0.8b	24.1±0.6c	50.7±0.8d
食细菌线虫	0.9±0.4a	1.7±0.4ab	21.8±2.8c	20.9±2.1c	6.4±1.7b	22.7±2.5c	39.3±1.1d
食真菌线虫	0.2±0.2a	1.4±0.3ab	7.8±2.6c	5±1.5bc	1.7±0.5ab	12.5±1.1d	21.2±1e
捕食/杂食线虫	0.4±0.2a	1.4±0.2a	13.4±2.7b	16.4±2.6bc	13.2±0.5b	16±3.2bc	22.4±3.7c
总类群	1.6±0.2a	5.3±0.3a	43.3±2.5c	43±2.1c	24.3±1.8b	75.2±6.3d	133±3.7e
多样性	0.1±0.1a	1.4±0.1b	3.1±0.4cd	2.2±0.3bc	2.4±0.4bc	3.0±0.7cd	3.7±0.5d

不同类群线虫的个体差异较大，个体重量的差异可以达到 20 倍以上，因此会出现线虫密度高的样地生物量反而低的情况。线虫的生物量指标也能更精确反映其在土壤环境中与其他生物类群的影响强度。根据不同种类线虫个体的体积及其密度，统计不同样地系列中各个营养类群及总的线虫的生物量情况（表 2.5）。从表 2.5 中可以看出，CK 系列中的线虫的各个营养类群或总的线虫生物量总是最高的，与其他 6 个系列间均存在显著差异（$P<0.05$）。在尾矿库的 6 个演替系列中 V 系列线虫的各个营养类群和总的线虫生物量最高，其他各营养类群及总的线虫生物量与其他 5 个系列均存在显著差异（$P<0.05$）。从 7 个系列中 4 个营养群的线虫生物量分布上看，捕食/杂食线虫生物量最高，其次是食细菌线虫，食真菌线虫和植物寄生线虫生物量相对较低。

表 2.5 7 个演替系列中线虫营养类群的生物量（均值±标准误差，$n=5$）   （单位：μg / g）

营养类群	SL	L	Z	TZ	T	V	CK
植物寄生线虫	0a	0.4±0.1ab	0a	0a	0.9±0.2b	2.6±0.3c	15.2±0.6d
食细菌线虫	0.2±0.1a	3.6±1.1ab	14.6±1.5c	7±2.4b	2±0.7a	15.5±3.0c	22.5±0.8d
食真菌线虫	0a	0.4±0.1ab	3.3±1.1bc	1.8±0.6b	0.5±0.2ab	4.7±0.4c	7.5±0.3d
捕食/杂食线虫	0.3±0.2a	3.2±1.4a	14.3±5.4a	20.3±3.8ab	5.7±0.7a	42.6±6.4b	117±21.7c
总生物量	0.6±0.2a	7.7±1.1ab	32.2±4.5b	29.1±4.2b	9.2±1.2ab	65.5±8.9c	1624±21.7d

2.3.4 原生动物群落的变化特征

在 7 个演替系列中共观察到原生动物 121 种，其中鞭毛虫、肉足虫和纤毛虫三个纲的种数分别为 67 种、16 种和 38 种，分别占总种类数的 55.4%、13.2% 和 31.4%。在各系列中原生动物中鞭毛虫纲的种类数占有最大比例（Z 系列鞭毛虫种类数少于纤毛虫，TZ 系列鞭毛虫种类数与纤毛虫种类相等）。在 SL 系列中，没有检测到纤毛虫，而在 Z 和 TZ 系列中没有检测到肉足虫（表 2.6）。综合 7 个演替系列中原生动物的种类分布情况发现土壤原生动物种类数量并未随着原生演替的发展而线性增多。L 系列中原生动物种类达到 23 种，但在有植物出现之前的三个结皮系列中（Z、TZ 和 T 系列），土壤中原生动物种类数呈现逐步下降的趋势。在有植物出现的 V 和 CK 系列原生动物种类数明显增多，从 T 系列中的 4 种上升到 V 系列中的 25 种。在 Z 系列的 5 个土壤样品中，有一个样品没有检测到原生动物的存在，在 TZ 与 T 系列中，分别有 2 个和 3 个土壤样品未检测到原生动物（表 2.6）。

表 2.6　三类原生动物在各采样点的种类数

纲	SL	L	Z	TZ	T	V	CK
鞭毛虫纲 Flagellata	9	11	6	4	2	10	25
肉足虫纲 Sarcodina	2	2	0	0	1	9	2
纤毛虫纲 Ciliata	0	10	7	4	1	6	10
总物种数	11	23	13	8	4	25	37

总体来看，在检测到的原生动物中，波豆属（*Bodo*）原生动物有 14 个种（表 2.7），在属一级分类级上比例最高，占总原生动物种类的 11.6%。其次为尾滴虫属（*Cercomonas*）和膜袋虫属（*Cyclidium*），各有 6 种。在检测到的 121 种原生动物种类中，大部分种类只在某一个样地系列出现，达到 66 种，占总种类数的 54.5%。原生动物能同时出现的系列数最多为 4 个，这类原生动物有 5 种，分别是梨波豆虫（*Bodo edax*）、微细波豆虫（*B.parvus*）、慢行波豆虫（*B.repens*）、活泼尾滴虫（*Cercomonas agilis*）和简单小鞭虫（*Mastigella simplex*）（表 2.7）。没有原生动物同时出现在所有系列，这可能与各个系列土壤理化性质的巨大变化有关。

表 2.7　原生动物种类在 7 个演替系列中的分布情况

纲	种	SL	L	Z	TZ	T	V	CK
	变形波豆虫 *Bodo amoebinus*							+
	尾波豆虫 *Bodo caudatus*						+	+
鞭毛虫纲	急游波豆虫 *Bodo celer*						+	
	梨波豆虫 *Bodo edax*	+	+			+	+	
	纺锤波豆虫 *Bodo fusiformis*							+

纲	种	SL	L	Z	TZ	T	V	CK
	活跃波豆虫 Bodo ludibundus							+
	小波波豆虫 Bodo minimus					+		+
	变形波豆虫 Bodo mutabilis							+
	倒卵波豆虫 Bodo obovatus							+
	微细波豆虫 Bodo parvus	+	+		+			+
	慢行波豆虫 Bodo repens	+	+	+			+	
	舞行波豆虫 Bodo saltans	+	+					+
	波豆虫（未鉴定到种）Bodo sp.			+	+		+	
	三角波豆虫 Bodo triangularis							+
	活泼尾滴虫 Cercomonas agilis	+	+				+	+
	波豆尾滴虫 Cercomonas bodo		+					
	长尾尾滴虫 Cercomonas longicauda							+
	放射尾滴虫 Cercomonas radiatus						+	+
	简单尾滴虫 Cercomonas simplex							
鞭毛虫纲	尾滴虫属（未鉴定到种）Cercomonas sp.	+	+					+
	未知种 Dactylamoeba sp.		+					
	Dactylamoeba stella*		+					
	Distigma proteus*			+				
	蛞蝓鞭变形虫 Mastigamoeba limax			+				
	变形鞭毛虫属（未鉴定到种）Mastigamoeba sp.		+					
	易变小鞭虫 Mastigella commutans						+	
	Mastigella polyvacudata*							+
	简单小鞭虫 Mastigella simplex	+		+			+	+
	小鞭虫属（未鉴定到种）Mastigella sp.				+			
	小鞭虫属（未鉴定到种）Mastigella sp1							+
	小鞭虫属（未鉴定到种）Mastigella sp2	+						+
	小滴虫 Monas minima							+
	小滴虫属（未鉴定到种）Monas sp.	+		+				
	钩屋滴虫 Oikomonas rostrata							+
	方型屋滴虫 Oikomonas quadrata							+
	屋滴虫属（未鉴定到种）Oikomonas sp.						+	

纲	种	SL	L	Z	TZ	T	V	CK
鞭毛虫纲	噬淀粉叶鞭虫 *Phyllomitus amylophagus*							+
	蚤羽膜滴虫 *Pteridomonas pulex*		+					
	克氏管领鞭虫 *Salpingoeca clarkii*							+
	管领鞭虫属（未鉴定到种）*Salpingoeca* sp.							+
肉足虫纲	棘阿米巴属（未鉴定到种）*Acanthamoeba* sp.	+	+					
	剑桥哈氏虫 *Hartmannella cantabrigiensis*						+	
	小鞭虫属（未鉴定到种）*Mastigella* sp2	+						
	微小后卓变虫 *Metachaos diminutivum*						+	
	双角马氏虫 *Mayorella bicornifrons*						+	
	后湖马氏虫 *Mayorella hohoensis*	+	+					
	马氏虫属（未鉴定到种）*Mayorella* sp.						+	
	马氏虫属（未鉴定到种）*Mayorella* sp1						+	
	马氏虫属（未鉴定到种）*Mayorella* sp2						+	
	马氏虫属（未鉴定到种）*Mayorella* sp3						+	
	叶鞭虫属（未鉴定到种）*Phyllomitus* sp.						+	
	蛞蝓囊变形虫 *Saccamoeba limax*					+		
	囊变形虫属（未鉴定到种）*Saccamoeba* sp.						+	
	简氏简变虫 *Vahlkampfia vahlkampfia*						+	
纤毛虫纲	赭纤虫属（未鉴定到种）*Blepharisma* sp.		+					
	斜管虫属（未鉴定到种）*Chilodonella* sp.		+					
	珍珠映毛虫 *Cinetochilum margaritaceum*		+	+	+			
	康纤虫属（未鉴定到种）*Cohnilembus* sp.		+					
	豆形虫属（未鉴定到种）*Colpidium* sp.		+					
	僧帽肾形虫 *Colpoda cucullus*						+	+
	膨胀肾形虫 *Colpoda inflata*						+	
	齿脊肾形虫 *Colpoda steinii*						+	
	纵长膜袋虫 *Cyclidium elongatum*		+	+				
	银灰膜袋虫 *Cyclidium glaucoma*		+					
	似膜袋虫 *Cyclidium simulans*							+
	膜袋虫属（未鉴定种）*Cyclidium* sp.		+					
	膜袋虫属（未鉴定到种）*Cyclidium* sp1							+
	膜袋虫属（未鉴定种）*Cyclidium* sp2							+
	长篮环虫 *Cyrtolophosis elongata*			+				

续表

纲	种	SL	L	Z	TZ	T	V	CK
	单镰虫属（未鉴定到种）*Drepanomonas* sp.				+			
	瞬目虫属（未鉴定到种）*Glaucoma* sp.					+		
	薄咽虫属（未鉴定到种）*Leptopharynx* sp.							+
	沟鞭虫属（未鉴定到种）*Loxodes* sp.				+			+
	未知种 *Opischotricha* sp.						+	
	尖毛虫属（未鉴定到种）*Oxytricha* sp.							+
	小斜板虫 *Plagiocampa minor*			+				
	斜口虫属（未鉴定到种）*Plagiopyla* sp.							+
纤毛虫纲	帆口虫属（未鉴定到种）*Pleuronema* sp.		+					
	原克鲁虫属（未鉴定到种）*Protocruzia* sp.			+				+
	原克鲁虫属（未鉴定到种）*Protocruzia* sp2							+
	拟瞬目虫属（未鉴定到种）*Pseudoglaucoma* sp.				+			
	梨形四膜虫 *Tetrahymena priformis*							+
	四膜虫属（未鉴定到种）*Tetrahymena* sp.						+	+
	管叶虫属（未鉴定到种）*Trachelophyllum* sp.						+	
	尾丝虫属（未鉴定到种）*Uronema* sp.		+	+				
	片尾虫属（未鉴定到种）*Urosoma* sp.			+				

注：＋表示存在，*无中文名

各系列中原生动物丰度变化极为显著，在室内对原生动物重新脱包囊培养过程中，各系列土壤浸出液中原生动物丰度变化如表 2.8 所示。土壤原生动物在植被出现前的 5 个演替系列的丰度非常低。最高出现在 L 系列，为 277，平均丰度最低值出现在 T 系列，只有 55。在有植物存在的 V 和 CK 系列原生动物丰度最高，分别为 1 026 和 1 672。7 个演替系列中原生动物的多样性分布情况也基本与原生动物的丰度分布趋势一致。CK 系列中原生动物的多样性最高，除 L 系列外，与其他 5 个系列的原生动物多样性均存在显著差异（$P<0.05$）。其次是 L 和 V 系列，T 系列的原生动物多样性最低（图 2.11）。

表 2.8　7 个演替系列原生动物丰度（$n=5$）

参数	SL	L	Z	TZ	T	V	CK
平均丰度	89a	277c	157b	165bc	55a	1 026d	1 672d
最大值	115	354	310	614	194	1 794	2 700
最小值	55	122	0	0	0	480	570
标准误差	10.6	40.2	58.7	118	38.2	275	369

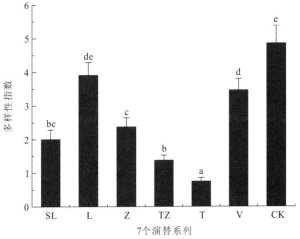

图 2.11　7 个演替系列中原生动物的生物多样性指数（$n=5$）

2.4　尾矿库原生演替过程中的微生物群落变化特征

2.4.1　细菌群落的变化特征

用 *Hha* I 和 *Msp* I 两种酶分别对 7 个演替系列中扩增获得的土壤细菌 16S rDNA 剪切产生的 T-RF 数量可以初步反映细菌的种类数，但不能给出各个细菌种类的相对丰度信息。进一步结合 T-RF 数量及各个 T-RF 的相对丰度数据进行多样性分析，结果如图 2.12 所示。从中可以看出 7 个演替系列的 Shannon-Wiener 指数、Simpson 指数和 Shannon-Wiener 均匀度指数的分布规律与 T-RF 数量的分布规律基本一致。Shannon-Wiener 指数、Simpson 指数和 Shannon-Wiener 均匀度指数均表明 7 个演替系列中 SL 系列的细菌多样性显著低于其他 6 个系列的细菌多样性（$P<0.05$）。而其他 6 个系列中，三个多样性指标均

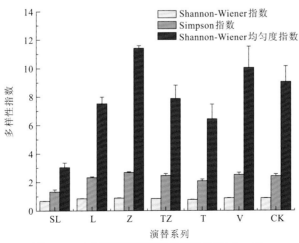

图 2.12　7 个演替系列细菌多样性分析（$n=5$）

表明 T 系列的细菌多样性较低，其 Shannon-Wiener 均匀度指数和 Shannon-Wiener 指数均显著低于其他 5 个系列，而其 Simpson 指数只与 V 和 Z 系列间存在显著差异（$P<0.05$）。另外三个多样性指标均显示 Z 系列的细菌多样性相对较高，其他 4 个系列的细菌多样性差别不大，都未达到显著水平。

为了综合比较分析 7 个演替系列的细菌群落的组成差异，运用主成分分析手段对 T-RFLP 试验所得的数据进行了分析，所得结果如图 2.13 所示。从图中可以看出 7 个系列中的 CK 和 V 系列与其他 5 个系列关系最远，而其余 5 个系列主要分为三类，分别是 L 一类、TZ 和 Z 为一类、SL 和 T 为一类。这一结果基本与 T-RF 的多样性分析结果一致。主成分分析所提取的两个主因子（PC1 和 PC2）分别代表总体因素的 18.9% 和 18.0%，并不能完全反映总体情况。进一步综合 T-RFLP 试验所得的 T-RF 和相应丰度对 7 个演替系列进行聚类分析，结果如图 2.14 所示。从图中可以看出 SL 系列与其他 6 个系列差异最大，其次是 T、CK 和 V 系列，而 Z、TZ 和 L 系列聚为一类，关系最近。

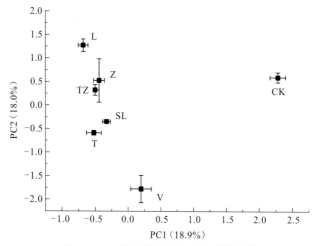

图 2.13　7 个演替系列细菌主成分分析

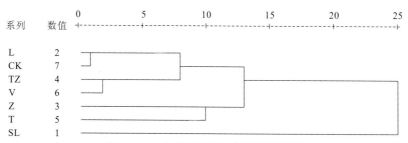

图 2.14　7 个演替系列细菌的聚类分析

根据对 7 个演替系列的土壤细菌群落的 T-RFLP 分析结果并结合样地调查情况，选择 L、TZ、V 和 CK 4 个演替系列进行克隆文库构建和系统发育多样性分析。4 个文库序列型太多（266 个 OTU），只选取 L 系列为代表列出其系统发育树图（图 2.15）。对所获得的序列比较分析结果表明，4 个文库中的克隆子在变形菌门（Proteobacteria）中都有较高的分布比例（L、TZ、V 和 CK 中的克隆子属于 Proteobacteria 的比例分别为 52.9%、26.4%、51.4%

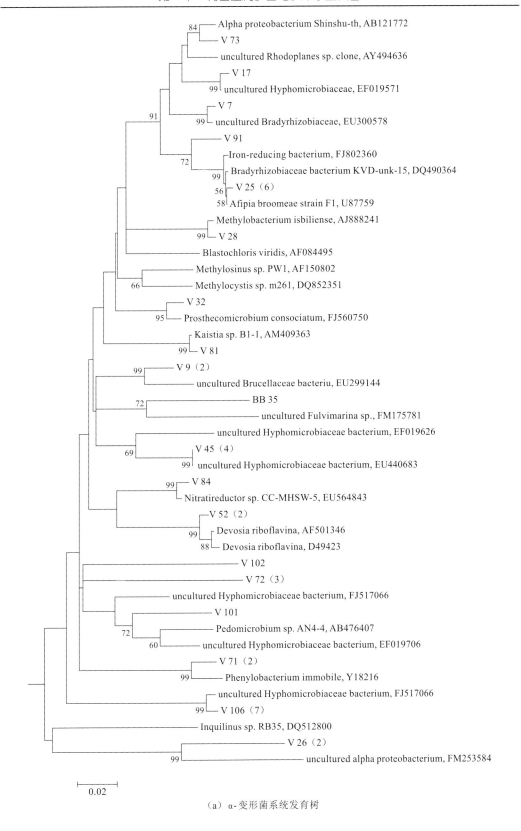

（a）α-变形菌系统发育树

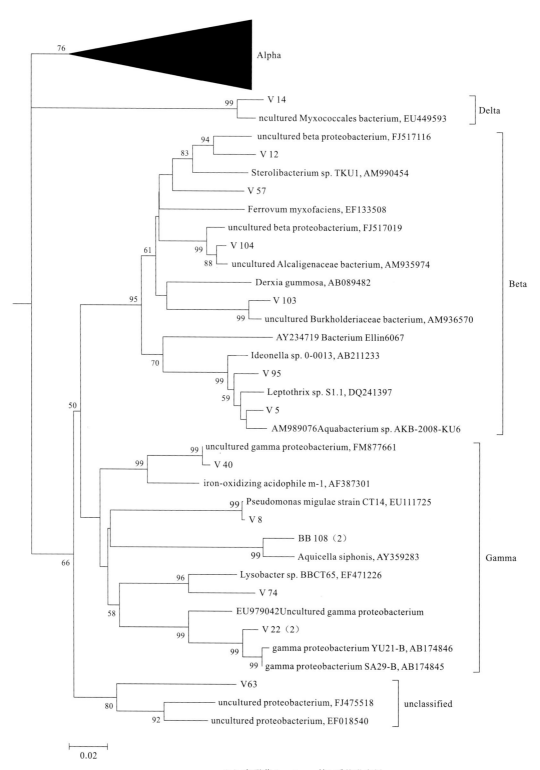

（b）变形菌（α-，β-，γ-等）系统发育树

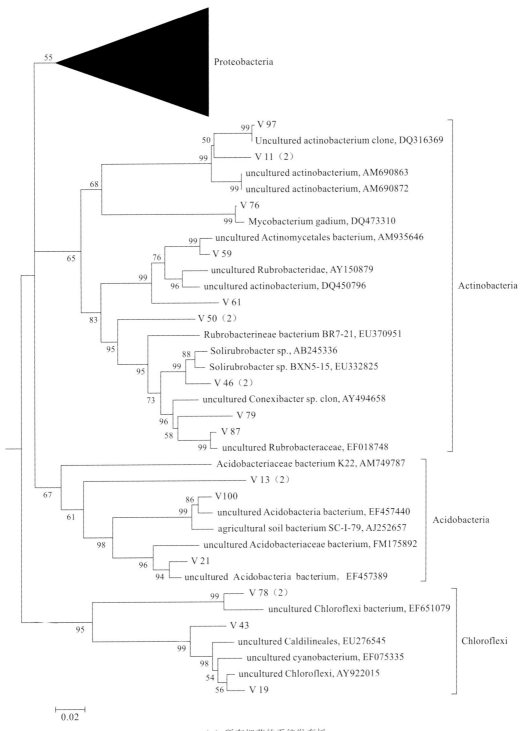

（c）所有细菌的系统发育树

图 2.15　3 个演替系列中细菌的系统发育树

括号内数字为该序列型代表的克隆子数；左下角标尺代表每一个核苷酸位置上的替换率；以 Methanolobus profundi

（AB370245）为外类群

和 50.9%）。因为这个门类较大，将其细分为 α 变形菌纲（Alphaproteobacteria）、β 变形菌纲（Betaproteobacteria）、γ 变形菌纲（Gammaproteobacteria）和 δ 变形菌纲（Deltaproteobacteria）4 个纲及未分类变形杆菌（unclassified proteobacteria）。4 个文库中除 L 文库中的克隆子在 Betaproteobacteria 中的分布比例较高外，其他三个文库中的克隆子都主要分布在 Alphaproteobacteria，而分布在 Gammaproteobacteria、Deltaproteobacteria 和 unclassified proteobacteria 的克隆子数相对较少。并且 L 文库无克隆子分布于 Deltaproteobacteria，CK 文库无克隆子分布于 unclassified proteobacteria。L 系列文库中共有 9 个门的细菌类群，除 Proteobacteria 外，所占比例从高到低依次是 TM7、酸杆菌门（Acidobacteria）和放线菌门（Actinobacteria）三个门，其余 5 个门所占比例均在 3%以下。TZ 文库中共有 10 个门的细菌类群，除 Proteobacteria 外，所占比例从高到低依次是 Actinobacteria、Acidobacteria、蓝藻门（Cyanobacteria）、浮霉菌门（Planctomycetes）、TM7 和芽单胞菌门（Gemmatimonadetes）6 个门，其余三个门所占比例均在 3%以下。V 文库中共有 9 个门的细菌类群，除 Proteobacteria 外，所占比例从高到低依次是 Actinobacteria、绿弯菌门（Chloroflexi）、Acidobacteria、拟杆菌门（Bacteroidetes）和 TM7 5 个门，其余三个门所占比例均在 3%以下。CK 文库中共有 5 个门的细菌类群，除 Proteobacteria 外，所占比例从高到低依次是 Acidobacteria、疣微菌门（Verrucomicrobia）和 Actinobacteria 三个门，另外一个门是 Planctomycetes，所占比例只有 0.9%。从整体上看 CK 系列细菌在门一级分类水平上，类群较少，分布相对比较集中，其中占优势的 Verrucomicrobia 在 TZ 和 V 系列中所占比例只在 1%左右，而在 L 系列中没有克隆子出现在 Verrucomicrobia。在 4 个文库中，都有较高比例的克隆子属于未能分类的细菌类群，这些克隆子可以看作目前未发现或未在分子水平上测定的细菌类群。并且未能分类的克隆子只在 L、TZ 和 V 三个系列有较高的比例，而在 CK 系列中所占比例只有 3.4%。推测在原生演替早期会有大量未知细菌存在，并且可能在原生演替早期的生态系统发展中发挥着重要作用。Shrestha 等（2007）的研究也发现 Betaproteobacteria 属于快速生长类群的细菌，在演替早期分布较为广泛。Nemergut 等（2007）对冰川退却形成的原生裸地中的土壤微生物类群进行的研究也发现 Betaproteobacteria 在演替早期具有较高的比例，而在演替较后期 Betaproteobacteria 所占比例则明显降低。

2.4.2 真菌群落的变化特征

用 *Msp* I 和 *Rsa* I 两种酶分别对 7 个演替系列中扩增获得的土壤真菌 18S rDNA 剪切产生 T-RF 数量。从中可以看出这两种酶剪切产生的片段数量差别较大。用 *Msp* I 酶剪切产生的片段数量最多的系列是 TZ 和 V 系列，最低的是 SL 和 CK 系列，它们之间存在显著差异（$P<0.05$）。居中的是 L、Z 和 T 三个系列，这三个系列之间及与其他 4 个系列间无显著差异。用 *Rsa* I 酶剪切产生的片段数量最多的系列是 L 系列，较低的是 Z、TZ、T 和 V 4 个系列，它们之间存在显著差异（$P<0.05$）。居中的是 CK 和 SL 系列，其与其他 5 个系列间差异不显著。因为 T-RF 只能指示距离荧光引物端最近的酶切识别位点的

差异，即使某些真菌种类在距离荧光标记引物端最近的酶切识别位点后的序列存在差异也不能被检测出。这可能是导致两种酶剪切结果差异较大的原因。

　　进一步结合 T-RF 数量及各个 Simpson T-RF 的相对丰度进行多样性分析，结果如图 2.16 所示。从图 2.16 中可以看出 7 个系列的 Shannon-Wiener 指数、Simpson 指数和 Shannon-Wiener 均匀度指数的分布规律与 T-RF 数量的分布规律基本一致。Simpson 指数指示 7 个系列中 TZ 系列的细菌多样性最高，除与 Z 系列细菌多样性接近外，明显高于其他 5 个系列的细菌多样性，而 Z 系列的只与 SL 系列的细菌多样性存在显著差异（$P<0.05$）。其他 5 个系列间的 Simpson 指数均不存在显著差异。

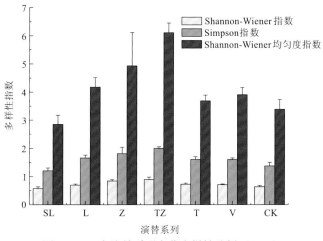

图 2.16　7 个演替系列真菌多样性分析（$n=5$）

　　为了综合比较分析 7 个演替系列的真菌群落的组成差异，用主成分分析手段对 T-RFLP 试验所得的数据进行了分析，结果如图 2.17 所示。从图中可以看出，7 个系列中的 CK、V 和 L 三个系列关系较近，三个结皮系列可以划为一类，而 SL 系列与其他 6 个系列关系较远，自成一类。主成分分析所提取的主因子的两个特征值（PC1 和 PC2）

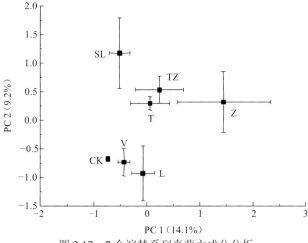

图 2.17　7 个演替系列真菌主成分分析

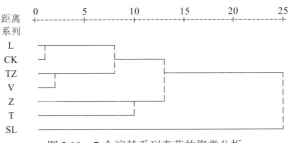

图 2.18　7 个演替系列真菌的聚类分析

分别代表总体因素的 14.1% 和 9.2%，难以完全反映总体情况。进一步综合 T-RFLP 试验所得的 T-RF 和相应丰度对 7 个演替系列进行聚类分析，结果如图 2.18 所示。从中可以看出 SL 系列与其他 6 个系列差异最大，其次是 T 系列和 Z 系列聚为一类，第三大类是 L、CK、TZ 和 V 系列。

　　根据对 7 个演替系列的土壤真菌群落的 T-RFLP 分析结果并结合样地调查情况，选择 SL、TZ、CK 三个演替系列进行克隆文库构建和系统发育多样性分析。对获得的 37 个 OTU 进行序列比对并构建系统发育树（图 2.19）。从构建的系统发育树上可以看出三个系列中的 37 个 OTU 在分类上隶属于 13 个目三个门（Ascomycota、Basidiomycota 和 Zygomycota）。三个系列中的真菌在 Ascomycota 中的 Hypocreales 和 Eurotiales 两个目及 Basidiomycota 中的 Agaricales 都有较高的分布比例，而在其他类群中的分布比例差异较大。SL 系列中的真菌主要来自 Ascomycota 和 Basidiomycota 中的 9 个目，所占比例较高的有三个目，分别是 Hypocreales、Eurotiales 和 Pezizales，比例分别是 43.6%、16.7% 和 11.5%。这三个目都属于 Ascomycota。TZ 系列中的真菌来自 Ascomycota 和 Basidiomycota 中的 9 个目，所占比例较高的有 4 个目，分别是 Saccharomycetales、Eurotiales、Hypocreales 和 Pezizales，比例分别是 52.1%、17.7%、12.5% 和 10.4%。这 4 个优势目也全部属于 Ascomycota。尽管 CK 系列中的真菌在目一级的分类级上只有 7 个，却分布于三个门类（Ascomycota、Basidiomycota 和 Zygomycota），其中所占比例较高的有三个目，分别是来自 Basidiomycota 中的 Agaricales 和 Tremellales 及 Ascomycota 的 Hypocreales，比例分别是 34.0%、30.1% 和 15.5%。此外，一些类群的真菌只出现在特定的演替阶段。例如 Malasseziales 和 Sporidiobolales 只在 SL 系列出现，并且所占比例分别达到 7.7% 和 3.8%；Wallemiales、Platygloeales 和 Polyporales 只在 TZ 系列出现，但所占比例都在 3% 以下。只有 Zygomycota 中的 Mucorales 是 CK 系列特有的真菌类群，其所占比例为 1%；另外，有一个真菌目 Pleosporale 只在 SL 和 TZ 系列出现，真菌目 Tremellales 只在 SL 和 CK 系列出现。尽管真菌类群都为异养类群，但在演替初期的 SL 系列中却有较高的系统发育多样性，我们推测这一阶段中的真菌可能主要是空气沉降的休眠孢子。Jumpponen（2003）通过对真菌 18S rRNA 的 PCR 和系统发育分析发现来自演替早期无植被的土壤基质中的真菌主要是空气沉降的休眠孢子，而演替后期的真菌主要是具有活性的真菌群落。

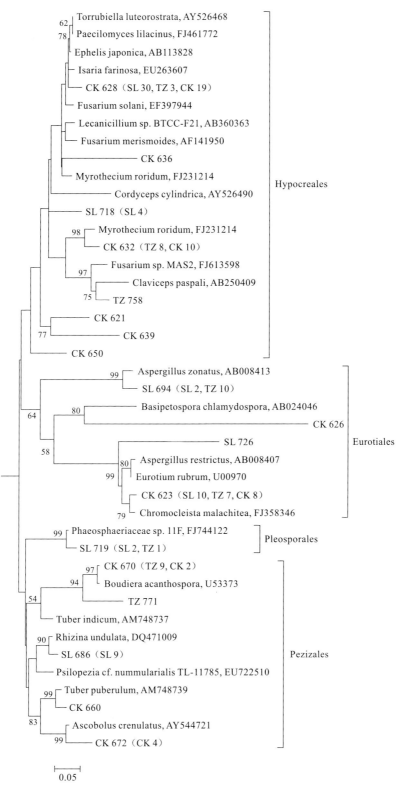

（a）子囊菌门（Hypocrales，Eurotiales，Pleosporales，Pezizales）系统发育树

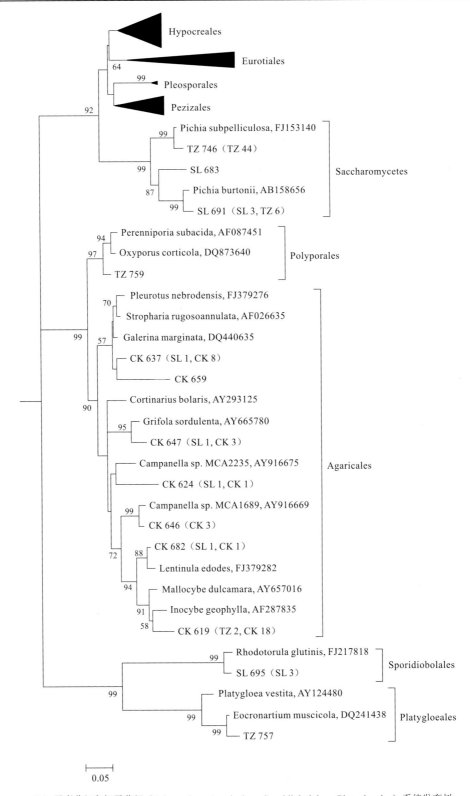

（b）子囊菌门和担子菌门（Polyparales，Agaricales，Sporidlobolales，Platygloeales）系统发育树

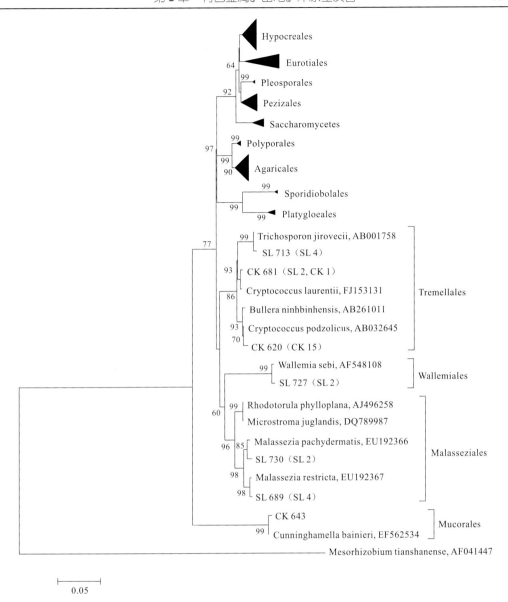

（c）所有真菌系统发育树

图 2.19　三个演替系列中真菌的系统发育树

对获得的 28 个 OTU 进行序列比对发现其中有三个可以鉴定为古菌大类，但无与其相似的序列存在；其余两个 OTU 是细菌序列，不进一步对其分析。对剩余的 23 个 OTU 序列构建系统发育树如图 2.20 所示。从构建的系统发育树上可以看出三个系列中的 23 个 OTU 在分类上隶属于古菌域中的 Crenarchaeota 和 Euryarchaeota 两个门。因为大多数序列在数据库中比对时只能够鉴定到门一级分类水平上，系统发育树只能以门为单位分为两大类群。从系统发育树上可以看出来自 L 系列中的序列全部属于 Euryarchaeota，而 TZ 和 V 系列中的序列绝大部分属于 Crenarchaeota，其所占比例分别 82%和 96%。这一结果表明，随着演替的进行，古菌在类群组成上发生了很大的变化。

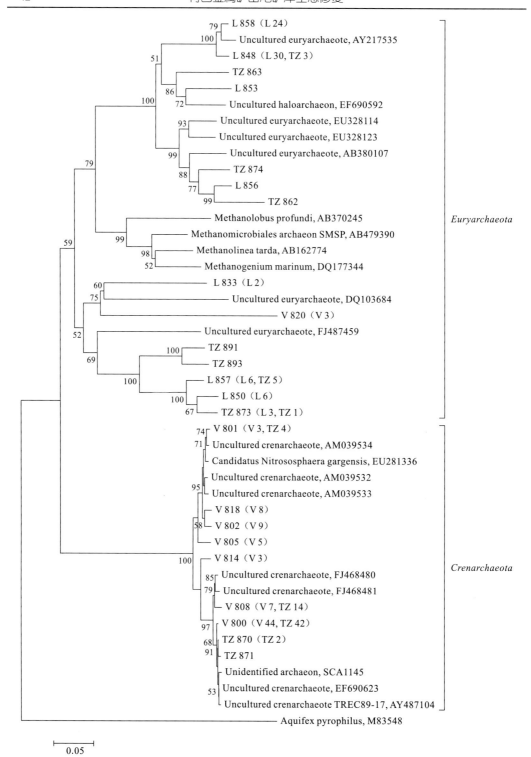

图 2.20　三个演替系列中古菌的系统发育树

括号内数字为该序列型代表的克隆子数；左下角标尺代表每一个核苷酸位置上的替换率；以 Aquifex pyrophilus

（M83548）为外类群

2.5　尾矿库原生演替过程中土壤生物与土壤演化结构方程模型

2.5.1　土壤生物与土壤物理化学性质演化

土壤生物与土壤理化特征的结构方程模型（$\chi^2 > 0.40$，$P > 0.05$）结果表明，尾矿库原生演替阶段的土壤性质受不同类群土壤生物的多样性和生物量的影响较大。土壤沙粒组分主要与真菌多样性（$\gamma = 0.38$）、真菌生物量（$\gamma = -0.41$）和细菌多样性（$\gamma = -0.41$）密切相关 [图 2.21（a）]，粉粒与固氮细菌（$\gamma = 0.19$）、藻类生物量（$\gamma = 0.34$）和真菌生物量（$\gamma = 0.89$）直接相关 [图 2.21（b）]，而黏粒主要与真菌多样性（$\gamma = 0.40$）、藻类多样性（$\gamma = 0.56$）和线虫生物量（$\gamma = -0.89$）有关 [图 2.21（c）]。土壤容重主要受真菌和线虫的影响。真菌多样性指数及其生物量和线虫生物量的提高有利于土壤容重的改善，其

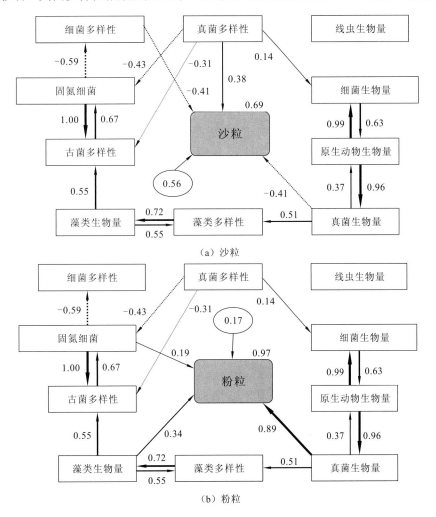

（a）沙粒

（b）粉粒

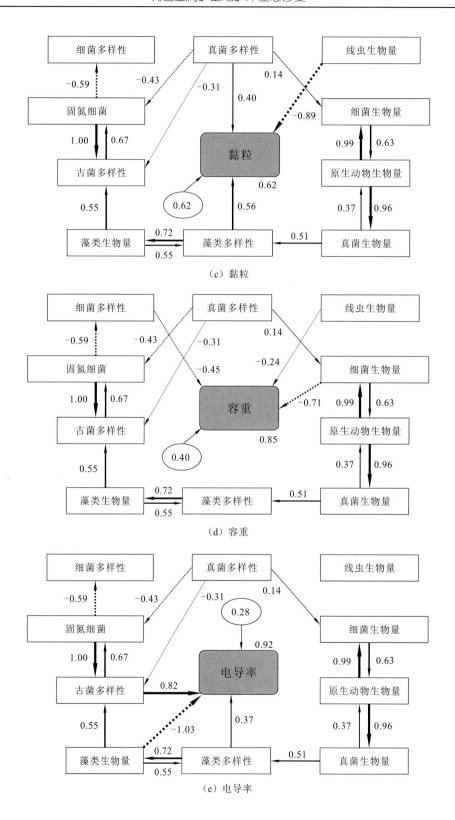

（c）黏粒

（d）容重

（e）电导率

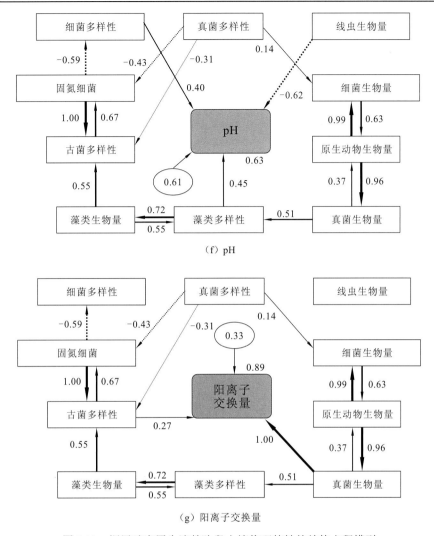

图 2.21　铜尾矿库原生演替阶段土壤物理特性的结构方程模型

中以细菌生物量的作用最强（γ=−0.71）[图 2.21（d）]。土壤电导率主要受藻类生物量、藻类多样性和古菌多样性的影响[图 2.21（e）]，pH 受藻类多样性、细菌多样性和线虫生物量影响较大[图 2.21（f）]，而阳离子交换量则与真菌生物量和古菌多样性密切相关[图 2.21（g）]。

2.5.2　土壤生物与土壤养分演化

土壤养分积累是贫瘠土壤向肥沃土壤转变的重要过程，而原生演替阶段的土壤微生物往往是土壤速效养分的最主要成分，也是养分积累的直接贡献者。土壤有机碳的积累主要与藻类生物量和细菌生物量相关[图 2.22（a）]，其中以细菌生物量的影响较强（γ=1.06）；而土壤氮素的积累与原生动物生物量、真菌生物量和细菌多样性直接相关[图 2.22（b）]，

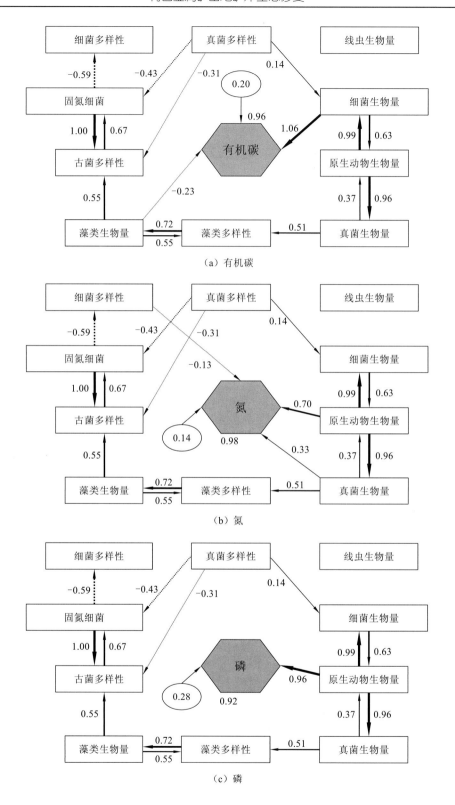

（a）有机碳

（b）氮

（c）磷

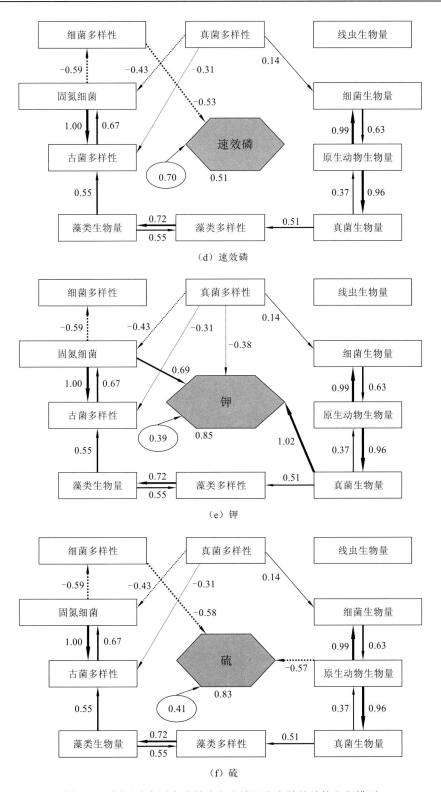

图 2.22　铜尾矿库原生演替阶段土壤肥力参数的结构方程模型

与真菌生物量间接相关。土壤磷主要与原生动物的影响有关[图 2.22（c）]，在所有测定的生物因子中由原生动物所主导的作用达到 0.92。不同于土壤全磷，速效磷主要受生物因子中的细菌多样性影响[图 2.22（d）]。土壤钾素主要来源于矿物风化，而真菌和固氮细菌在一定程度上直接影响含钾矿物的风化[图 2.22（e）]。铜尾矿中有较高的硫含量，而细菌多样性和原生动物生物量可能直接影响土壤硫元素的迁移过程[图 2.22（f）]，反过来，土壤硫的氧化会导致土壤酸化，因此该结果很有可能也暗示真菌和原生动物更耐酸性环境。

2.5.3　土壤生物与土壤重金属演化

除影响土壤物理结构和肥力参数外，土壤生物也参与土壤重金属元素的迁移和转化过程。图 2.23 的结果表明，固氮细菌多样性主要与 Cu（$\gamma=0.43$）、Mg（$\gamma=0.61$）和 Al（$\gamma=0.80$）呈正相关；真菌生物量主要与 Zn（$\gamma=0.83$）、Mn（$\gamma=0.69$）、Al（$\gamma=0.57$）、DTPA-Zn（$\gamma=1.02$）、DTPA-Fe（$\gamma=1.18$）和 DTPA-Mn（$\gamma=1.54$）呈正相关；真菌生物多样性主要与 Mn（$\gamma=0.49$）、DTPA-Cu（$\gamma=0.41$）和 DTPA-Zn（$\gamma=0.28$）呈正相关；藻类生物量主要与 DTPA-Zn（$\gamma=-0.43$）呈负相关；藻类生物多样性与 Mg（$\gamma=0.91$）呈正相关，而与 Cu（$\gamma=-0.68$）和 DTPA-Fe（$\gamma=-0.74$）呈负相关；真菌生物量主要与 Ca（$\gamma=0.93$）呈正相关，而与 DTPA-Mn（$\gamma=-1.16$）呈负相关；真菌生物多样性主要与 DTPA-Mn（$\gamma=0.45$）呈正相关，而与 Zn（$\gamma=-0.39$）、Fe（$\gamma=-0.71$）、Mn（$\gamma=-0.46$）、Ca（$\gamma=-0.40$）和 DTPA-Cu（$\gamma=-0.57$）呈负相关；线虫主要与 Mg（$\gamma=-0.29$）呈负相关。

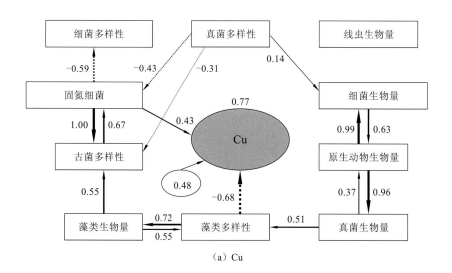

（a）Cu

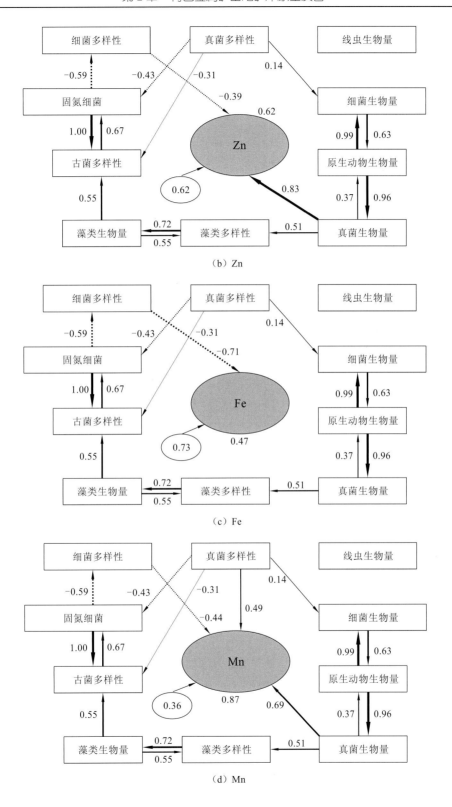

（b）Zn

（c）Fe

（d）Mn

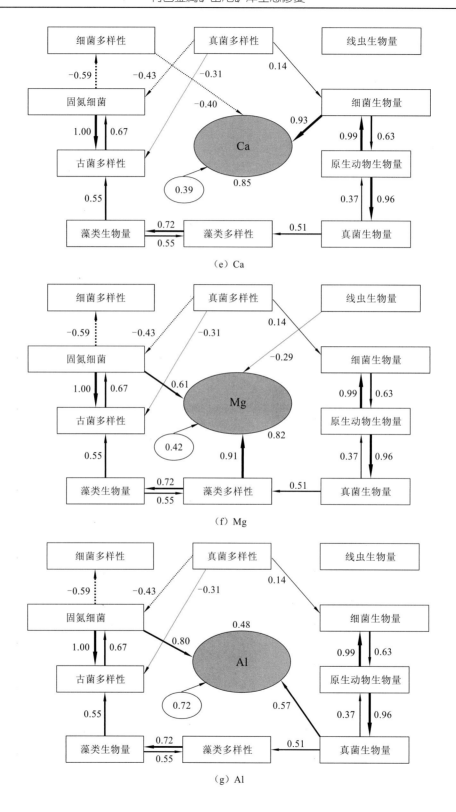

（e）Ca

（f）Mg

（g）Al

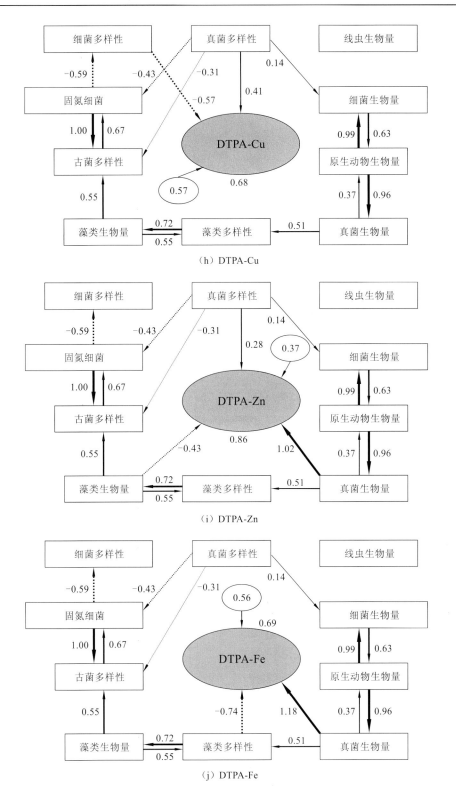

（h）DTPA-Cu

（i）DTPA-Zn

（j）DTPA-Fe

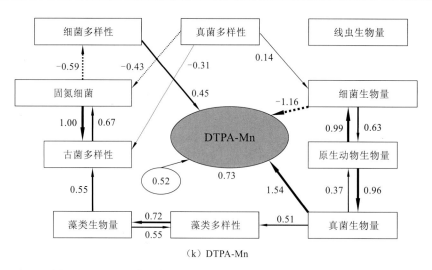

（k）DTPA-Mn

图 2.23 铜尾矿库原生演替阶段土壤重金属参数的结构方程模型

参 考 文 献

BOBBINK R, HORNUNG K M, ROELOFS J G M, 1998. The effects of air-borne nitrogen pollutants on species diversity in natural and semi-natural European vegetation. Journal of Ecology, 86: 717-738.

BOWMAN J P, MCCUAIG R D, 2003. Biodiversity, community structural shifts, and biogeography of prokaryotes within antarctic continental shelf sediment. Applied and Environmental Microbiology, 69: 2463-2483.

CLARK C M, CLELAND E E, COLLINS S L, et al., 2007. Environmental and plant community determinants of species loss following nitrogen enrichment. Ecology Letters, 10: 596-607.

CORENBLIT D, STEIGER J, GURNELL A M, et al., 2007. Darwinian origin of landforms. Earth Surface Processes and Landforms, 32: 2070-2073.

CORNELISSEN J H C, LANG S I, SOUDZILOVSKAIA N A, et al., 2007. Comparative cryptogam ecology: A review of bryophyte and Lichen traits that drive biogeochemistry. Annals of Botany, 99: 987-1001.

FOSTER B L, TILMAN D, 2000. Dynamic and static views of succession: Testing the descriptive power of the chronosequence approach. Plant Ecology, 146: 1-10.

GUO Y R, ZHAO H L, ZUO X A, et al., 2008. Biological soil crust development and its topsoil properties in the process of dune stabilization, Inner Mongolia, China. Environmental Geology, 54: 653-662.

JUMPPONEN A, 2003. Soil fungal community assembly in a primary successional glacier forefront ecosystem as inferred from rDNA sequence analyses. New Phytologist, 158: 569-578.

KRASILNIKOV P V, 2000. Soil Science with Basics of Geology. Petrozavodsk: Petrozavodsk State University.

NEMERGUT D R, ANDERSON S P, CLEVELAND C C, et al., 2007. Microbial community succession in an unvegetated, recently deglaciated soil. Microbial Ecology, 53: 110-122.

PEPPAS A, KOMNITSAS, HALIKIA I, 2000. Use of organic covers for acid mine drainage control. Mineralogy Engineering, 13: 563-574.

PLATT W J, CONNELL J H, 2003. Natural disturbances and directional replacement of species. Ecological Monographs, 73: 507-522.

SHIRATO Y, ZHANG T H, OHKURO T, et al., 2005. Changes in topographical features and soil properties after exclosure combined with sand-fixing measures in horqin sandy land, northern China. Soil Science and Plant Nutrition, 51: 61-68.

SHRESTHA P M, NOLL M, LIESACK W, 2007. Phylogenetic identity, growth-response time and rRNA operon copy number of soil bacteria indicate different stages of community succession. Environmental Microbiology, 9: 2464-2474.

SUN Q Y, AN S Q, YANG L Z, et al., 2004. Chemical properties of the upper tailings beneath biotic crusts. Ecological Engineering, 23: 47-53.

TARGULIAN V O, 2005. Elementary pedogenic processes. Eurasian Soil Sciences, 38: 1255-1264.

THOMAS A D, HOON S R, LINTON P E, 2008. Carbon dioxide fluxes from cyanobacteria crusted soils in the Kalahari. Applied Soil Ecology, 39: 254-263.

第3章 有色金属矿山尾矿库的酸化及其机制

3.1 尾矿酸化过程及酸化潜力预测

有色金属尾矿的含硫量（主要是黄铁矿，FeS_2）普遍较高，黄铁矿及其他金属硫化物在微生物催化作用下氧化产酸。富含黄铁矿的重金属尾矿可以在相对较短的时间内（几个月或数年）风化产酸并导致酸性矿山废水生成。这些极端酸性、重金属和硫酸盐含量很高的废水已在华南地区对周边水质和自然生态系统造成严重影响。此外，酸化也是尾矿库植被重建的主要限制因素，酸性对植物的直接影响主要是通过高浓度氢离子而导致的，因为高浓度氢离子能够使大部分的酶系统失活，限制呼吸，以及影响根系对水分和盐类的吸收。高度酸性条件还会加快 Pb、Zn、Cu、Cd、Fe、Mn 和 Al 等金属离子从尾矿中淋溶并对植物产生毒害作用。前期生态调查和温室试验证实了尾矿中黄铁矿的氧化酸化是尾矿生态修复的主要限制因素。因此，研究有色金属尾矿的酸化过程及其产酸预测，是尾矿库生态修复的必需步骤。

3.1.1 尾矿的酸化过程

人类的采矿活动获得了大量可利用的矿物，生产过程中的残渣，即尾矿，以及含矿物成分比较低的矿石（贫矿）等，往往被露天堆积存放，或者通过表层覆土（或者淹水）来进行处理（Johnson et al.，2005）。在这一过程中，通过自发的或者微生物介导的化学过程，形成多种多样的矿山酸性环境（图3.1），除尾矿之外，还有尾矿酸化而形成的酸性矿山废水（AMD），以及 AMD 沉积物（sediment）和 AMD 生物膜（biofilm）等（Méndez-García et al.，2014；Denef et al.，2010）。

以黄铁矿（FeS_2；pyrite）为例来说明矿山酸性环境的形成过程。黄铁矿是地壳中含量最高的金属硫化矿物（Baker et al.，2003），其氧化溶解（oxidative dissolution）的过程可以通过式（3.1）～式（3.4）来说明。

$$FeS_2 + 3.5O_2 + H_2O \longrightarrow Fe^{2+} + 2SO_4^{2-} + 2H^+ \tag{3.1}$$

$$FeS_2 + 6Fe^{3+} + 3H_2O \longrightarrow 7Fe^{2+} + S_2O_3^{2-} + 6H^+ \tag{3.2}$$

$$4Fe^{2+} + O_2 + 4H^+ \longrightarrow 4Fe^{3+} + 2H_2O \tag{3.3}$$

$$S_2O_3^{2-} + 2O_2 + H_2O \longrightarrow 2H^+ + 2SO_4^{2-} \tag{3.4}$$

通常，在没有水和空气的条件下，FeS_2 在化学性质上是非常稳定的（其他硫化矿物亦如此）。然而，当 FeS_2 暴露在空气和水中时（如人类的采矿活动），便会自发地发生氧化反应，氧气（O_2）和三价铁（Fe^{3+}）是主要的氧化剂。FeS_2 可以在 O_2 和水的作用下，生成二价铁（Fe^{2+}）、硫酸根（SO_4^{2-}）和氢离子（H^+）[式（3.1）]。FeS_2 也可以通过硫

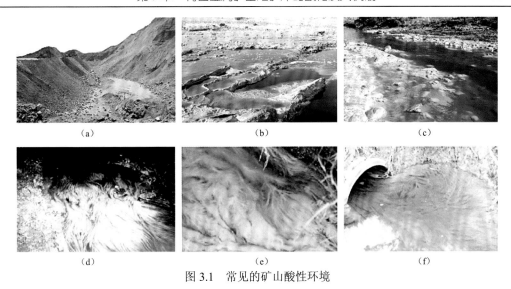

（a）	（b）	（c）
（d）	（e）	（f）

图 3.1 常见的矿山酸性环境

（a）为尾矿；（b）为尾矿和酸性矿山废水；（c）为酸性矿山废水和沉积物；（d）（e）（f）为酸性矿山废水生物膜

代硫酸盐机制，在 Fe^{3+} 的作用下生成 Fe^{2+}，硫代硫酸根（$S_2O_3^{2-}$）和 H^+ ［式（3.2）］（Schippers et al.，1999）。式（3.1）和式（3.2）中生成的 Fe^{2+} 可以被氧化成 Fe^{3+}（H^+ 和 O_2 参与），并继续通过式（3.2）氧化 FeS_2。而式（3.2）中生成的 $S_2O_3^{2-}$ 可以被 O_2 氧化生成 SO_4^{2-} 和 H^+（H_2O 参与）。

与此同时，其他与 FeS_2 共同存在的金属硫化矿物，如 MoS_2（molybdenite，辉钼矿）、MnS_2（hauerite，方硫锰矿）、$CuFeS_2$（chalcopyrite，黄铜矿）等不溶于酸的金属硫化矿物，以及 ZnS（sphalerite，闪锌矿）、PbS（galena，方铅矿）等可溶于酸的金属硫化矿物，能分别通过硫代硫酸盐机制（Fe^{3+} 参与）和聚硫化物机制（Fe^{3+} 和 H^+ 参与）发生非生物的化学反应，生成重金属离子和还原性的硫化合物［图 3.2（Schippers et al.，1999）］。

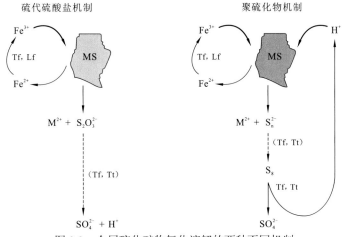

图 3.2 金属硫化矿物氧化溶解的两种不同机制

在以上的各个方程式表示的化学过程中，式（3.3）和式（3.4）可能分别有铁氧化微生物和硫氧化微生物的参与。在铁氧化和硫氧化微生物的作用下，这两个过程会比自然条件下的非生物过程有上万倍的提高。因此，铁氧化和硫氧化微生物大大地加速了金属硫化物的氧化过程，重金属的释放及硫酸的产生，对于尾矿来说，加速了尾矿的酸化和酸性矿山废水产生的过程。因此对于尾矿污染和环境保护来说，铁氧化和硫氧化微生物的存在是极为不利的。

3.1.2 酸性环境的微生物

在常见的矿山酸性环境中（图 3.1），尾矿和酸性矿山废水系统中的微生物生态的研究相对较多（Kuang et al.，2012；Amaral-Zettler et al.，2011；Hallberg，2010；Schippers et al.，2010；Baker et al.，2003）。尾矿和酸性矿山废水中微生物研究的样点分布非常广泛，而且大都针对不同时间和空间上尾矿中微生物的物种多样性和群落组成的变化，以及特异的铁氧化（和还原）和硫氧化（和还原）微生物的分离培养和代谢功能的鉴定（Kuang et al.，2012；Schippers et al.，2010）。由于尾矿和酸性矿山废水是联系非常紧密的两个系统，其中的微生物组成亦具有很大的相似性。这些研究揭示了尾矿和酸性矿山废水中的主要微生物物种（Hallberg，2010；Schippers et al.，2010；Baker et al.，2003），以及影响酸性矿山废水中微生物群落结构和组成的主要因素（Kuang et al.，2012）。

尾矿和酸性矿山废水中的微生物具有较高的系统发育多样性[图 3.3（Baker et al.，2003）]，主要分布在 Proteobacteria（变形菌门）、Acidobacteria（酸杆菌门）、Firmicutes（厚壁菌门）、Actinobacteria（放线菌门）、Nitrospira（硝化螺旋菌门）、Euryarchaeota（广古菌门）等门类。

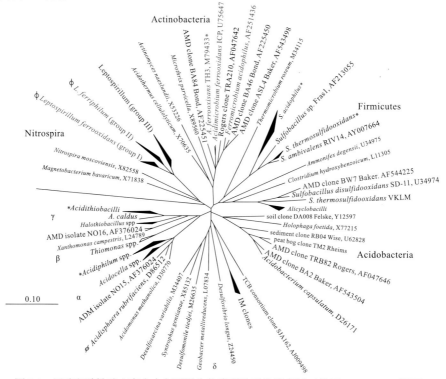

图 3.3 尾矿和酸性矿山废水中主要微生物类群的系统发育树（基于 16S rRNA 基因）

3.1.3　尾矿的酸化潜力及其预测

利用净产酸（net acid generation，NAG）和酸碱中和（acid base accounting，ABA）法，研究广东乐昌 Pb/Zn 矿尾矿的产酸潜力。这些尾矿的黄铁矿和总硫含量分别为 12.6% 和 18.7%，其 NAG 和 NAPP（net acid production potential，净产酸潜力）值分别是 220 kg 和 326 kg H_2SO_4/t。NAG 和 NAPP 分析的结果均表明，乐昌 Pb/Zn 尾矿具有很高的产酸潜力。由于黄铁矿–硫氧化的不完全，NAG 法比 NAPP 法更能准确预测尾矿的产酸潜力。剖面样品的比较分析显示，酸化主要发生在尾矿表层（0～20 cm），而对深层尾矿的影响极小。在酸化尾矿剖面，Pb、Zn、Cu、Cd 总量随着深度显著增加；而在非酸化尾矿剖面，不同层次尾矿的重金属含量没有明显变化（表 3.1）。这些结果表明，酸化尾矿表面重金属含量的下降主要是酸化而导致的。此外，酸化尾矿表面（0～20 cm）DTPA 提取态 Pb、Zn、Cu、Cd 的含量明显高于非酸化尾矿，揭示酸化显著提高重金属的移动性。

表 3.1　两种尾矿剖面样品的产酸潜力

样品	pH	EC / (dS/m)	酸中和能力 / (kg H_2SO_4/t)	净产酸 / (kg H_2SO_4/t)	净产酸潜力 / (kg H_2SO_4/t)	总硫 /%	硫铁矿硫 /%	NAG-pH
A1	1.78e	13.1a	−25c	148d	181e	15.2c	5.1e	1.83ab
A2	5.35d	6.24a	92b	215c	223e	16.3bc	10.3d	2.05ab
A3	6.20c	4.84b	113a	303a	477a	22.4a	19.3a	1.69b
A4	6.86b	4.38b	128a	286ab	349c	18.9bc	15.6b	2.12a
B1	7.60a	4.64b	116a	253b	447ab	20.1ab	18.4ab	1.89ab
B2	7.78a	4.51b	115a	224c	353d	18.5bc	15.3bc	1.92ab
B3	7.38a	3.83c	110a	279ab	275d	15.9c	12.6cd	2.04ab
B4	7.40a	4.60b	117a	298a	418b	19.3ab	17.5ab	1.87ab

注：不同小写字母表示统计学上的显著差异（LSD test，$P<0.05$）（A1、A2、A3 和 A4 分别代表剖面 A 中 0～10 cm、10～20 cm、20～50 cm 和 50～100 cm 层次的样品；B1、B2、B3 和 B4 分别代表剖面 B 中 0～10 cm、10～20 cm、20～50 cm 和 50～100 cm 层次的样品）

基于对 9 种矿业废弃物酸化潜力的深入研究，确定了废弃物酸化的 NAG-pH 阈值：NAG-pH≥5，不产酸；NAG-pH≤2.5，中度或高度产酸；2.5<NAG-pH<5，低产酸。NAG-pH 阈值的确定发展了 NAG 方法，为快速、大范围地评价、预测尾矿的酸化及其相关的改良工作提供了可靠的理论依据，该方法被录入施普林格（Springer）出版的大学教科书（*Mine Wastes：Characterization，Treatment and Environmental Impacts*，3rd ed.，2010），并在尾矿库生态修复实践中得以成功验证。

3.2 尾矿的酸化机制

凡口铅锌矿是中国主要的铅锌产地之一，建矿于1958年，1968年正式投产，在20世纪末形成了日处理铅锌矿石3 000 t的生产能力，2009年开始形成日处理铅锌矿石5 500t、年产18万t铅锌金属量的生产能力。为了堆放和处理生产中产生的大量的尾矿等废弃物，在凡口铅锌矿场东南方向约10 km处一条狭长山谷中，修建了大型的尾矿库，总库容为1 813.5×10⁴ m³，有效库容达到1 450.8×10⁴ m³。根据本试验团队多年的监测和研究，广东省凡口铅锌尾矿库（黄子塘库区）表面具有处于不同酸化阶段的尾矿系列[图3.4（a）]。选择6个具有代表性的尾矿系列[命名为T1-T6；图3.4（b）]，采样之前，首先在原位测量其pH，以佐证其能代表尾矿酸化的不同阶段。

（a）尾矿库表面的总体情况

（b）不同酸化阶段的代表性尾矿系列

图3.4 广东省凡口铅锌矿尾矿库表面尾矿酸化形态

3.2.1　不同酸化阶段尾矿的理化特征和矿物学组成

6 个尾矿系列（T1~T6；共 18 个样品）在理化特征方面存在比较明显的差异（表 3.2）（Chen et al.，2013），特别是在 pH、EC（电导率）、TOC（总有机碳）、T-Fe（总铁）和 T-S（总硫）等方面。T1 和 T2 具有近中性的 pH 和较低的电导率，而 T3~T6 的 pH 则低至 2.5 以下并有较高的电导率。T1 和 T2 的总有机碳比 T3~T6 高出将近一个数量级，表明尾矿 T3~T6 是寡营养的环境。在总铁方面，T1、T2 和 T6 的总铁显著高于其他三个尾矿系列，同时，总硫的水平也存在 6 个尾矿系列具有显著差异的现象，T1 和 T2 显著高于其他系列。同时，尾矿样品中含有高浓度的 Zn、Pb、Mn、Cr、Cd、Hg、As 和 Cu 等重金属（表 3.3），特别是 Zn 和 Pb 的含量极高。以上理化特征表明凡口铅锌尾矿是极端酸性和重金属含量极高的极端环境。

表 3.2　广东省凡口铅锌尾矿的 6 个系列尾矿样品的主要理化特征

尾矿系列	含水量/%	pH	EC /（mS/cm）	总有机碳 /（g/kg）	总氮 /（g/kg）	总铁 /%	总硫 /%
T1	28±0.5a	7.5±0.02a	1.4±0.1d	32±0.5b	0.29±0.02b	21±1.0a	17±0.5a
T2	18±1.7b	6.4±0.13b	1.3±0.1d	37±2.6a	0.27±0.04b	15±1.9b	11±1.0b
T3	6.0±0.8d	1.9±0.05de	6.9±0.4b	3.8±0.5c	0.51±0.02a	5.9±0.8c	8.2±0.3c
T4	18±1.2b	1.8±0.06e	8.8±1.1a	5.6±1.1c	0.49±.06a	4.7±0.2c	8.9±0.4bc
T5	14±0.4c	2.1±0.03d	6.6±0.2b	2.2±0.1c	0.30±0.02b	5.4±0.5c	7.8±0.4c
T6	15±1.8bc	2.4±0.03c	4.4±0.4c	4.0±0.6c	0.42±0.04a	14±1.1b	9.0±0.4bc

表 3.3　广东省凡口铅锌尾矿的 6 个系列尾矿样品的重金属含量

尾矿系列	重金属质量分数/（mg/kg）							
	Zn	Pb	Mn	Cr	Cd	Hg	As	Cu
T1	52 906±4 480b	12 830±313c	1 376±32b	75±2a	13±0.3b	10±1b	1 197±30a	389±25a
T2	122 418±29 030a	6 811±898c	1 896±212a	38±2bc	28±5a	16±4ab	1 182±80a	109±19b
T3	11 429±2 904c	16 323±2 102a	143±43d	36±1c	3.4±1.1c	19±5a	459±127b	20±4c
T4	9 235±2 309c	10 936±811b	112±13d	35±1c	2.4±0.5c	10±1ab	238±4bc	36±8c
T5	13 035±706c	5 858±582c	181±5d	22±1d	3.0±0.2c	7.4±0.4b	210±6c	ND
T6	9 461±1 293c	6 813±652c	586±70c	40±1b	7.9±2.0bc	11±1ab	1116±85a	106±3b

注：ND 代表未检出

XPS 结果显示不同尾矿系列样品中，无机硫化合物的组成（相对丰度）具有明显的变化[图 3.5（a）]。尾矿系列样品 T1 和 T2 中具有高比例的还原性硫化物 FeS 和 FeS_2，具有被氧化生成硫酸的潜能。$FeSO_4$ 硫化亚铁在后 4 个系列中具有相对一致的比例，而 $Fe_2(SO_4)_3$ 则在所有系列中都有检出，但从 T1～T6，其相对丰度具有越来越高的趋势。Fe^{3+} 的含量变化与此相一致[图 3.5（b）]，在 T1 和 T2，自由的 Fe^{3+} 占总铁的比例很低，而在 T3 和 T4 中则具有很高的比例，主要是由 $Fe_2(SO_4)_3$ 贡献的，到了酸化阶段后期，由于生成含铁的施氏矿物（Chen et al.，2014），Fe^{3+} 的比例降低。

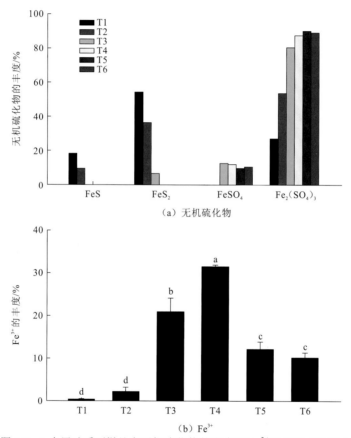

（a）无机硫化物

（b）Fe^{3+}

图 3.5　6 个尾矿系列样品中无机硫化物的丰度和 Fe^{3+} 的相对丰度变化

对于无机硫化合物的测定，每个尾矿系列的 3 个样品中，只对其中一个进行 XPS 分析；柱状图上不同的小写字母，表示不同尾矿系列中 Fe^{3+} 的相对丰度具有显著的差异（$P<0.05$）

3.2.2　不同酸化阶段尾矿的微生物群落特征

基于 16S rRNA 基因的 barcoded 454 焦磷酸测序技术获得了 136 155 条高质量的 16S rRNA 基因序列。在 97% 的序列相似性的水平上，将这些序列划分到 3 410 个 OTUs（operational taxonomical units，可操作分类单元），每个子样品取 5 000 条序列进行计算，平均每个尾矿系列包括的 OTUs 数目为 101～499 个，其中尾矿系列 T6 具有最低的微生物多样性，与其他多样性参数（包括 Chao1 指数、Simpson 指数和 Shannon 指数）的结果相一致（表 3.4）。

表 3.4　6 个尾矿系列样品的高质量 16S rRNA 基因序列条目和微生物多样性

尾矿系列	序列数	α-多样性			
		OTUs 数目	Chao1 指数	Simpson 指数	Shannon 指数
T1	8979	227	547	0.76	3.3
T2	6326	238	433	0.78	4.0
T3	8351	481	610	0.97	6.5
T4	6442	435	775	0.77	4.5
T5	8652	499	805	0.80	4.6
T6	6636	101	195	0.84	3.4

　　将每个尾矿系列样品中的 16S rRNA 基因序列进行物种分类，获得尾矿系列的微生物群落组成和结构信息（图 3.6）。从微生物分类的门（phylum）水平来看，变形菌门（Proteobacteria）在尾矿系列样品 T1、T2 和 T3 中占据主要地位，相对丰度分别为 93%、74% 和 56%，而且在尾矿酸化过程中（从 T1 到 T6）呈现逐渐降低的趋势。在 Proteobacteria 的所有纲（class）中（包括 Alpha-，Beta-，Gamma-，Ferroplasma 等），Beta-和 Ferroplasma 占据主要地位。广古菌门（Euryarchaeota）在尾矿系列样品 T4、T5 和 T6 占据着主要地位，相对丰度达 46%～58%。

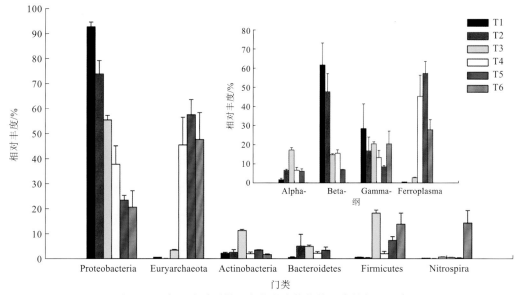

图 3.6　6 个尾矿系列样品中的微生物优势门类的相对丰度

　　从微生物分类的属（genus）水平来看，6 个尾矿系列样品的组成亦具有明显的差异（表 3.5）。在尚未开始酸化的尾矿系列 T1 中（pH=7.5），*Hydrogenophaga*（噬氢菌属；

32.0%)、*Thiobacillus*（产硫杆菌属；12.0%）、*Thiovirga*（盐硫杆状菌属；26.0%）和 *Comamonas*（丛毛单胞菌属；5.1%）4 个属在微生物群落占据高达 74%的相对丰度。在轻度酸化的尾矿系列 T2 中（pH=6.4），除 *Thiobacillus*（产硫杆菌属）仍具有较高丰度外（3.3%），*Legionella*（军团菌属）、*Gemmatimonas*（芽单胞菌属）和 *Sphingomonas*（鞘氨醇单胞菌）、*Rubrobacter*（红色杆菌属）的相对丰度分别为 2.2%、2.0%、1.9% 和 1.5%。极端酸性的尾矿系列 T3、T4 和 T5 中（pH=1.9、1.8、2.1；表 3.2）反而具有比其他尾矿系列更高的微生物多样性（表 3.4）。其中，尾矿系列 T3 具有最多的优势微生物属，包括 *Staphylococcus*（葡萄球菌，11.0%）、*Acinetobacter*（不动杆菌属，7.1%）、*Brucella*（布鲁氏菌，6.5%）、*Corynebacterium*（棒状杆菌属，5.4%）、*Pseudomonas*（假单胞菌属，5.1%）、*Methylobacterium*（甲基杆菌属，3.9%）和 *Ferroplasma*（铁原体属，2.9%），以及其他 5 个相对丰度大于 1%的微生物属，表明其微生物群落结构相对最为复杂。然而，T4 和 T5 是以 *Ferroplasma*（铁原体属）为主要物种的群落，丰度分别为 45%和 57%。尾矿酸化的最后一个系列 T6 与前面三个阶段相比,在 pH 上有一定的提高(2.4)（表 3.2），微生物群落的结构也稍微复杂，主要的微生物类群包括 *Ferroplasma*（铁原体属，28%）、*Acidithiobacillus*（嗜酸硫杆菌属，19%）、*Leptospirillum*（钩端螺旋菌属，14%）、*Sulfobacillus*（嗜酸硫化杆菌属，13%）和 *Thermogymnomonas*（热裸单胞菌属，4.3%）。

表 3.5 6 个尾矿系列样品中优势微生物属的相对丰度 　　　　　　 （单位：%）

属	T1	T2	T3	T4	T5	T6
嗜酸硫杆菌属 *Acidithiobacillus*	0.30	0.02	1.00	0.47	0.25	19.00
不动杆菌属 *Acinetobacter*	0.22	0.12	7.10	4.80	3.00	0.01
拟无枝酸菌属 *Amycolatopsis*	0.04	0.07	1.80	0.25	0.51	0.01
布鲁氏菌 *Brucella*	0.22	0.12	6.50	1.50	1.80	0.01
丛毛单胞菌属 *Comamonas*	5.10	0.08	0.87	0.34	0.44	0.01
棒状杆菌属 *Corynebacterium*	0.03	0.00	5.40	0.23	1.60	0.00
栖水菌属 *Enhydrobacter*	0.10	0.04	1.90	0.37	0.62	0.01
铁原体属 *Ferroplasma*	0.57	0.04	2.90	45.00	57.00	28.00
芽单胞菌属 *Gemmatimonas*	0.03	2.00	0.03	0.18	0.01	0.00
噬氢菌属 *Hydrogenophaga*	32.00	0.00	0.08	0.03	0.08	0.00
军团菌属 *Legionella*	0.25	2.20	0.12	0.74	0.11	0.00
钩端螺旋菌属 *Leptospirillum*	0.20	0.05	0.64	0.54	0.16	14.00
甲基杆菌属 *Methylobacterium*	0.11	0.17	3.90	1.10	1.10	0.00
吞菌弧菌属 *Peredibacter*	0.17	1.00	0.07	0.54	0.01	0.01
假单胞菌属 *Pseudomonas*	0.15	0.00	5.10	0.95	1.70	0.00
红色杆菌属 *Rubrobacter*	0.27	1.50	0.07	0.48	0.05	0.00

续表

属	T1	T2	T3	T4	T5	T6
鞘氨醇单胞菌 *Sphingomonas*	0.22	1.90	1.60	1.00	0.65	0.00
葡萄球菌 *Staphylococcus*	0.08	0.00	11.00	0.34	2.80	0.00
链球菌属 *Streptococcus*	0.04	0.00	1.10	0.21	0.45	0.00
嗜酸硫化杆菌属 *Sulfobacillus*	0.12	0.03	0.27	0.07	0.09	13.00
热裸单胞菌 *Thermogymnomonas*	0.01	0.00	0.06	0.01	0.02	4.30
产硫杆菌属 *Thiobacillus*	12.00	3.30	0.08	1.50	0.07	0.00
盐硫杆状菌属 *Thiovirga*	26.00	0.02	0.16	0.07	0.06	0.00

3.2.3　尾矿酸化的微生物机制

多元回归树（multivariate regression tree，MRT）分析揭示了尾矿微生物群落组成与尾矿的理化性质之间的关系（图 3.7），尾矿样品的 pH 对微生物群落的组成具有最重要的影响，其次为尾矿的含水量（表 3.2）。在 pH≥4.3 的尾矿样品中，Betaproteobacteria 具有较高的相对丰度；在 pH<4.3 的情况下，Euryarchaeota 具有明显更高的相对丰度，特别是在

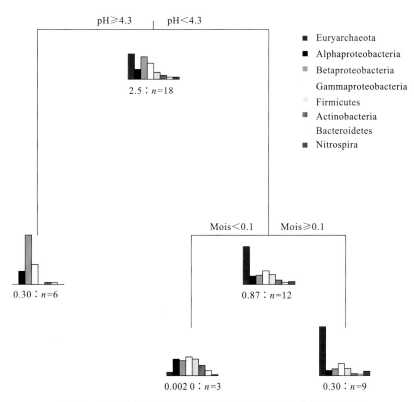

图 3.7　主要理化因子与尾矿样品微生物群落组成之间的关系

含水量同时＞10%（0.1）的尾矿样品中。已经有诸多的研究表明，pH 可以作为一个主要的因子来预测不同环境中微生物群落的组成，如土壤（Chu et al.，2010；Fierer et al.，2006）、盐碱湖底泥（Xiong et al.，2012）及 AMD（Kuang et al.，2012）等生境。据此可以推测，pH 可能也可以作为一个主要的因子来预测尾矿中的微生物群落组成（Liu et al.，2014）。

为了研究在尾矿酸化过程中微生物的功能的变化，尾矿系列 T2 和 T6 分别作为酸化前期和后期的代表，进行了宏基因组学的分析。基于 contigs 中的 16S rRNA 基因序列的微生物物种分类的分析结果，以及基于所有的 contigs 序列 Blast NCBI-nr 的结果，用 MEGAN 软件（Huson et al.，2007）进行微生物物种分类的分析，结果显示，尾矿系列 T2 和 T6 中的主要微生物类群分别为 Proteobacteria（变形菌门）和 Euryarchaeota（广古菌门）（图 3.8），与 16S rRNA 基因 barcoded 焦磷酸测序的结果一致。

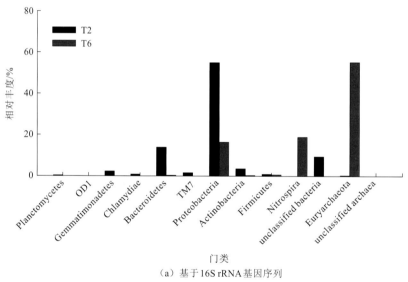

（a）基于 16S rRNA 基因序列

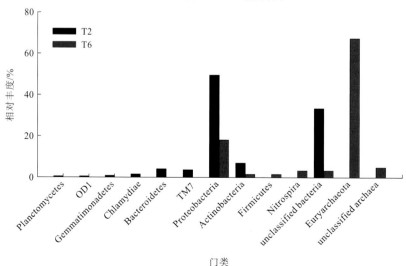

（b）基于功能基因

图 3.8　尾矿系列 T2 和 T6 宏基因组中基于 16S rRNA 基因序列和功能基因的微生物物种分类分析

宏基因组分析结果为揭示尾矿酸化不同阶段的微生物功能提供了线索，下面将从碳固定、氮代谢、硫氧化、二价铁氧化和极端环境适应方面进行详细的阐述。

（1）碳固定。已知的微生物无机碳固定的途径有 6 种，即 Calvin-Benson-Bassham（CBB）cycle、reductive citric acid（rTCA）cycle、reductive acetyl-CoA pathway、3-hydroxypropionate（3-HP）cycle、3-Hydroxypropionate-4-hydroxybutyrate cycle 和 dicarboxylate-4-hydroxybutytate cycle（Bertin et al.，2011）。基于 KEGG pathway 的分析结果显示，CBB cycle 和 rTCA cycle 在尾矿系列 T2 和 T6 中都存在，而其他 4 种代谢途径的相关基因在 T2 和 T6 中未被发现。CBB cycle 的关键酶包括 ribulose-1,5-bisphosphate carboxylase oxygenase（RubisCO）和 ribulose-5-phosphate kinase（Bertin et al.，2011）。在尾矿系列 T2 中，编码这两个酶的基因富集，物种分类分析发现它们来自 T2 中的 *Thiobacillus* 和 *Acidithiobacillus*（表 3.6）。而在尾矿系列 T6 中，这两个基因也在 *Acidithiobacillus* 被检测到（表 3.6）。虽然类 RubisCO 基因在 *Leptospirillum* 中被检测到，但由于其缺少 ribulose-5-phosphate kinase 编码基因（Goltsman et al.，2009），并不能通过 CBB cycle 进行碳固定。而对于 rTCA cycle 来说，亦有两个关键酶，即 2-oxoglutarate ferredoxin oxidoreductase 和 ATP-citrate lyase（ACL）（Bertin et al.，2011）。在尾矿系列 T2 和 T6 中，分别检测到 12 个和 74 个 2-oxoglutarate ferredoxin oxidoreductase 的编码基因，主要来自 *Sphingomonas* 和 *Leptospirillum*（表 3.6）。然而，在两个尾矿系列中都没有检测到编码 ACL 的基因。近年来的研究表明，在 *Leptospirillum* 中存在一种新的不依赖于 ACL 的 rTCA cycle（Goltsman et al.，2009），其关键酶包括 fumarate reductase、2-oxoglutarate ferredoxin oxidoreductase、citryl-CoA synthetase、citryl-CoA lyase 和 pyruvate ferredoxin oxidoreductase。所有编码这些关键酶的基因在尾矿系列 T6 中都可以在 *Leptospirillum* 中检测到，说明其可能是尾矿系列 T6 微生物群落中的主要固碳微生物。

（2）氮代谢。在尾矿系列 T2 中，检测到 7 个基因编码固氮酶，包括 nifD、nifH 和 nifK，大都来自尾矿中常见的微生物 *Methylococcus*（甲基球菌属）（Rastogi et al.，2009）（表 3.6）。由于 T2 中总氮的含量非常低（表 3.2），而 *Methylococcus* 能够在缺氮的环境中进行氮（N_2）的固定（Bender et al.，1994），故 *Methylococcus* 可能在尾矿系列 T2 中扮演着重要的角色。而在尾矿系列 T6 中，发现的 12 个固氮基因都来自 *Acidithiobacillus* 和 *Leptospirillum*（表 3.6）。所以不难推测，在尾矿系列 T6 中，某些 *Acidithiobacillus* 属的物种和 *Leptospirillum* group I 和 III（Goltsman et al.，2009）很可能通过固氮支撑了 *Ferroplasma* 的生长需求，因为有试验证明 *Ferroplasma* 是通过氨基酸和氨转运通道，来获取其他微生物固定的氮，从而进行生长（Tyson et al.，2004）。在 *Ferroplasma* 相关的基因中发现了 128 个编码氨基酸转运通道和 9 个氨转运通道的基因（表 3.6），从而证实了这一推测的可能性。氮元素的反硝化途径中需要的关键酶包括 nitrate reductase、nitrite reductase、nitric oxide reductase 和 nitrous oxide reductase（Jones et al.，2008）。在尾矿系列 T2 中，所有编码这些关键酶的基因都在 *Thiobacillus denitrificans* 相关的基因中被检测

表 3.6 尾矿系列 T2 和 T6 宏基因组中与微生物碳固定、氮循环、硫氧化及二价铁氧化相关的基因（或酶）

关键代谢功能	T2		T6	
	基因数目	主要所属类群	基因数目	主要所属类群
碳固定				
CBB 途径				
核酮糖 1，5-二磷酸羧化酶 Ribulose 1, 5-bisphosphate carboxylase（EC4.1.1.39）	18	*Thiobacillus, Acidithiobacis*	19	*Acidithiobacillus, Leptospirillum*
5-磷酸核糖激酶 Ribulose-5-phosphate kinase（EC2.7.1.19）	11	*Thiobacils, Acidithiobacillus*	3	*Acidithiobacillus*
rTCA 途径				
2-氧戊二酸铁氧蛋白氧化还原酶 2-oxoglutarate ferredoxin oxidoreductase（EC1.2.7.3）	12	*Sphingomonas*	74	*Leptospirillum*
ATP 柠檬酸裂解酶 ATP-citrate lyase（EC2.3.3.8）	0	—	0	—
氮代谢				
氮固定 N₂-fixation（nifH, D, K; EC1.18.6.1）	7	*Methylococcus*	11	*Acidithiobacillus, Leptospirillum*
氨通透酶 Ammonia permease	11	*Proteobacteria*	11	*Ferroplasma, Thermoplasma*
氨基酸转运蛋白 Amino acid transporter	15	*Proteobacteria*	169	*Ferroplasma, Picrophilus,*
硝酸盐同化 Nitrate assimilation	56	*Proteobacteria*	17	*Ferroplasma*
反硝化 Denitrification	91	*Thiobacillus*	26	*Acidithiobacillus*
硫氧化				

续表

关键代谢功能	T2		T6	
	基因数目 of genes	主要所属类群	基因 of genes	主要所属类群
硫化物: 醌氧化还原酶 SQR ($S^{2-} \rightarrow S^0$)	**7**	*Thiobacillus*	**17**	*Acidithiobacillus*
硫氧化基因簇 SoxXABYZ ($S_2O_3^{2-} \rightarrow S^0$)	**29**	*Thiobacillus*	**9**	*Acidithiobacillus*
硫代硫酸盐: 醌氧化还原酶 TQO ($S_2O_3^{2-} \rightarrow S_4O_6^{2-}$)	**2**	*Acidithiobacillu*	3	*Acidithiobacillus*
四硫氰酸酯水解酶 TTH ($S_4O_6^{2-} \rightarrow S_2O_3^{2-}/S^0/SO_4^{2-}$)	**2**	*Acidithiobacillu*	9	*Acidithiobacillus*
反向硫酸盐还原 Reverse DsrAB ($S^0 \rightarrow SO_3^{2-}$)	**24**	*Thiobacillus*	0	—
腺苷酸硫酸还原酶 APS reductase ($SO_3^{2-} \rightarrow APS$)	**17**	*Thiobacillus*	**4**	*Leptospirillum*
ATP 硫化酶 ATP sulfurylase ($APS \rightarrow SO_4^{2-}$)	**32**	*Thiobacillus*	17	*Leptospirillum*
亚硫酸盐氧化酶 Sulfite oxidase ($SO_3^{2-} \rightarrow SO_4^{2-}$)	**0**	—	0	—
亚硫酸盐脱氢酶 Sulfite dehydrogenase ($SO_3^{2-} \rightarrow SO_4^{2-}$)	**0**	—	0	—
二价铁氧化				
细胞色素 cyc2-铜蓝蛋白 rusA-细胞色素 cyc1-aa3 终端氧化酶 Cyc2 → Rus A → Cyc1 → aa3 oxidase	0	—	8	*Acidithiobacillus*
细胞色素 cyc572-细胞色素 cyc579- 细胞色素 Cytc-cbb3 终端氧化酶 Cyc572 → Cyc579 → Cytc → cbb3 oxidase	0	—	10	*Leptospirillum*
铜蓝蛋白 Sulfocyanin- cbb3 终端氧化酶 Sulfocyanin → cbb3 oxidase	0	—	12	*Ferroplasma*
血铜终端蛋白 fox 基因簇 foxEYZ	0	—	0	—
细胞色素 pioABC	0	—	0	—

到（表 3.6），表明反硝化作用可能在尾矿中发生。而在尾矿系列中，*Acidithiobacillus ferrivorans* 的基因中检测到这些酶的编码基因（表 3.6），而且，有试验证明其可以在反硝化条件下氧化硫代硫酸盐（$S_2O_3^{2-}$，thiosulfate）（Liljeqvist et al.，2013）。

（3）硫氧化。许多研究表明，微生物可以氧化多种多样的还原性无机硫化物（Dopson et al.，2012；Ghosh et al.，2009），而这一过程对于富含硫的尾矿的酸化和酸性矿山废水的产生具有决定性的作用（Schippers et al.，2010），然而相关的基因在尾矿环境中并未得到充分的研究和阐述。在尾矿系列 T2 和 T6 的宏基因组数据中，检测到大量与还原性无机硫化物氧化相关的基因，包括 sulfide-quinone reductase（SQR）、sulfur oxidation multienzyme complex（Sox）system、thiosulfate:quinone oxidoreductase（TQO）、tetrathionate hydrolase（TTH）、reverse dissimilatory sulfite reductase（DSR）、APS reductase 和 ATP sulfurylase（表 3.6）。在本小节研究的尾矿系列中，主要的还原性无机硫化物是 FeS 和 FeS_2[图 3.5（a）]，有研究证明这两种硫化物都不能被微生物直接利用。然而，在环境中，这两种硫化物通过 Fe^{3+} 和 H^+（或仅在 Fe^{3+}）的化学氧化，生成可以被微生物直接利用的产物。有证据表明 SQR 可以氧化 FeS 化学氧化生成的硫化氢而产生单质硫（Ghosh et al.，2009），其编码基因在尾矿系列 T2 和 T6 都显著富集，分别来自 *Thiobacillus* 和 *Acidithiobacillus*（表 3.6）。同样地，在 T2 和 T6 检测到的 Sox 相关的基因也分别来自这两种微生物（表 3.6）。值得注意的是，在两个尾矿系列中的 Sox 基因复合体都只包括其基本的组成部分，即 SoxAX、SoxB 和 SoxYZ（Friedrich et al.，2005）。事实上，仅具有部分基本组成部分的 Sox 基因复合体在 *Acidithiobacillus caldus*（SoxAX、SoxB、SoxYZ）（Chen et al.，2013）、*Acidithiobacillus thiooxidans*（SoxAX、SoxB、SoxYZ）（Valdés et al.，2011）和 *Acidithiobacillus ferrivorans*（SoxB，SoxYZ）（Liljeqvist et al.，2013）的基因组中被证实，然而在 *Acidithiobacillus ferrooxidans* 却未检测到（Dopson et al.，2012）。这样的缺少 SoxCD 的 Sox 复合体能够氧化硫代硫酸盐而生成单质硫（Sand et al.，2001）。此外，硫代硫酸盐也可以被 TQO 氧化生成连四硫酸盐（tetrathionate），而连四硫酸盐可以继续被 TTH 氧化生成硫代硫酸盐、硫酸盐和单质硫（表 3.6）。在尾矿系列 T2 和 T6 中，TQO 和 TTH 都在 *Acidithiobacillus* 相关的基因中被检测到，但并不显著地富集（表 3.6）。生成的单质硫继而可以被 reverse DSR 氧化生成亚硫酸盐（sulfite），然后被 APS reductase 和 ATP sulfurylase 氧化生成硫酸盐（表 3.6）。在尾矿系列 T2 中，编码上述三个酶的基因都显著富集并且来自 *Thiobacillus*（表 3.6）。然而，在尾矿系列 T6 中，虽然 APS reductase 和 ATP sulfurylase 的基因在 *Leptospirillum* 中被检测到，但并未检测到 reverse DSR 相关的基因（表 3.6）。值得注意的是，有研究表明，*Leptospirillum* 并不能在环境中参与硫的氧化，而 APS reductase 和 ATP sulfurylase 很可能是利用硫化物以进行硫的同化（Goltsman et al.，2009）。以上结果表明尾矿系列 T2 中的微生物群落具有比 T6 中更多的硫氧化的方式。

（4）二价铁氧化。三价铁（Fe^{3+}）是低 pH 条件下最主要的氧化剂（Ritchie，1994），而二价铁（Fe^{2+}）可以氧化生成 Fe^{3+}。许多嗜酸性的和嗜中性的微生物可以进行 Fe^{2+} 的氧化，而且大部分属于 *Proteobacteria*（Hedrich et al.，2011）。到目前为止，Fe^{2+} 氧化的具体的代谢途径只有在 *Acidithiobacillus ferrooxidans* 中得到了充分地研究，虽然其他嗜酸性微生物中的代谢途径也有一些基于试验和基因组信息的推测（Bonnefoy et al.，2012）。而对于嗜中性微生物的 Fe^{2+} 氧化途径更是知之甚少，仅有两个相关的操纵子，即 *foxEYZ* 和 *pioABC* 在 *Rhodobacter capsulatus* 和 *Rhodopsedomonas palustris* 中被报道（Bird et al.，2011）。考虑尾矿系列 T2 其近乎中性的 pH（6.4）（表 3.2），不难推测可能有嗜中性微生物在其中进行 Fe^{2+} 的氧化。然而，在 T2 的宏基因组中没有检测到相关的基因（表 3.6），可能的解释有两个：①相关的微生物的相对丰度极低，宏基因组测序并未能获得其足够的基因组信息；②像上面提到的那样，可能是由于与嗜中性微生物 Fe^{2+} 氧化相关的探索太少，公共数据库没有相关的条目，即使宏基因组测序已经获得相关的基因，但未能将其注释。举例来说，虽然 *Thiobacillus denitrificans* 能够在反硝化条件下氧化硫和 Fe^{2+}，但是相关基因的研究却很少（Beller et al.，2006）。虽然未能在 T2 检测到 Fe^{2+} 氧化相关的基因，但不能据此推断，*Thiobacillus denitrificans* 在 T2 中行使着 Fe^{2+} 氧化的功能，虽然其在 T2 具有较高的相对丰度（3.3%）（表 3.5）。而且需要注意的是，只有在厌氧的中性液相环境中，硝酸盐才能作为氧化剂（Benz et al.，1998）。在这样的背景下，由于 T2 中还原性无机硫化物的存在，硝酸盐会作为氧化剂氧化硫化物，而不是 Fe^{2+}，除非有足够的 Fe^{2+} 的存在（Schippers，2004）。然而，尾矿环境中的硝酸盐通常是来自开矿时利用的爆炸物的残留，其含量较低（Johnson，1998）。所以，未来的研究需要进一步研究处于酸化初期的尾矿系列（如 T2）中 Fe^{2+} 氧化的具体情况。在尾矿系列 T6 的宏基因组中，与 Fe^{2+} 氧化相关的基因在 *Acidithiobacillus*、*Leptospirillum* 和 *Ferroplasma* 中被检测到（表 3.6）。说明这三者在尾矿系列中可能在 Fe^{2+} 氧化方面扮演着重要的角色，考虑它们在 T6 中极高的相对丰度（表 3.5）。

（5）极端环境适应。与普通生境（normal environment，如农田土）相比，本小节研究中的尾矿系列 T2 和 T6 都属于极端环境（extreme environment），如 T2 具有极高的重金属含量（表 3.3），而 T6 具有极低的 pH 和极高的重金属含量（表 3.2，表 3.3）。为了在如此恶劣的环境中生存，其中的微生物需要相关的适应机制。对低 pH 和重金属适应相关的基因进行分析发现，在尾矿系列 T2 和 T6 中，皆存在许多与重金属适应相关的基因；而在 T6 中，与低 pH 相适应的基因也具有很高的丰度（表 3.7）。与已测序的所有原核生物的基因组相比，很多相关的基因在 T2 和 T6 中都显著地富集（图 3.9）。这些结果表明，T2 和 T6 中的微生物很有可能通过这些适应机制在尾矿中生存，并且在此前提下，促进尾矿的酸化和酸性矿山废水的产生。

表 3.7 尾矿系列 T2 和 T6 中与低 pH 和重金属适应相关的 COGs

环境胁迫	COG ID	COG 类型*	基因	COG 信息	COGs	
					T2	T6
重金属	COG0598	[P]	corA	Mg²⁺ 和 Co²⁺ 转运蛋白	21	7
	COG2217	[P]	cadA	阳离子转运 ATP 酶	132	40
	COG0672	[P]	FTR1	高亲和性 Fe²⁺/Pb²⁺ 通透酶	9	4
	COG0798	[P]	ACR3	砷外排泵 ACR3 和相关渗透酶	11	0
	COG3696	[P]	czcA	假定银外排泵	194	50
	COG0841	[V]	czcA	阳离子/多药外排泵	141	112
	COG0845	[M]	czcB	膜融合蛋白	107	45
	COG1538	[MU]	czcC	外膜蛋白	46	32
	COG1230	[P]	czcD	Co/Zn/Cd 外排系统组件	27	9
	COG0861	[P]	terC	膜蛋白 TerC，可能与重金属碲抗性相关	41	0
	COG1275	[P]	tehA	碲酸盐抗性蛋白及相关通透酶	0	20
	COG2059	[P]	chrA	铬酸盐转运蛋白	6	0
	COG0474	[P]	mgtA	阳离子转运 ATP 酶	25	45
	COG2239	[P]	mgtE	Mg/Co/Ni 转运蛋白	15	0
低 pH	COG2216	[P]	KdpB	高亲和性 K⁺ 转运蛋白 ATP 酶 B 链	2	32
	COG2060	[P]	KdpA	K⁺ 转运蛋白 ATP 酶 A 链	3	29
	COG2156	[P]	KdpC	K⁺ 转运蛋白 ATP 酶 C 链	2	13
	COG1657	[I]	—	角鲨烯环化酶	0	11

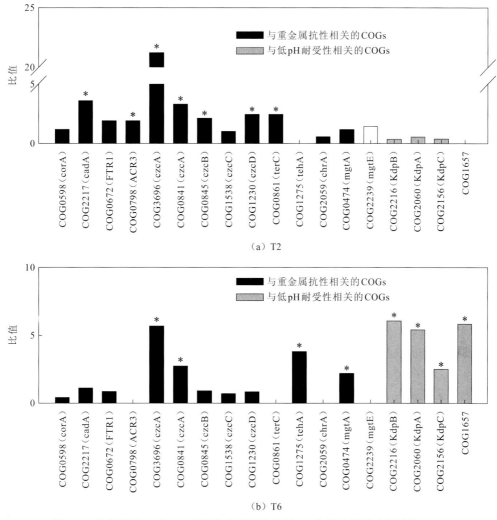

图 3.9 尾矿系列 T2 和 T6 的微生物群落中与低 pH 和重金属适应相关的 COGs

参 考 文 献

AMARAL-ZETTLER L A, ZETTLER E R, THEROUX S M, et al., 2011. Microbial community structure across the tree of life in the extreme Rio Tinto. ISME Journal, 5: 42-50.

BAKER B, BANFIELD J, 2003. Microbial communities in acid mine drainage. FEMS Microbiology Ecology, 44: 139-152.

BELLER H, CHAI P S, LETAIN T, et al., 2006. The genome sequence of the obligately chemolithoautotrophic, facultatively anaerobic bacterium *Thiobacillus denitrificans*. Journal of Bacteriology, 188: 1473-1488.

BENDER M, CONRAD R, 1994. Microbial oxidation of methane, ammonium and carbon monoxide, and turnover of nitrous oxide and nitric oxide in soils. Biogeochemistry, 27: 97-112.

BENZ M, BRUNE A, SCHINK B, 1998. Anaerobic and aerobic oxidation of ferrous iron at neutral pH by chemoheterotrophic nitrate-reducing bacteria. Archives of Microbiology, 169: 159-165.

BERTIN P N, HEINRICH-SALMERON A, PELLETIER E, et al., 2011. Metabolic diversity among main microorganisms inside an arsenic-rich ecosystem revealed by meta- and proteo-genomics. ISME Journal, 5: 1735-1747.

BIRD L J, BONNEFOY V, NEWMAN D K, 2011. Bioenergetic challenges of microbial iron metabolism. Trends in Microbiology, 19: 330-340.

BONNEFOY V, HOLMES D S, 2012. Genomic insights into microbial iron oxidation and iron uptake strategies in extremely acidic environments. Environmental Microbiology, 14: 1597-1611.

CHEN L X, LI J T, CHEN Y T, et al., 2013. Shifts in microbial community composition and function in the acidification of a lead/zinc mine tailings. Environmental Microbiology, 15: 2431-2444.

CHEN Y T, LI J T, CHEN L X, et al., 2014. Biogeochemical processes governing natural pyrite oxidation and release of acid metalliferous drainage. Environmental Science & Technology, 48: 5537-5545.

CHU H Y, FIERER N, LAUBER C L, et al., 2010. Soil bacterial diversity in the Arctic is not fundamentally different from that found in other biomes. Environmental Microbiology, 12: 2998-3006.

DENEF V J, MUELLER R S, BANFIELD J F, 2010. AMD biofilms: Using model communities to study microbial evolution and ecological complexity in nature. ISME Journal, 4: 599-610.

DOPSON M, JOHNSON D B, 2012. Biodiversity, metabolism and applications of acidophilic sulfur-metabolizing microorganisms. Environmental Microbiology, 14: 2620-2631.

FIERER N, JACKSON R B, 2006. The diversity and biogeography of soil bacterial communities. Proceedings of the National Academy of Sciences of the United States of America, 103: 626-631.

FRIEDRICH C G, BARDISCHEWSKY F, ROTHER D, et al., 2005. Prokaryotic sulfur oxidation. Current Opinion in Microbiology, 8: 253-259.

GHOSH W, DAM B, 2009. Biochemistry and molecular biology of lithotrophic sulfur oxidation by taxonomically and ecologically diverse bacteria and archaea. FEMS Microbiology Reviews, 33: 999-1043.

GOLTSMAN D S A, DENEF V J, SINGERinger S W, et al., 2009. Community genomic and proteomic analyses of chemoautotrophic iron-oxidizing "*Leptospirillum rubarum*" (Group II) and "*Leptospirillum ferrodiazotrophum*" (Group III) bacteria in acid mine drainage biofilms. Applied and Environmental Microbiology, 75: 4599-4615.

HALLBERG K B, 2010. New perspectives in acid mine drainage microbiology. Hydrometallurgy, 104: 448-453.

HEDRICH S, SCHLOMANN M, JOHNSON D B, 2011. The iron-oxidizing proteobacteria. Microbiology, 157: 1551-1564.

HUSON D H, AUCH A F, QI J, et al., 2007. MEGAN analysis of metagenomic data. Genome Research, 17: 377-386.

JOHNSON D B. 1998. Biodiversity and ecology of acidophilic microorganisms. FEMS Microbiology Ecology, 27: 307-317.

JONES C M, STRES B, ROSENQUIST M, et al., 2008. Phylogenetic analysis of nitrite, nitric oxide, and nirtrous oxide respiratory enzymes reveal a complex evolutionary history for denitrification. Molecular Biology and Evolution, 25:1955-1966.

JOHNSON B D, HALLBERG K B, 2005. Acid mine drainage remediation options: A review. Science of the Total Environment, 338: 3-14.

JOHNSON D B, HALLBERG K B, 2008. Carbon, iron and sulfur metabolism in acidophilic micro-organisms. Advances in Microbial Physiology, 54: 201-255.

KUANG J L, HUANG L N, CHEN L X, et al., 2012 Contemporary environmental variation determines microbial diversity patterns in acid mine drainage. ISME Journal, 7: 1038-1050.

LILJEQVIST M, RZHEPISHEVSKA O I, DOPSON M, 2013. Gene identification and substrate regulation provide insights into sulfur accumulation during bioleaching with the psychrotolerant acidophile *Acidithiobacillus ferrivorans*. Applied and Environmental Microbiology, 79: 951-957.

LIU J, HUA Z S, CHEN L X, et al., 2014. Correlating microbial diversity patterns with geochemistry in an extreme and heterogeneous mine tailings environment. Applied and Environmental Microbiology, 80: 3677-3686.

MÉNDEZ-GARCÍA C, MESA V, SPRENGER R R, et al., 2014. Microbial stratification in low pH oxic and suboxic macroscopic growths along an acid mine drainage. ISME Journal, 8: 1259-1274.

RASTOGI G, SANI R K, PEYTON B M, et al., 2009. Molecular studies on the microbial diversity associated with mining-impacted Coeur d'Alene River sediments. Microbiology Ecology, 58: 129-139.

RITCHJE A I M, 1994. The waste-rock environment// JAMBOR J L, BLOWES D W. Short course handbook on environment geochemistry of sulfide mine waste. Ottawa: Mineralogical Association of Canada: 133-161.

SAND W, GEHRKE T, JOZSA P G, et al., 2001. (Bio) chemistry of bacterial leaching- direct vs. indirect bioleaching. Hydrometallurgy, 59: 159-175.

SCHIPPERS A, 2004. Biogeochemistry of metal sulfide oxidation in mining environments, sediments and soils// AMEND J P, EDWARDS K J, LYONS T W, eds. Sulfur Biogeochemistry-Past and Present. Boulder, Colorado: Geological Society of America: 49-62.

SCHIPPERS A, BREUKER A, BLAZEJAK A, et al., 2010. The biogeochemistry and microbiology of sulfidic mine waste and bioleaching dumps and heaps, and novel Fe(II)-oxidizing bacteria. Hydrometallurgy, 104: 342-350.

SCHIPPERS A, SAND W, 1999. Bacterial leaching of metal sulfides proceeds by two indirect mechanisms via thiosulfate or via polysulfides and sulfur. Applied and Environmental Microbiology, 65: 319-321.

TYSON G, CHAPMAN J, HUGENHOLTZ P, et al., 2004. Community structure and metabolism through reconstruction of microbial genomes from the environment. Nature, 428: 37-43.

XIONG J, LIU Y, LIN Y, et al., 2012. Geographic distance and pH drive bacterial distribution in alkaline lake sediments across *Tibetan Plateau*. Environmental Microbiology, 14: 2457-2466.

VALDES J, OSSANDON F, QUATRINI R, et al., 2011. Draft genome sequence of the extremely acidophilic biomining bacterium *Acidithiobacillus thiooxidans* ATCC 19377 provides insights into the evolution of the *Acidithiobacillus* genus. Journal of Bacteriology, 193: 7003-7004.

第4章　有色金属矿山尾矿库生态修复中植物的筛选与配置技术

4.1　重金属耐性植物的筛选

寻找和发现适合当地气候与土壤条件的重金属耐性植物是矿区植被恢复和污染土壤修复的前提。一般来说，有色金属矿山尾矿库土壤结构性差，重金属含量较高，有机质含量及植物必需的营养元素缺乏，很不利于植物生长和其他生物活动，植被恢复十分困难（Li，2006；Shu et al.，2005；Ye et al，2002）。但植物种类繁多，各有不同的适应性，总有一些植物能够适应这种特殊的环境条件，在矿山废弃地上定居生长。王友保等（2003）在铜关山野外调查发现，铜尾矿库自然定居的 34 种高等植物对重金属有较强的忍耐能力、对环境适应性强，改善了矿区的自然景观。杨世勇等（2004）和田胜尼等（2005）研究认为某些禾本科、豆科、菊科植物对重金属有完美的生态适应机制，是金属矿山废弃地植被恢复良好的先锋植物。周兴等（2003）通过刁江流域有色金属矿区自然生长的植物研究，发现在废弃尾砂库上自然定居的植物，能适应废弃地的极端条件，可作为有色金属矿区植被重建的优选物种。因此，研究矿山废弃地上自然生长的植物是寻找适于废弃地生境特点植物的有效途径之一。

4.1.1　华南典型铅锌矿区重金属耐性植物的筛选

本小节系统研究广东凡口铅锌矿、广东乐昌铅锌矿、湖南水口山铅锌矿、湖南桃林铅锌矿和湖南黄沙坪铅锌矿等矿区尾矿库的原生植被群落（表 4.1）。共鉴定出 54 个物种，分属 51 属、24 科，其中有 13 种属于禾本科。这些结果表明，禾本科植物是尾矿原生演替过程中出现的主要物种，它们在尾矿自然的植被恢复中发挥着重要的作用。根据这些植物的形态、生理和生活史等特性，提出尾矿自然定居植物的三种生态对策，即微生境（逃避）对策[microsite（avoidance）strategy]、忍耐对策（tolerance strategy）和根茎对策（rhizome strategy）。它们分别是指植物通过扩散作用进入尾矿中相对"温和"的微生境而得以存活，植物通过进化形成耐受尾矿中各种恶劣条件的生理和生化机制而得以存活，植物通过地下茎的伸长产生具有潜在独立生存能力个体的方式（无性繁殖）而得以存活。

表 4.1　华南 5 个典型铅锌矿区尾矿的植物种类及其生活型

植物种类	尾矿库					习性		
	LC	FK	TL	SKS	HSP	生活型	根茎	带冠毛的种子
漆树科 Anacardiaceae								
盐肤木 *Rhus chinensis* Mill.	+++	++	+			Ph	√	
菊科 Compositae								
藿香蓟 *Ageratum conyzoides* L.	++					T		√
豚草 *Ambrosia artemisiifolia* L.			+++			T	√	√
魁蒿 *Artemisia princeps* Pamp.	+					Cr	√	√
蒿属的一种 *Artemisia* sp.	+					T		√
鬼针草 *Bidens pilosa* L.	+++		+			T		√
东风草 *Blumea megacephala*（Rand）Chang et Tseng		+				T		√
小蓬草 *Conyza canadensis*（L.）Cronq.			+++	+++		T		√
鳢肠 *Eclipta prostrata* L.			+			T		√
一点红 *Emilia sonchifolia*（L.）DC.	+					T		√
莴苣属的一种 *Lactuca* sp.				+		T		√
苍耳 *Xanthium sibiricum* Patrin.	+		++	+++	++	T		√
莎草科 *Cyperaceae*								
香附子 *Cyperus rotundus* L.	+	+		+		Cr	√	
高秆珍珠茅 *Scleria terrestris* L.			+			Cr	√	√
藜科 Chenopodiaceae								
小藜 *Chenopodium serotinum* L.				+		T		
十字花科 Cruciferae								
碎米荠属的一种 *Cardamine* sp.				+		T		
木贼科 Equisetaceae								
节节草 *Equisetum ramosissimum* Desf.	+					Cr	√	
大戟科 Euphorbiaceae								
湖北算盘子 *Glochidion wilsonii* Hutch.			+			Ph		
越南叶下珠 *Phyllanthus cochinchinensis* Spreng.	+					T		
里白科 Gleicheniaceae								
芒萁 *Diceanopteris dichotoma*（Thunb.）Bernh.	+					Cr	√	

植物种类	尾矿库					习性		
	LC	FK	TL	SKS	HSP	生活型	根茎	带冠毛的种子
禾本科 Poaceae								
水蔗草 *Apluda mutica* L.	+							
狗牙根 *Cynodon dactylon* (L.) Pers.	+++	+	+++	+++	+++	Cr	√	
马唐 *Digitaria sanguinalis* (L.) Scop	+		+++	+++	++	T		
稗 *Echinochloa crusgalli* (L.) Beauv.			++	++	++	T		
牛筋草 *Eleusine indica* (L.) Gaertn			+++	+++	+++			
白茅 *Imperata cylindrical* (L.) Beauv.	+++	+++	+++	+	+	Cr	√	√
芒 *Miscanthus sinensis* Anders.	+++	++		++	+	Cr	√	√
类芦 *Neyraudia reynaudiana* (Kunth) Keng	+++	+++				Cr	√	√
铺地黍 *Panicum repens* L.	+++					Cr	√	
双穗雀稗 *Paspalum distichum* L.	+++		+++		+++	Cr	√	
狗尾草 *Setaria viridis* (L.) Beauv.			+++	+++	+++	T		
中华结缕草 *Zoysia sinica* Hance			+			Cr	√	
唇形科 Labiatae								
野草香 *Elsholtzia cypriani* (Pavol.) S.Chow ex Hsu	+					T		
鼠尾草 *Salvia japonica* Thunb.	+					T		
樟科 Lauraceae								
阴香 *Cinnamomum burmannii* (C. G. et Th. Nees) Bl.	+					Ph		
樟树 *C.camphora* (L.) Presl.	+					Ph		
锦葵科 Malvaceae								
赛葵 *Malvastrum coromandelianum* (L.) Gurcke	+					T		
楝科 Meliaceae								
楝树 *Melia azedarach* L.	+		+	+		ph		
桃金娘科 Myrtaceae								
桉树 *Eucalyptus robusta* Sm.	+					ph		
桃金娘 *Rhodomyrtus tomentosa* (Ait.) HassK.	+					ph		
蝶形花科 Papilionaceae								
黄檀属的一种 *Dalbergia* sp.			+			ph		

注：LC 指乐昌，FK 指凡口，TL 指桃林，SKS 指水口山，HSP 指黄沙坪

　　Ph 指木本植物 phanerpphytes，Cr 指多年生草本 cryptophytes，T 指一年生草本 therophytes

4.1.2　两广地区典型砷矿区重金属耐性植物的筛选

由于砷（As）的毒性和致畸、致癌、致突变效应，长期以来砷已成为公众普遍关注的环境污染物之一。随着植物修复思想的提出、植物修复技术的发展，以及蜈蚣草（*Pteris vittata*）、粉叶蕨（*Pityrogramma calomelanos*）和欧洲凤尾蕨（*Pteris cretica*）等砷超富集植物的发现，为砷污染土壤和水体的治理提供了更为经济有效和环境友好的方法。筛选出合适的金属富集量高且生物量大的植物种类是植物修复成功的一个关键因素。国内外目前已发现 6 种 As 超富集植物，它们全是蕨类并且 5 种属于凤尾蕨属。广西壮族自治区和广东省位于华南亚热带地区，据记载，这两个省（自治区）分别有蕨类植物 54 科 125 属 532 种和 56 科 139 属 464 种（苏志尧 等，1996；廖文波 等，1994）。砷矿也广泛分布在这两个地区（《中国矿床发现史·综合卷》编委会，2001）。然而，至今在这两个地区没有砷超富集植物的报道。

2003 年 9～11 月，对广东和广西 12 个砷污染区蕨类植物种类进行了野外调查，所调查的 12 个采样点分别是：广西宾阳县大马山（DMM）、广西贺州市观音山（GYM）、广西贺州市六合坳（LHA）、广西南丹县车马村（CM）、广西南丹县三角塘村（SJT）、广西南丹县长坡矿（CP）、广西南丹县铜坑矿（TK）、广西南丹县拉么矿（LM）、广西南丹县巴平村（BP）、广东曲江县重阳镇（CY）、广东阳春市水口乡（SK）和广东云浮市茶洞（CD）。这 12 个调查样点中，7 个（DMM、GYM、LHA、CY、CM、SK 和 CD）是砷矿，2 个（SJT 和 BP）是砷或锑冶炼厂，其余（CP、TK 和 LM）是伴砷的多金属矿。

在所调查的两广地区 12 个砷污染区记录到 11 科 16 属 25 种蕨类植物（表 4.2），其中凤尾蕨科 5 种，金星蕨科 8 种，乌毛蕨科 3 种，肾蕨科 2 种，鳞毛蕨科、木贼科、里白科、鳞始蕨科、石松科、海金沙科和蕨科各 1 种。凤尾蕨科的 5 种植物分别是蜈蚣草（*P.vittata*）、井栏边草（*P.multifida*）、斜羽凤尾蕨（*P.oshimensis*）、金钗凤尾蕨（*P.fauriei*）和大叶井口边草（*P.cretica* var.*nervosa*）。优势种包括蜈蚣草（*P.vittata*）、蕨（*Pteridium aquilinum* var.*latiusculum*）、乌毛蕨（*Blechnum orientale*）、节节草（*Equisetum ramosissimum*）和井栏边草（*P.multifida*），它们至少在 5 个样点中出现。所有蕨类植物都能在其被砷污染的"自然"生长地健康生长，并未出现受害症状，表明它们对砷胁迫具有较强耐性。

25 种蕨类植物及相应根区土壤的砷含量如表 4.3 所示。所调查的 25 种植物中，蜈蚣草（*P.vittata*）、井栏边草（*P.multifida*）、大叶井口边草（*P.cretica* var.*nervosa*）、斜羽凤尾蕨（*P.oshimensis*）和金钗凤尾蕨（*P.fauriei*）这 5 种植物羽片砷含量相对较高，分别高达 9 677（57～9 677）mg/kg、4 056（624～4 056）mg/kg、2 363（1 162～2 363）mg/kg、2 142（301～2 142）mg/kg 和 2 134（514～2 134）mg/kg。乌毛蕨（*Blechnum orientale*）、华南毛蕨（*Cyclosorus parasiticus*）和毛叶肾蕨（*Nephrolepis brownii*）的羽片砷含量也分别高达 442（1.4～442）mg/kg、604（15～604）mg/kg 和 689（2.9～689）mg/kg。

表 4.2 所调查的两广地区 12 个砷污染区的基本情况

样点位置（代号）	矿类型	气候、土壤和植物
广西宾阳县大马山（DMM）	砷矿，运行中	热带北缘气候；年均气温 21 ℃，年降雨量 1 200~1 500 mm；砖红壤；草本为主，优势种为虎杖（Polygonum cuspidatum）、灯芯草（Juncus setchuensis）和番石榴（Psidium guajava）
广西贺州市观音山（GYM）	砷矿，废弃	南亚热带季风气候；年均气温 20 ℃，年降雨量 2 000 mm；黄壤；草本为主，优势种为节节草（Equisetum ramosissimum）和宽叶香蒲（Typha latifolia）
广西贺州市六合坳（LHA）	砷矿，运行中	气候和土壤同 GYM；草本为主，优势种为井栏边草（Pteris multifida）、苎麻（Boehmeria nivea）和芒（Miscanthus sinensis）
广西南丹县车马村（CM）	砷矿，运行中	亚热带山区气候，年均气温 16.9 ℃，年降雨量 1 490 mm；黄壤；灌木和草本为主，优势种为油茶（Camellia oleifera）、乌毛蕨（Blechnum orientale）和芒（Miscanthus sinensis）
广西南丹县三角塘村（SJT）	锑冶炼废弃地，废弃	气候和土壤同 CM；草本为主，优势种为粗叶悬钩子（Rubus alceaefolius）、普通针毛蕨（Macrothelypteris torressiana）和三叶鬼针草（Bidens pilosa）
广西南丹县长坡矿（CP）	Sn、Pb、Zn 多金属矿，运行中	气候和土壤同 CM；草本为主，优势种为丛毛羊胡子草（Eriophrum comosum）、芒（Miscanthus sinensis）和密蒙花（Buddleia officinalis）
广西南丹县铜坑矿（TK）	Sn、Pb、Zn 多金属矿，运行中	气候和土壤同 CM；草本为主，优势种为单芽狗脊蕨（Woodwardia unigemmata）、肾蕨（Nephrolepis cordifolia）和披针新月蕨（Abacopteris penangiana）
广西南丹县拉么矿（LM）	Sn、Zn、Cu 多金属矿，运行中	气候和土壤同 CM；草本为主，优势种为山菅兰（Dianella ensifolia）、节节草（Equisetum ramosissimum）和密蒙花（Buddleia officinalis）
广西南丹县巴平村（BP）	砷冶炼废弃地，废弃	气候和土壤同 CM；灌木和草本为主，优势种为枫香（Liquidambar formosana）、车前草（Plantago major）和加拿大飞蓬（Erigeron Canadensis）
广东曲江县重阳镇（CY）	砷矿，废弃	亚热带中部湿润季风气候；年均气温 18~21 ℃，年降雨量 1 400~1 900 mm；红壤；草本为主，优势种为苎麻（Boehmeria nivea）、龙葵（Solanum nigrum）、井栏边草（Pteris multifida）和蜈蚣草（P.vittata）
广东阳春市水口乡（SK）	砷矿，废弃	南亚热带季风气候；年均气温 22 ℃，年降雨量 2 380 mm；红壤；草本为主，优势种为乌毛蕨（Blechnum orientale）、苎麻（Boehmeria nivea）、毛叶肾蕨（Nephrolepis brownii）和芒萁（Dicranopteris dichotoma）
广东云浮市茶洞（CD）	砷矿，废弃	亚热带季风气候；年均气温 21.5 ℃，年降雨量 1 202 mm；红壤；草本为主，优势种为山菅兰（Dianella ensifolia）、蕨（Pteridium aquilinum var. latiusculum）和芒萁（Dicranopteris dichotoma）

表 4.3　12 个砷污染区 25 种蕨类植物羽片和相应根区土壤砷含量

种类	科	样点[1]	植物样本数	总砷（mg/kg 干重），平均值±标准差（范围）	
				羽片	土壤
乌毛蕨（Blechnum orientale）	乌毛蕨科 Blechnaceae	CY, SK, CD, TK, DMM, CM	87	84±85（1.4~442）	43 193±45 412（413~154 028）
狗脊蕨（Woodwardia japonica）		CP	14	14±9.0（1.0~30）	1 160±546（534~1 533）
单芽狗脊蕨（W. unigemmata）		TK, SJT	6	23±11（11~42）	833±217（679~986）
贯众（Cyrtomium fortunei）	鳞毛蕨科 Dryopteridaceae	LM	1	20	45 711
节节草（Equisetum ramosissimum）	木贼科 Equisetaceae	LM, GYM, LHA, CY, CP	7	24±27（1.3~65）	21 785±15 918（1 024~45 064）
芒萁（Dicranopteris dichotoma）	里白科 Gleicheniaceae	SK, CD, CP, DMM	22	22±31（0.6~112）	1 496±1 208（182~2 934）
乌蕨（Stenoloma chusanum）	鳞始蕨科 Lindsaeaceae	CD, CP	10	19±25（1.3~78）	831±426（530~1 132）
铺地蜈蚣（Lycopodium cernuum）	石松科 Lycopodiaceae	CD	2	12±2.1（10~13）	798
海金沙（Lygodium japonicum）	海金沙科 Lygodiaceae	SJT	5	20±14（2.3~35）	946±536（595~1 563）
毛叶肾蕨（Nephrolepis brownii）	肾蕨科	SK	45	158±391（2.9~689）	19 939±8 148（4 197~30 535）
肾蕨（N. cordifolia）	Nephrolepidaceae	TK	4	16±15（3.8~34）	6 965
井栏边草（Pteris multifida）		BP, LM, GYM, LHA, CY	49	1 977±782（624~4 056）	12 695±11 815（3 611~47 235）
斜羽凤尾蕨（P. oshimensis）		SK	13	789±499（301~2 142）	2 224±973（1 262~4 004）

续表

种类	科	样点①	植物样本数	总砷（mg/kg 干重），平均值±标准差（范围）	
				羽片	土壤
金钗凤尾蕨（*P. fauriei*）	凤尾蕨科 Pteridaceae	DMM	12	1 362±587（514~2 134）	805±313（386~1 317）
蜈蚣草（*P. vittata*）		BP、LM、GYM、LHA、CY、SK、CD、CP、SJT、CM	124	3 892±2 570（57~9 677）	33 875±23 670（603~121 252）
大叶井口边草（*P. cretica* var.*nervosa*）		BP	13	2 007±336（1 162~2 363）	805±202（524~1 145）
蕨（*Pteridium aquilinum* var.*latiusculum*）	蕨科 Pteridiaceae	BP、SK、CD、CP、SJT、DMM	40	39±47（1.9~212）	16 806±21 453（603~63 236）
裁裂毛蕨（*Cyclosorus truncatus*）		BP	4	13±8.5（7.2~25）	898
华南毛蕨（*C. parasiticus*）		LM、LHA	13	164±175（15~604）	35 588±20 091（16 059~58 769）
渐尖毛蕨（*C. acuminatus*）		GYM、SK、CM	15	38±22（5.8~74）	7 691±6 424（580~16 264）
干旱毛蕨（*C. aridus*）	金星蕨科 Thelypteridaceae	SK	3	21±4.6（16~24）	5 333
星毛蕨（*Ampelopteris prolifera*）		GYM	8	25±15（10~46）	24 020±6 474（19 442~28 598）
拔针新月蕨（*Abacopteris penangiana*）		TK	3	10±4.4（5.0~13）	910
普通针毛蕨（*Macrothelypteris toressiana*）		TK、SJT	7	20±13（7.8~43）	1 846±1 768（595~3 096）
金星蕨（*Parathelypteris glanduligera*）		DMM	1	69	1 774

然而，尽管生长在相同或相似的高砷污染土壤上，其他蕨类的羽片砷含量较低。所调查土壤中砷含量变动范围为 182～154 028 mg/kg，均超过《土壤环境质量建设用地土壤污染风险管控标准（试行）》（GB 36600—2018）第二类用地管制值 As 140 mg/kg。

植物羽片和土壤中镉、铜、铅、锌含量列于表 4.4。从表 4.4 可知，所调查的蕨类植物羽片中这 4 种金属的含量相对较低，均未达到超富集植物的浓度阈值。羽片中 Cd 的变动范围（质量分数）是 0.94～50 mg/kg，Cu 为 3.2～20 mg/kg，Pb 为 7.4～304 mg/kg，Zn 为 22～394 mg/kg。相反，土壤中 Cd、Cu、Pb、Zn 的含量较高，变动范围分别为 13～816 mg/kg、30～2 045 mg/kg、625～4 959 mg/kg 和 75～9 162 mg/kg。土壤中毒性相对较大的 Cd 大多数超过第一类用地的筛选值（20 mg/kg），Pb 大多数超过第二类用地的筛选值（800 mg/kg），说明所调查土壤已受到 Cd、Pb、Cu、Zn 等重金属的复合污染。从植物对 Cd、Cu、Pb、Zn 的吸收看，对 Cd 吸收最高的蕨类植物是井栏边草（*P.multifida*），羽片平均含 Cd（50±2.6）mg/kg；对 Cu 吸收最高的是华南毛蕨，为（20±2.9）mg/kg；对 Pb 和 Zn 吸收最高的是狗脊蕨（*Woodwardia japonica*）和海金沙（*Lygodium japonicum*），分别为（304±61）mg/kg 和（394±59）mg/kg。

本小节研究表明 25 种所调查的蕨类植物中，井栏边草（*P.multifida*）、斜羽凤尾蕨（*P.oshimensis*）、金钗凤尾蕨（*P.fauriei*）、蜈蚣草（*P.vittata*）和大叶井口边草（*P.cretica* var. *nervosa*）5 种植物羽片砷富集量超过 1 000 mg/kg。蜈蚣草羽片中检测到 9 677 mg/kg 的砷含量，这比先前报道的生长在美国佛罗里达州中部 Cr-Cu-As 污染土壤上同种植物高（4 980 mg As/kg）（Ma et al.，2001）。本试验结果在更大的地理区域和不同种群支持了先前蜈蚣草是一种砷超富集植物的报道。蜈蚣草和大叶井口边草是已经报道过的砷超富集植物（Chen et al.，2003；陈同斌 等，2002；Ma et al.，2001），因此，本小节研究集中在井栏边草、斜羽凤尾蕨和金钗凤尾蕨对砷的富集上。

分析采自 5 个样点共计 49 个井栏边草样本，44 个样本羽片砷含量超过 1 000 mg/kg（表 4.5）；根中砷质量分数为 340～3 798 mg/kg，平均为 1 103 mg/kg；叶柄中则为 156～1 346 mg/kg，平均为 633 mg/kg。一般地，井栏边草（*P.multifida*）中砷的分布为羽片＞根＞叶柄。5 个样点（15 个亚样点）井栏边草根区土壤的砷含量相对较高，质量分数为 3 611 mg/kg（CY-1）～47 235 mg/kg（CY-4），平均为 12 695 mg/kg。然而，DTPA-提取态含量很低，质量分数是 0.39 mg/kg（LHA-3）～65 mg/kg（BP-2），平均为 18 mg/kg（表 4.5）。井栏边草的转运系数（羽片砷含量与根部砷含量的比值）和富集系数（羽片砷含量与土壤砷含量的比值）如表 4.5 所示，转运系数为 0.36～7.29，富集系数为 0.03～0.98。

表 4.4　12 个砷污染区 24 种蕨类植物羽片和相应根区土壤镉、铜、铅、锌含量（平均值±标准差）

（单位：mg/kg）

植物名称	部位	Cd	Cu	Pb	Zn
乌毛蕨（Blechnum orientale）	羽片	2.7±0.3	10±0.4	132±34	120±27
	土壤	761±175	139±27	2 559±461	436±150
狗脊蕨（Woodwardia japonica）	羽片	3.0±0.3	5.7±1	304±61	341±63
	土壤	20±6.2	49±5.8	772±100	589±196
单芽狗脊蕨（W. unigemmata）	羽片	1.8±0.4	5.6±1.3	24±4.4	79±8.6
	土壤	19±6	65±16	1 319±314	1 071±532
贯众（Cyrtomium fortunei）	羽片	3.8	15	41	268
	土壤	816	2045	4 754	9162
节节草（Equisetum ramosissimum）	羽片	3.1±0.4	4.8±0.6	24±2.0	183±15
	土壤	363±99	1 195±441	3 447±792	4 019±1 710
芒萁（Dicranopteris dichotoma）	羽片	1.8±0.3	5.8±1.1	119±30	185±55
	土壤	25±8.4	55±24	625±216	276±133
乌蕨（Stenoloma chusanum）	羽片	1.4±0.4	6.4±0.4	42±11	181±90
	土壤	13±3.7	46±0.7	811±36	104±23
铺地蜈蚣（Lycopodium cernnum）	羽片	0.94±0.2	5.4±0.3	19±4.4	39±4.3
	土壤	15	40	749	75
海金沙（Lygodium japonicum）	羽片	2.8±0.4	9.3±1.4	34±2.5	394±59
	土壤	21±6.3	154±80	890±26	1 049±200
毛叶肾蕨（Nephrolepis brownii）	羽片	4.0±0.9	16±1.9	19±2.7	350±20
	土壤	329±41	260±17	2 552±303	322±57
肾蕨（N. cordifolia）	羽片	1.3±0.6	3.9±2.3	46±15	269±42
	土壤	170	131	3 986	6518
井栏边草（Pteris multifida）	羽片	50±2.6	11±0.7	14±1.5	209±22
	土壤	623±183	761±196	3 971±933	3 665±870

续表

植物名称	部位	Cd	Cu	Pb	Zn
斜羽凤尾蕨（P. oshimensis）	羽片	28±6.0	11±0.6	15±2.4	67±7.6
	土壤	50±18	188±40	948±291	416±47
金钗凤尾蕨（P. fauriei）	羽片	29±3.2	10±0.8	7.4±2.1	35±3.8
	土壤	339±19	39±2.3	1 014±31	130±12
蜈蚣草（P. vittata）	羽片	1.4±0.2	14±1.0	26±2.2	214±42
	土壤	84±30	846±187	3 974±719	3 308±802
蕨（Pteridium aquilinum var. latiusculum）	羽片	3.4±1.5	11±0.7	18±2.5	63±19
	土壤	312±94	93±25	1 631±429	1 054±753
截裂毛蕨（Cyclosorus truncatus）	羽片	1.3±0.5	5.4±3.4	7.1±2.9	61±10
	土壤	16	30	800	462
华南毛蕨（C. parasiticus）	羽片	5.6±1.6	20±2.9	31±7.2	178±21
	土壤	583±177	1 293±327	4 959±839	4 375±1 698
渐尖毛蕨（C. acuminatus）	羽片	1.6±0.2	9.4±0.5	16±3.9	164±59
	土壤	125±33	433±146	3 448±1 505	1 692±598
干旱毛蕨（C. aridus）	羽片	1.9±0.2	19±2.1	13±3.5	90±10
	土壤	93	293	1 986	586
星毛蕨（Ampelopteris prolifera）	羽片	1.0±0.2	5.6±0.4	8.6±2.7	22±7.3
	土壤	367±85	844±242	1 694±199	1 056±159
披针新月蕨（Abacopteris penangiana）	羽片	1.1±0.2	3.2±2.2	28±4.3	86±15
	土壤	23	111	1 671	1 537
普通针毛蕨（Macrothelypteris toressiana）	羽片	3.4±0.7	9.3±2.2	53±5.1	195±20
	土壤	47±32	78±4.4	2 160±1 244	2 467±1 618
金星蕨（Parathelypteris glanduligera）	羽片	2.7	8.7	ND	36
	土壤	25	53	1 233	235

表 4.5 两广地区 5 个砷污染区的井栏边草（*Pteris multifida*）体内和相应根区土壤砷含量

（单位：mg / kg）

样点	植物			土壤		系数	
	样品号	羽片	叶柄	根	总量	DTPA-提取态	转运系数	富集系数
BP-1	1	1 346	778	463			2.91	0.33
	2	2 311	415	1 850	4 027	61	1.25	0.57
	3	2 491	948	1 075			2.32	0.62
	4	3 281	1 154	1 624			2.02	0.81
BP-2	5	2 339	994	1 391			1.68	0.45
	6	805	278	1 081	5 233	65	0.74	0.15
	7	961	156	455			2.11	0.18
LHA-1	8	3 457	552	916	7 865	0.45	3.77	0.44
LHA-2	9	1 688	242	727			2.32	0.10
	10	2 102	733	788	16 094	0.41	2.67	0.13
	11	3 040	500	778			3.91	0.19
LHA-3	12	1 788	552	1 326			1.35	0.20
	13	2 665	1 089	1 437	9 166	0.39	1.85	0.29
	14	3 356	981	1 296			2.59	0.37
LHA-4	15	2 861	504	1 077	17 615	6.4	2.66	0.16
LM-1	16	1 249	381	870			1.44	0.21
	17	2 048	403	1 134			1.81	0.34
	18	1 475	409	1 061	6 040	7.5	1.39	0.24
	19	1 287	500	446			2.89	0.21
	20	1 556	624	629			2.47	0.26
LM-2	21	2 419	542	1 177	5 701	2.0	2.06	0.42
	22	4 056	796	1 517			2.67	0.71
GYM-1	23	1 898	950	760	11 640	5.1	2.50	0.16
	24	2 479	260	340			7.29	0.21
GYM-2	25	1 402	226	654			2.14	0.25
	26	1 370	339	1 040	5 580	10	1.32	0.25
	27	624	206	1 366			0.46	0.11

续表

样点	植物				土壤		系数	
	样品号	羽片	叶柄	根	总量	DTPA-提取态	转运系数	富集系数
CY-1	28	3 545	1 346	764			4.64	0.98
	29	1 646	473	951	3 611	0.99	1.73	0.46
	30	2 376	960	854			2.78	0.66
CY-2	31	1 936	1 059	634			3.05	0.33
	32	2 048	797	827			2.48	0.35
	33	1 965	838	802	5 826	41	2.45	0.34
	34	826	292	802			1.03	0.14
	35	1 971	817	710			2.78	0.34
CY-3	36	1 447	569	770			1.88	0.09
	37	1 537	732	987			1.56	0.10
	38	954	416	618	15 468	54	1.54	0.06
	39	1 138	551	826			1.38	0.07
CY-4	40	1 611	439	3 798			0.42	0.03
	41	3 297	584	1 082			3.05	0.07
	42	1 317	395	3 641	47 235	6.1	0.36	0.03
	43	1 509	413	1 710			0.88	0.03
	44	1 595	336	999			1.60	0.03
CY-5	45	2 008	958	1 927			1.04	0.07
	46	1 873	906	619			3.03	0.06
	47	2 086	932	1 355	29 323	13	1.54	0.07
	48	1 920	833	783			2.45	0.07
	49	1 917	845	1 334			1.44	0.07
均值±标准差		1 977±782	633±291	1 103±656	12	18±24	1.79	0.16

注：①转运系数为羽片砷含量与根部砷含量的比值；富集系数为羽片砷含量与土壤砷含量的比值

　　②各样点中包括有不同的亚采样点（用 1，2，3 等表示）

从广东阳春市水口乡（SK）样点采集到的 13 个斜羽凤尾蕨样本中，3 个样本羽片砷含量超过 1 000 mg/kg，最大值为 2 142 mg/kg，平均值为 789 mg/kg。此外，根中砷含量的变化范围为 9～142 mg/kg，平均值为 53 mg/kg；叶柄中为 19～241 mg/kg，平均为 115 mg/kg。一般地，砷在该种植物中的分配为羽片＞叶柄＞根，表现出明显向地上部转移（表 4.6）。该样点（3 个亚样点）斜羽凤尾蕨根区土壤的砷含量变化范围为 1 262～4 004 mg/kg，平均值为 2 224 mg/kg。DTPA-提取态含量很低，变化范围为 0.16～1.32 mg/kg，平均为 0.42 mg/kg。

表 4.6　广东阳春砷污染区斜羽凤尾蕨（*Pteris oshimensis*）体内和相应根区土壤砷含量

（单位：mg/kg 干重）

样点	植物				土壤		系数	
	样品号	羽片	叶柄	根	总量	DTPA-提取态	转运系数	富集系数
SK-1	1	571	32	34	1 610	0.34	16.79	0.35
	2	1 061	130	86	3 528	1.32	12.34	0.30
	3	475	36	41	1 262	0.18	11.59	0.38
	4	997	86	25	2 020	0.42	39.88	0.49
	5	301	19	96	1 466	0.16	3.14	0.21
SK-2	6	1 047	105	83	4 001	0.82	12.61	0.26
	7	2 142	264	142	4 004	0.80	15.08	0.53
	8	702	179	59	2 317	0.28	11.90	0.30
	9	905	233	38	2 146	0.22	23.82	0.42
	10	954	281	24	1 792	0.22	39.75	0.53
SK-3	11	375	39	20	1 611	0.26	18.75	0.23
	12	401	63	26	1 516	0.26	15.42	0.26
	13	327	27	9.0	1 644	0.22	36.33	0.20
均值±标准差		789±499	115±95	53±39	2 224±973	0.42±0.35	14.89	0.35

注：① 转运系数为羽片砷含量与根部砷含量的比值；富集系数为羽片砷含量与土壤砷含量的比值

②各样点中包括有不同的亚采样点（用 1，2，3 等表示）

金钗凤尾蕨体内和相应根区土壤中的砷含量如表 4.7 所示。对广西宾阳大马山（DMM）样点该种植物 12 个样本的分析表明，8 个样本羽片砷含量超过 1 000 mg/kg，变化范围为 1 353～2 134 mg/kg。一般地，砷在该种植物中的分配为羽片＞叶柄＞根。根区土壤的砷含量变化范围为 386～1 317 mg/kg，平均为 805 mg/kg。DTPA-提取态含量也很低，变化范围为 0.1～5.3 mg/kg，平均为 1.7 mg/kg（表 4.6）。金钗凤尾蕨的转运系数变化范围为 4.1～11.3，富集系数为 1.1～2.6，表明该植物对砷具有较高的转运和富集能力（表 4.7）。井栏边草、斜羽凤尾蕨和金钗凤尾蕨广泛分布在中国、朝鲜北部、日本和越南等国（中国科学院中国植物志编辑委员会，1990；中国科学院植物研究所，1972）。12 个调查样点中，井栏边草在 5 个样点中有分布，并为一优势种。一旦其砷超富集特征得以证实，该植物能单独或与其他砷超富集植物（如蜈蚣草、大叶井口边草和粉叶蕨等）一起，用于砷污染土壤的植物修复。它具有生长快、易繁殖和收割等优点。在荫蔽环境中，若水分和土壤养分充足井栏边草能很好生长。因此，在砷污染土壤的植被恢复中，井栏边草可以作为群落下层可供选择的植物种类。与井栏边草相比，尽管斜羽凤尾蕨砷含量不是太高（平均 789 mg/kg ），但该植物能长至 1.5 m，鲜重 75 g/株（数据从略），表明其更适合砷污染土壤的植物修复。除蜈蚣草外，金钗凤尾蕨有着高的生物量和砷超富集能力，是一种理想的砷污染土壤修复植物。

表 4.7　广西宾阳砷污染区金钗凤尾蕨（*Pteris fauriei*）体内和相应根区土壤砷含量

（单位：mg/kg 干重）

样品号	植物			土壤		系数	
	羽片	叶柄	根	总量	DTPA-	转运系数	富集系数
1	1 703	516	162	1 070	1.9	10.5	1.6
2	2 134	570	201	1 132	1.7	10.6	1.9
3	1 535	271	215	997	1.6	7.1	1.5
4	622	162	145	510	0.2	4.3	1.2
5	1 581	541	172	602	1.3	9.2	2.6
6	669	292	105	492	2.3	6.4	1.4
7	2 058	921	333	815	5.3	6.2	2.5
8	1 457	581	355	1 317	3.0	4.1	1.1
9	1 978	634	237	818	1.2	8.4	2.4
10	1 353	599	188	1 074	1.9	7.2	1.3
11	743	176	66	452	0.1	11.3	1.6
12	514	206	103	386	<0.1	5.0	1.3
均值±标准差	1 362±169	456±67	190±25	805±90	1.7±0.4	7.2±2.0	1.7±0.5

注：① 转运系数为羽片砷含量与根部砷含量的比值；富集系数为羽片砷含量与土壤砷含量的比值

　　② 各样点中包括有不同的亚采样点（用 1，2，3 等表示）

4.1.3　长江中下游典型铜矿区重金属耐性植物的筛选

长江流域中下游地区是中国最大的铜矿带之一，在该地区分布了大量的铜矿露头、古矿渣堆、排土场及尾矿（常印佛 等，1991）。之前已经有部分学者对该地区的铜矿植物进行了初步的调查，然而这些研究或者仅仅针对某几种优势植物（Tang et al.，1999），或者调查区域限制在单个的矿区或尾矿（储玲 等，2003；李影 等，2003；束文圣 等，2001），有关该地区详细的乡土铜矿植物类型及相应生物地球化学特征等资料仍有待补充和完善。本小节研究选择位于长江中下游铜矿带核心区域铜陵、池州等地的 4 个典型铜矿污染区进行野外调查。考虑已有数篇报道对铜尾矿库植被进行了研究，本小节研究重点针对历史长远的古铜矿遗址和当地铜矿露天采坑周围污染土壤上分布的自然植被，未将铜尾矿包括在内。这 4 个调查点分别为南陵县大工山（DGS）、铜陵市凤凰山（FHS）、铜陵市狮子山（SZS），以及池州市铜山（TS）（图 4.1）。其中大工山调查点为重点文物保护单位"西周-宋"的古铜矿遗址，凤凰山调查点为废弃数十年的铜矿排土场形成的山体，狮子山调查点既包括废弃数十年的排土场又包括尚未开展挖掘的矿体自然分布区，而铜山调查点为铜矿露天采矿坑口周围区域（野外照片如图 4.1 所示）。4 个调查区域的具体情况见表 4.8。

（a）大工山（DGS）　　　　　　　　　（b）狮子山（SZS）

（c）凤凰山（FHS）　　　　　　　　　（d）铜山（TS）

图 4.1　野外调查地点照片

表 4.8　样方调查的 4 个铜矿区样点概况、样方数及土壤主要化学性质

项目	大工山	凤凰山	狮子山	铜山
样方数	13	12	8	14
位置	南陵县	铜陵市	铜陵市	池州市
经纬度	30°56′N；118°09′E	30°52′N；118°01′E	30°55′N；117°53′E	30°26′N；117°16′E
废弃年限/年	>300	40～50	>60	30～40
pH	6.70±0.51	7.10±0.26	7.20±0.21	6.10±0.62
电导率/（dS/m）	1.90±0.09	0.60±0.05	0.70±0.02	1.10±0.10
有机质质量分数/%	3.93±1.22	1.97±0.89	3.95±1.57	1.63±0.80
总铜质量分数/（mg/kg）	7 005±2 431	3 090±1 311	8 226±1 328	4 120±1 692
有效铜质量分数/（mg/kg）	1 787±806	370±173	1 814±308	611±289

野外调查开展于 2006 年 5～7 月。在 4 个调查区域内，依据调查点当地具体植被状况、地形、坡度等，设立 1 m×1 m 或 5 m×5 m 的样方，前者针对全部为草本和灌木的植被，后者针对包含乔木类型的植被。由于在铜污染土壤上的植物绝大部分为草本或小灌木，该次野外调查共设立 47 个独立样方，其中包括 44 个 1 m×1 m 的样方和三个 5 m×5 m 的样方。记录样方内所有植物种类。同时综合考虑植物在所在样方内的多度与盖度，将每种植物的相对丰度（relative abundance）记录为优势（dominant）、偶见（occasional）及稀有（rare）。记录完全后对植物和土壤进行采样。植物样品采集分为地上及地下部，每种植物尽量采集三个以上的植株样品并混合成一个复合样；集中所采集植物的 0～20 cm 根际土，混匀成一个土样，作为该样方内 0～20 cm 的土壤样品。根据采样点和样方，给每个植物样及土样编号。该次植被调查研究中的 4 个样点除部分采坑附近矿体上的自然植被外，其他人为形成的矿渣堆及排土场均被废弃至少数十年之久。因此，调查点的很多区域已经有植物定居，形成了片状的马赛克式植被覆盖层。通过样方调查，共记录植物 45 科 82 种，其中包括 50 种草本植物、10 种灌木、11 种攀援植物及 11 种乔木。优势植物共 12 种，其中包括 3 种菊科（Composita）植物，3 种蓼科（Polygonaceae）植物及 6 种其他科植物（表 4.9）。所调查 4 个铜矿区域内所有植物体内地上、地下部的 Cu 平均含量及相关土壤中的 Cu 含量见表 4.9。总体来说，很多植物能够在根部积累一定的 Cu，但植物地上部含量普遍较低，很少能够超过 100 mg/kg。不同物种体内累积的 Cu 含量也各不相同且差异较大：单个样品而言，地上部 Cu 含量最高的是采自大工山的扛板归（*Polygonum perfoliatum*），质量分数达 317 mg/kg，最低为采自铜山的芒（*Miscanthus sinensis*），Cu 质量分数仅为 1.26 mg/kg；而根部 Cu 含量最高的是采自大工山的蕨（*Pteridium aquilium* var. *latiusulum*），质量分数高达 2 309 mg/kg，最低为采自铜山的菝葜（*Smilax china*），Cu 质量分数仅为 12.2 mg/kg。如果就平均值而言，地上部和根部 Cu 含量最高的植物分别是蚤缀（*Arenaria serpyllifolia*）和贯众（*Cyrtomium fortunei*）。

表 4.9　调查区域内植物地上、地下部及相关土壤中的 Cu 平均含量　（单位：mg/kg，干重）

科	种	生活型	铜质量分数		
			茎	根	土壤
里白科 Gleicheniaceae	铁芒萁 *Dicranopteris dichotoma*	H	16.2	71.8	2 735
海金沙科 Lygodiaceae	海金沙 *Lygodium japonicum*	H	10.9	224	8 244
蕨科 Pteridiaceae	蕨 *Pteridium aquilium* var. *latiusulum*	H	67.9	1 390	2 883
凤尾蕨科 Pteridaceae	井栏边草 *Pteris multifida*	H	13.7	1 081	2 914
鳞毛蕨科 Dryopteridaceae	贯众 *Cyrtomium fortunei*	H	30.1	1 410	2 513
杉科 Taxodiaceae	杉木 *Cunninghamia lanceolata*	T	7.47	151	4 232
木兰科 Schizandraceae	华中五味子 *Schisandra sphenanthera*	C	10.3	82.2	2 513

科	种	生活型	铜质量分数		
			茎	根	土壤
樟科 Lauraceae	岩樟 *Cinnamomum porrectum*	T	11.4	53.4	2 522
	山橿 *Lindera reflexa*	S	61.9	207	2 513
毛茛科 Ranunculaceae	天葵 *Semiaquilegia adoxoides*	H	17.9	30.9	2 513
防己科 Menispermaceae	木防己 *Cocculus orbiculatus*	C	17.9	49.8	4 415
十字花科 Cruciferae	荠菜 *Capsella bursapastoris*	H	55.3	82.5	2 507
堇菜科 Violaceae	蔓茎堇菜 *Viola diffusa*	H	29.6	241	2 513
远志科 Polygalaceae	西伯利亚远志 *Polygala sibirica*	S	9.01	174	4 048
石竹科 Caryophyllaceae	蚤缀 *Arenaria serpyllifolia*	H	117	350	5 876
	瞿麦 *Dianthus superbus*	H	12.2	114	9 707
	女娄菜 *Silene aprica* *	H	68.5	230	6 197
蓼科 Polygonaceae	杠板归 *Polygonum perfoliatum* *	H	114	722	6 441
	水蓼 *P.hydropiper* *	H	90.9	670	4 066
	红蓼 *P.orientale*	H	21.6	46.1	2 522
	酸模 *Rumex acetosa* *	H	60.1	55.9	2 804
	羊蹄 *R. japonicus*	H	21.7	38.1	2 705
商陆科 Phytolaccaceae	商陆 *Phytolacca acinosa* *	H	91.0	44.4	2 585
苋科 Amarantaceae	土牛膝 *Achyranthes aspera*	H	24.4	145	2 513
	喜旱莲子草 *Alternanthera philoxeroides*	H	38.3	294	2 698
椴树科 Tiliaceae	小花扁担杆 *Grewia biloba* var. *parviflora*	S	22.3	58.0	9 371
大戟科 Euphorbiaceae	铁苋草 *Acalypha australis*	H	61.8	196	5 146
蔷薇科 Rosaceae	龙芽草 *Agrimonia pilosa*	H	11.0	69.5	2 513
	蛇莓 *Duchesnea indica*	H	11.4	756	3 281
	华中悬钩子 *Rubus cockburnianus*	H	20.0	389	2 690
	蓬蘽 *R. hirsutus*	H	27.5	316	2 513

科	种	生活型	铜质量分数		
			茎	根	土壤
	高粱泡 R. lambertianus	S	10.1	158	3 028
	金樱子 Rosa laevigata	S	5.9	70.0	2 614
豆科 Leguminosae	山合欢 Albizzia kalkora	T	10.5	110	4 048
	鸡眼草 Kummerowia striata	H	28.7	507	4 998
	草木樨 Melilotus suaveolens	H	18.6	40.8	9 371
	刺槐 Robiuia pseudoacacia	T	15.7	96.2	3 870
	小巢菜 Vicia hirsute	H	96.3	354	5 146
杨柳科 Salicaceae	响叶杨 Populus adenopoda	T	14.5	28.6	3 593
榆科 Ulmaceae	朴树 Celtis tetrandra ssp. sinensis	T	28.6	60.7	2 513
桑科 Moraceae	小构树 Broussonetia kazinoki	T	4.52	68.7	2 614
	葎草 Humulus scandens	C	28.5	124	2 705
荨麻科 Urticaceae	苎麻 Boehmeria nivea *	H	21.9	80.1	6 367
冬青科 Aquifoliaceae	枸骨 Ilex cornuta	S	15.2	275	8 244
葡萄科 Vitaceae	乌蔹莓 Cayratia japonica	C	6.46	38.7	4 190
	地锦 Parthenocissus tricuspidata	C	7.78	87.3	2 522
楝科 Meliaceae	苦楝 Melia azedarach	T	7.10	14.9	2 705
漆树科 Anacardiaceae	盐肤木 Rhus chinensis	S	20.2	155	2 513
胡桃科 Juglandaceae	枫杨 Pterocarya stenoptera	T	9.29	90.6	2 705
八角枫科 Alangiaceae	八角枫 Alangium chinense	T	18.3	35.8	2 513
五加科 Araliaceae	楤木 Aralia chinensis	S	25.2	101	8 244
	常春藤 Hedera helix	C	33.9	741	2 513
伞形科 Umbelliferae	野胡萝卜 Daucus carota	H	17.9	94.9	7 382
夹竹桃科 Apocynaceae	络石 Trachelospermum jasminoides	C	12.2	65.5	2 513
茜草科 Rubiaceae	鸡屎藤 Paederia scandens	C	23.4	98.1	5 204
	白马骨 Serissa serissoides	S	26.4	77.7	2 507
	茵陈蒿 Artemisia capillaris *	H	48.9	330	7 070
	野艾蒿 A. lavandulaefolia *	H	9.90	105	2 513

续表

科	种	生活型	铜质量分数		
			茎	根	土壤
菊科 Compositae	阴地蒿 *A. sylvatica*	H	41.3	237	5 278
	野菊花 *Dendranthema indicum*	H	33.8	168	9 371
	泽兰 *Eupatorium japonicum*	H	15.4	134	2 513
	一年蓬 *Erigeron annuus* *	H	26.0	289	4 177
	泥胡菜 *Hemistepta lyrata*	H	46.1	173	6 420
	抱茎苦荬菜 *Ixeris sonchifolia*	H	18.7	80.5	7 382
车前草科 Plantaginaceae	车前 *Plantago asiatica*	H	33.8	339	2 513
玄参科 Scrophulariaceae	毛泡桐 *Paulownia tomentosa*	T	61.4	238	5 981
唇形科 Labiatae	瘦风轮菜 *Calamintha gracilis*	H	17.8	160	2 513
	海州香薷 *Elsholtzia haichowensis* *	H	51.3	481	5 205
鸭跖草科 Commelinaceae	鸭跖草 *Commelina communis* *	H	86.1	851	5 416
百合科 Liliaceae	薤白 *Allium macrostemon*	H	8.13	30.3	2 507
菝葜科 Smilacaceae	肖菝葜 *Heterosmilax japonica*	C	10.3	55.3	2 614
	菝葜 *Smilax china*	C	32.9	95.1	3 790
薯蓣科 Dioscoreaceae	黄独 *Dioscorea bulbifera*	C	25.0	288	4 350
莎草科 Cyperaceae	青绿薹草 *Carex breviculmis*	H	28.6	612	6 098
禾本科 Gramineae	荩草 *Arthraxon hispidus*	H	14.5	233	5 976
	野古草属一种 *Arundinella sp.*	H	19.9	263	4 873
	野燕麦 *Avena fatua*	H	15.8	294	5 664
	竹亚科一种 *Bambusoideae sp.*	S	9.21	182	2 522
	狗牙根 *Cynodon dactylon*	H	20.4	146	4 973
	芒 *Miscanthus sinensis*	H	8.45	287	4 281
	鹅观草属一种 *Roegneria sp.*	H	24.5	237	4 027
	狗尾草 *Setaria viridis* *	H	33.4	297	3 895

注：H 为草本；T 为乔木；C 为藤本；S 为灌木；*为优势物种

在野外调查过程中，发现部分科在各调查样方内出现的频率明显较高，这些科应当属于所调查铜矿区域内植物分布的优势科，包括石竹科（Caryophyllaceae）、蓼科、蔷薇科（Rosaceae）、豆科（Leguminosae）、菊科及禾本科（Gramineae）。这些优势种地上、地下部的 Cu 平均含量及含量最小值、含量最大值、生长土壤基质中的 Cu 平均含量及含量范围见表 4.10。每个优势种对 Cu 的转运系数和生物富集系数如图 4.2 所示。这些优势植物体内的 Cu 含量差异较大，而且体内所含 Cu 基本都是集中在根部。在全部的单个植物样品中，转运系数范围为 0.038（狗尾草 Setaria viridis）～3.896（酸模）。除酸模和商陆（Phytolacca acinosa）之外，所有的优势植物转运系数均低于 1。而单个样品对 Cu 的生物富集系数值范围则是 0.002（野苎麻 Boehmeria nivea）到 0.053（水蓼 Polygonum hydropiper）。尽管对 Cu 的转运系数和生物富集系数值普遍偏低，但商陆对 Cu 的转运系数和生物富集系数平均值在所记录的 12 个优势种中均为最高。

表 4.10　铜矿植物优势种地上、地下部分的 Cu 含量及相应生长土壤基质 Cu 含量（单位：mg/kg）

优势种	样本数	地上部分			地下部分			土壤基质		
		均值	最小值	最大值	均值	最小值	最大值	均值	最小值	最大值
海州香薷	23	51.3	8.9	198	481	67.6	1 903	5 205	1 543	9 354
鸭跖草	31	86.1	18.1	261	851	225	2 299	5 416	1 543	11 209
酸模	20	60.1	12.1	271	55.9	14.9	231	2 804	2 326	11 209
扛板归	12	114	19.1	317	722	70.9	1 702	6 441	1 543	11 209
茵陈蒿	14	48.9	12.0	98.4	330	112	758	7 070	4 048	9 183
商陆	5	91.0	39.1	113	44.4	39.7	50.1	2 585	2 326	2 867
女娄菜	13	68.5	13.4	158	230	60.5	560	6 197	2 507	9 354
一年蓬	7	26.0	15.3	38.7	289	39.7	1 003	4 177	2 326	8 621
阴地蒿	6	41.3	14.9	84.4	237	117	363	5 278	2 514	7 371
狗尾草	6	33.4	9.24	59.7	297	130	443	3 895	2 326	5 933
野苎麻	6	21.9	11.2	49.0	80.1	22.3	136	6 367	2 514	9 372
水蓼	13	90.9	16.5	278	670	123	2 266	4 066	1 980	8 411

Cu 是植物必需元素之一，但维持植物正常生长的体内 Cu 含量仅需 5～20 mg/kg（干重），超过了这个限度就会造成毒害效应（Adriano，1986）。从这个标准来看，该次调查中所记录的植物除苦楝（Melia azedarach）外体内 Cu 含量均超过了毒害标准（表 4.9），这也进一步说明了这些铜矿植物对铜的耐性。生物富集系数（bioconcentration factor，BCF）是一个表征元素从土壤到植物迁移的指标，利用该指标可以更好地理解植物积累重金属的特征（Mingorance et al.，2007）。根据生物富集系数，金属型植物可以被分为两种：BCF<1 的排斥型植物和 BCF>1 的积累型植物（Baker，1981）。最特殊的一种积

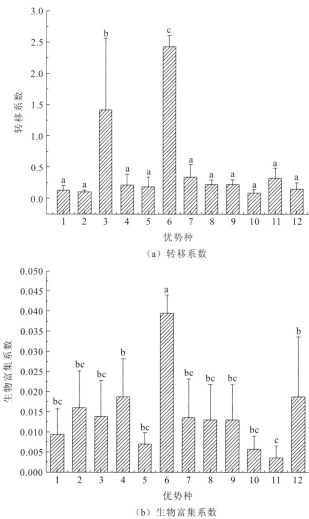

（a）转移系数

（b）生物富集系数

图 4.2　优势铜矿植物的转移系数和生物富集系数

1～12 分别为海州香薷、鸭跖草、酸模、扛板归、茵陈蒿、商陆、女娄菜、一年蓬、阴地蒿、狗尾草、野苎麻、水蓼

累型植物就是超富集植物，它们可以在体内积累大量的金属元素，而且针对不同金属的超富集植物有着不同的标准（Boyd，2004）。Cu 超富集植物的最主要标准就是地上部干重 Cu 质量分数达到 1 000 mg/kg（Reeves et al.，2000）。根据以上这些标准，研究中所记录的铜矿植物中除在湖北铜绿山采样点采集的鸭跖草样品外，没有其他植物可以在地上部积累 1 000 mg/kg 以上的 Cu，而且所记录的植物大部分为铜排斥型植物。植物修复技术在过去的几十年中得到了各个领域的广泛认可（Pilon-Smits，2005）。植物修复技术的核心是植物的选择，这些植物不仅需要拥有一定的金属耐性，耐性乡土种当然是本地修复的最佳选择，但为了有更广阔的应用空间，植物最好还能够适应较宽的环境条件范围（Pauwels et al.，2008）。大量的矿山植物调查工作带给了人们众多的耐性植物资料，同时也不断地推动着重金属污染地区植被恢复工作的开展。调查所得的 12 种优势植物（表 4.9，表 4.10）基本都在国内有着广泛的分布，考虑它们在铜污染土壤上普遍表现的

优势生长，这些植物可以作为铜污染土壤植物修复及生态恢复的待选植物。酸模和商陆两种植物在野外能够直立生长，易于生长且具有较高的生物量，也是仅有的两种表现出 Cu 积累型植物特征的物种（表 4.10，图 4.2）。因此，这两种植物可以应用于轻微铜污染土壤上的植物提取去除铜污染工程。而其他 10 种优势植物在 Cu 污染土壤的植物固定技术领域应该具有较好的应用前景。特别是海洲香薷，在野外调查中发现其不仅在所有的铜矿区域植被中均占有着优势地位，而且植株茎叶繁茂，地下部生长有大量的须根系，可以很好地起到稳定土壤的作用。此外，如果能综合地考虑不同优势种的组合使用，合理地利用各种群落物种组成调查结果，有望能够有效地提高这些物种在固定铜污染区域土壤、建立稳定植被系统、减轻周边环境铜污染等方面工作的效率。

4.1.4　云南典型铅锌矿重金属耐性植物的筛选

云南兰坪铅锌矿位于云南省怒江州兰坪白族普米族自治县金鼎镇东 3.5 km 的凤凰山，是我国迄今探明储量最大的铅锌矿床，也是亚洲第一、世界第四大铅锌矿，矿区探明铅锌金属总储量达 1 429 万 t。矿区地处我国西南边疆横断山脉南端的纵谷地带，平均海拔 2 240 m 以上，全年有霜期 175 d，最高气温 31.5℃，平均气温 11.7℃，年平均降雨量 1 015.5 mm，夏秋多雨，冬春干旱，为典型的亚热带、山地主体型季风气候。

2004 年 7 月下旬在兰坪金鼎凤凰山北厂一号矿体进行生态调查，在植被长势比较好的地带根据不同的群落类型设置了 26 个 1 m×1 m 的小样方，其中在较低海拔未开采处设置了 3 个对照样方。记录每个样方内植物种类、株数、高度、总覆盖度和每种植物的覆盖度，采集每个样方内的优势植物及其对应土壤（0～20 cm 深度）。采集样地内全部植物种类，对不认识的植物挂牌编号并压制成标本。2004 年 10 月和 12 月在样地采集优势植物种类用于分析，并采集难以鉴定的疑难种的花和果实标本。在对兰坪铅锌矿区的植被和土壤进行调查的基础上，研究其土壤特性、植物种类组成与群落特征及主要植物、植物群落与相应土壤中的重金属含量，同时分析优势植物对重金属的积累与相应土壤重金属含量的关系。在 26 个样方内共采集植物根区土壤样品 180 个，分析测定土壤 Zn、Pb、Cd 的含量，结果见表 4.11。从表中可明显看出，调查区土壤中 Pb 含量最高，总 Pb 质量分数介于 276～93 423 mg/kg，平均值达 28 438 mg/kg，比一般土壤的自然含量（10 mg/kg）高出数千倍。Zn 含量也异常高，总 Zn 质量分数介于 61～66 164 mg/kg，平均值为 5 109 mg/kg，比一般土壤的 Zn 含量（80 mg/kg）高出几十倍。Cd 含量相对较低，平均值为 52 mg/kg，但最大值达 1 423 mg/kg。该研究区的 Cd 含量远远高于这个毒性阈值。土壤重金属含量最高的数值出现在矿化带上，最低的数值位于离矿化带较远的对照地段。土壤有效态 Pb、Zn 和 Cd 质量分数分别为 1 166 mg/kg、336 mg/kg 和 17 mg/kg。因此，重金属毒性是影响植物在兰坪铅锌矿区自然定居的主要限制因子之一。

表 4.11 云南兰坪铅锌矿区土壤重金属含量 （单位：mg/kg，$n=180$）

重金属	总量				有效态质量分数			
	均值	标准误差	最大值	最小值	均值	标准误差	最大值	最小值
Zn	5 109	6 194	66 164	61	336	257	1 248	39
Pb	28 438	22 906	93 423	276	1 166	706	2 769	0.19
Cd	52	80	1 423	4	17	12	65	0.96

云南兰坪铅锌矿区记录到的维管植物种类见表 4.12。兰坪金鼎铅锌矿铅锌品位非常高，基本为露天开采，加上当地许多矿产公司不注意生态保护，经过十几年无节制地滥采乱伐，原始森林植被几乎遭到毁灭性破坏，在已开采的矿床上几乎看不到任何高大乔木，偶见几株云南松小苗零星分布，在已废弃多年的采矿迹地上分布着较多种类的草本植被。而在调查地点的对面山坡（未开采矿地）却分布着大片云南松（*Pinus yunnanensis*）次生林，林中伴生旱冬瓜（*Alnus nepalensis*）、绵毛枝柳（*Salix erioclada*）、大叶栎（*Quercus griffithii*）、兰坪胡颓子（*Elaeagnus lanpingensis*）等植物，形成较好的单优势种森林群落。调查地点位于已废弃多年的采矿迹地上，海拔高度在 2 500～2 800 m，经过多年的自然演替，现已形成以草本植物占绝对优势的自然植被，总覆盖度在 60%左右，种类组成较为丰富。经三次调查，共记录到维管植物 68 种，分属 37 科 60 属，其中蕨类植物 8 种，分属 7 科 8 属；裸子植物 1 种；被子植物 59 种，分属 29 科 51 属，科属组成比较丰富。种类较多的科有菊科 Asteraceae（7 种）、石竹科 Caryophyllaceae（6 种）、唇形科 Lamiaceae（5 种）、蔷薇科 Rosaceae（4 种）、禾本科 Poaceae（3 种）、紫草科 Boraginaceae（3 种）、龙胆科 Gentianaceae（3 种）和玄参科 Scrophulariaceae（3 种）。植物以草本为主，优势种有：穗序野古草（*Arundinella chenii*）、细叶芨芨草（*Achnatherum chingii*）、藏野青茅（*Deyeuxia tibetica*）、魁蒿（*Artemisia pinceps*）、香青（*Anaphalis sinica*）、翻白叶（*Potentilla griffithii* var. *velutina*）、毛蕊花（*Verbascum thapsus*）、滇白前（*Silene viscidula*）。在某些特异地段单种优势度较高，如阿墩子龙胆（*Gentiana atuntsiensis*）、蕨（*Pteridium aquilinum* var.*latiusculum*）、粉花蝇子草（*Silene rosiflora*）、细蝇子草（*Silene gracilicanlis*），密蒙花（*Buddleja officinalis*）和苦荬菜（*Ixeridium denticulata*）。

调查区出现的 38 种主要植物地上部、根部和相关土壤重金属含量见表 4.13。从表中可明显看出，植物体的铅锌含量非常高。一般来说，土壤中某些金属元素越高，植物中的含量往往也较高，但不同的植物种类和植物的不同部位重金属含量存在很大差异。位于铅锌异常区 23 个小样方内的植物 Pb 含量最高，Zn 次之，Cd 含量最低，反映了调查区土壤的重金属含量。植物中 Pb 的正常含量为 0.1～41.7 mg/kg，该区植物 Pb 含量是正常值的数十至数百倍。植物地上部 Pb 质量分数为 28～3 938 mg/kg，含量最高的植物为滇白前，最低的为野香草（*Elsholtzia cyprianii*）。地上部 Pb 质量分数超过 1 000 mg/kg 的植物有滇白前、细蝇子草、阿墩子龙胆（*Gentiana atuntsiensis*）、滇紫草（*Onosma paniculatum*）、多鳞粉背蕨（*Aleuritopteris anceps*）、苦荬菜、粉花蝇子草、穗序野古草、

表 4.12　云南兰坪铅锌矿植物种类组成

门	科名	种类		属名	生活型	多度
	陵始蕨科 Lindsaeaceae	乌蕨	*Sphenomeris chusana* (L.) Copel.	乌蕨属 *Sphenomeris*	Cr	III
	中国蕨科 Sinopteridaceae	野鸡尾	*Onychium japonicum* (Thunb.) Kuntze.	金粉蕨属 *Onychium*	Cr	V
	凤尾蕨科 Petridaceae	多鳞粉背蕨	*Aleuritopteris anceps* (Blanford) Panigsrahi	粉背蕨属 *Aleuritopteris*	Cr	IV
蕨类植物 Pteridophyta	蹄盖蕨科 Athyriaceae	华中介蕨	*Dryoathyrum okuboanum* (Makino) Ching	介蕨属 *Dryoathyrum*	Cr	V
	铁线蕨科 Adiantaceae	铁线蕨	*Adianthum capillus-veneris* L.	铁线蕨属 *Adianthum*	Cr	V
	蕨科 Pteridiaceae	蕨	*Pteridium aquilinum* var. *latiusculum*	蕨属 *Pteridium*	Cr	II
	三叉蕨科 Aspidiaceae	三叉蕨	*Tectaria subtriphylla* (HK. Et Am.) Cop.	三叉蕨属 *Tectaria*	Cr	III
	海金沙科 Lygodiaceae	海金沙	*Lygodium japonicum* (Thb.) Sw.	海金沙属 *Lygodium*	Cr	V
裸子植物 Gymnospermae	松科 Pinaceae	云南松	*Pinus yunnanensis* Franch.	松属 *Pinus*	Ph	I
	百合科 Liliaceae	大理百合	*Lilium taliense* Franch.	百合属 *Lilium*	Cr	V
	石蒜科 Amaryllidaceae	韭	*Allium tuberosum* Rottl. ex Speng.	葱属 *Allium*	Cr	IV
被子植物 Angiospermae	报春花科 Primulaceae	小寸金黄	*Lysimachia deltoides* var. *cinerascens* Franch.	珍珠菜属 *Lysimachia*	Cr	II
	车前科 Plantaginaceae	平车前	*Plantago depressa* Willd.	车前属 *Plantago*	Cr	III
		金疮小草	*Ajuga aecumbens* Thunb.	筋骨草属 *Ajuga*	Cr	III
		新疆鼠尾草	*Salvia deserta* Schang	鼠尾草属 *Salvia*	Cr	II

续表

门	科名	种类		属名	生活型	多度
	唇形科 Lamiaceae	寸金草	Clinopodium megalanthum	风轮菜属 Clinopodium	Cr	IV
		紫背金盘	Ajuga nipponensis Makino	筋骨草属 Ajuga	Cr	IV
		野香草	Elsholtzia cypriani (Pavol.) S. Chow ex Hsu	香薷属 Elsholtzia	Cr	III
	禾本科 Poaceae	细叶芨芨草	Achnatherum chingii (Hitchc.) Keng	芨芨草属 Achnatherum	Cr	I
		穗序野古草	Arundinella chenii Keng	野古草属 Arundinella	Cr	I
		藏野青茅	Deyeuxia tibetica Bor	野青茅属 Deyeuxia	Cr	I
	胡颓子科 Elaeagnaceae	兰坪胡颓子	Elaeagnus lanpingensis C.Y.Chang	胡颓子属 Elaeagnus	Ph	III
	虎耳草科 Saxifragaceae	喜马拉雅虎耳草	Saxifraga brunoniana Wall.	虎耳草属 Saxifraga	Cr	IV
被子植物 Angiospermae	桦木科 Betulaceae	旱冬瓜	Alnus nepalensis D. Don	桤木属 Alnus	Ph	III
	桔梗科 Campanulaceae	天蓝沙参	Adenophora coelestis Diels	沙参属 Adenophora	Cr	IV
		蓝钟花	Cyananthus hookeri Clarke	蓝钟花属 Cyananthus	Cr	II
	菊科 Asteraceae	香青	Anaphalis sinica Hance	香青属 Anaphalis	Cr	I
		粘毛香青	Anaphalis bulleyana (J. F. Jeffr.) Chang	香青属 Anaphalis	Cr	III
		云南蓍	Achillea coilsoniana Aeim.	蓍属 Achillea	Cr	V
		魁蒿	Artemisia princeps Pamp.	蒿属 Artemisia	Cr	I
		苦荬菜	Ixeridium denticulata (Houtt.) Stebb.	苦荬菜属 Ixeridium	T	II
		怒江紫菀	Aster salwinensis Onno	紫菀属 Aster	T	V
		蒲公英	Taraxacum mongolicum Hand.-Mazz.	蒲公英属 Taraxacum	Cr	IV
	爵床科 Acanthaceae	滇紫云英	Strobilanthes yunnanensis Diels	紫云英属 Strobilanthes	Cr	III

续表

门	科名	种类		属名	生活型	多度
		小驳骨	Gendarussa vulgaris Nees.	驳骨草属 Gendarussa	Cr	IV
	壳斗科 Fagaceae	大叶栎	Quercus griffithii Hook. f. et Thoms.	栎属 Quercus	Ph	IV
	蓼科 Polygonaceae	尼泊尔蓼	Polygonum nepalense Meisn	蓼属 Polygonum	T	V
		中华山蓼	Oxyria sinensis Hemsl.	山蓼属 Oxyria	T	II
		阿墩子龙胆	Gentiana atuntsiensis W.W.Smith	龙胆属 Gentiana	Cr	II
	龙胆科 Gentianaceae	滇龙胆草	Gentiana rigescens Fr. ex Hemgl.	龙胆属 Gentiana	Cr	IV
		小龙胆	Gentiana sp.	龙胆属 Gentiana	Cr	IV
	萝摩科	朱砂藤	Cynanchum officinale（Hemsl.）Tsiang et H.D. Zhang	鹅绒藤属 Cynanchum	Cr	V
被子植物 Angiospermae	马钱科	密蒙花	Buddleja officinalia Maxim	醉鱼草属 Buddleja	Cr	II
	毛茛科	狭序唐松草	Thalictrum atriplex Finet et Gagnep	唐松草属 Thalictrum		
	牻牛儿苗科 Geraniaceae	尼泊尔老鹳草	Geranium nepalense Sweet	老鹳草属 Geranium	Cr	V
	荨麻科 Urticaceae	糯米团	Memorialis hirta（Bl.）Miq.	糯米团属 Memorialis	Cr	III
		翻白叶	Potentilla griffithii var. velutina Card.	委陵菜属 Potentilla	Cr	I
	蔷薇科 Rosaceae	西南委陵菜	Potentilla fulgens Wall. ex Hook.	委陵菜属 Potentilla	Cr	III
		蛇莓	Duchesnea indica（Andrews）Focke	蛇莓属 Duchesnea	Cr	III
		黄杨叶枸子	Cotoneaster buxifolius Lindl.	枸子属 Cotoneaster	Ph	IV
	茄科 Solanaceae	龙葵	Solanum melonena L.	龙葵属 Solanum	T	IV
	瑞香科 Thymelaeaceae	狼毒	Stellera chamaejasme Linn.	狼毒属 Stellera	Cr	III

续表

门	科名	种类		属名	生活型	多度
	伞形科 Apiaceae	野胡萝卜	*Daucus carota* Linn.	胡萝卜属 *Daucus*	T	III
		疏毛女娄菜	*Silene firma* Sieb. et Zucc. f. *pubescens*（Makino）S.Y.He	蝇子草属 *Silene*	Cr	III
	石竹科 Caryophyllaceae	细蝇子草	*Silene gracilicanlis* C.L. Tang	蝇子草属 *Silene*	Cr	II
		粉花蝇子草	*Silene rosiflora* F. K. Ward ex W. W. Smith	蝇子草属 *Silene*	Cr	II
		滇白前	*Silene viscidula* Franch.	蝇子草属 *Silene*	Cr	I
		密柔毛云南繁缕	*Stellaria yunmanensis* Franch. *f. villosa* C.Y. Wu ex P.Ke	繁缕属 *Stellaria*	Cr	III
被子植物 Angiospermae		刚毛无心菜	*Arenaria setifera* C.Y. Wu ex L. H. Zhou	无心菜属 *Arenaria*	Cr	III
	藤黄科 Guttiferae	西南金丝桃	*Hypericum henryi* Lenl.	金丝梅属 *Hypericum*	Ph	V
	天南星科 Araceae	天南星	*Arisaema heterophyllum* Bl.	天南星属 *Arisaema*	Cr	V
		毛蕊花	*Verbascum thapsus* L.	毛蕊花属 *Verbascum*	Cr	I
	玄参科 Scrophulariaceae	石龙尾	*Limnophila sessiliflora*（Vahl）Bl.	石龙尾属 *Limnophila*	Cr	V
		草甸马先蒿	*Pedicularis roylei* Maxim.	马先蒿属 *Pedicularis*	Cr	IV
	杨柳科 Salicaceae	绵毛枝柳	*Salix erioclada* Levl.	柳属 *Salix*	Ph	IV
		倒提壶	*Cynoglossum amabile* Stapt et Prumm.	倒提壶属 *Cynoglossum*	Cr	IV
	紫草科 Boraginaceae	毛脉附地菜	*Trigonotis microcarpa*（Wall.）Benth.	附地菜属 *Trigonotis*	Cr	IV
		滇紫草	*Onosma paniculatum* Bur. et Franch.	滇紫草属 *Onosma*	Cr	IV

注：T 为一年生草本（therophytes）；Cr 为多年生草本（cryptophytes）；Ph 为木本植物（phanerpphytes）；I 为优势（dominant）；II 为丰富（abundance）；III 为常见（frequent）；IV 为少见（occasional）；V 为极少见（rare）

表 4.13 云南兰坪铅锌矿区主要植物地上、根部和根区土重金属含量 （单位：mg/kg，均值±标准差）

植物种	样品数	植物部位	植物体重金属含量			根区土重金属含量		
			Zn	Pb	Cd	Zn	Pb	Cd
阿墩子龙胆 Gentiana atuntsiensis	12	地上部	4 528±3 701	1 904±1 490	22±12	5 372±5 106	33 748±26 330	33±20
		根部	2 180±1 498	6 639±4 730	77±50			
藏野青茅 Deyeuxia tibetica	1	地上部	429	287	8	484	4 307	9
		根部	987	133	37			
滇紫草 Onosma paniculatum	3	地上部	672±154	1 837±240	16±5	2 686±888	17 551±9 913	14±3
		根部	660±88	950±31	28±1			
多鳞粉背蕨 Aleuritopteris anceps	1	地上部	2 450	1 932	50	2 901	37 982	19
		根部	4 330	9 825	103			
苦荬菜 Ixeridium denticulata	7	地上部	1 127±1 121	1 338±930	49±29	4 827±2 097	35 705±33 389	40±20
		根部	1 430±1 764	1 832±1 154	46±38			
滇白前* Silene viscidula	28	叶	11 155±944	3 938±695	236±38	49 953±7 862	28 815±3 753	326±108
		茎	5 210±542	3 311±548	159±25			
		根部	4 630±664	3 106±494	177±46			
翻白叶 Potentilla griffithii var. velutina	20	叶	8 748±5 775	530±415	363±271	5 007±3 090	20 775±14 724	183±437
		茎	4 015±2 690	521±629	359±242			
		根部	4 354±2 415	1 396±1 217	595±432			
魁蒿 Artemisia princeps	5	叶	443±265	450±434	15±12	4 032±3 449	31 728±31 553	60±57
		茎	189±92	969±1 452	10±8			
		根部	464±291	1 281±1 063	13±8			
粉花蝇子草 Silene rosiflora	13	地上部	1746±755	1 705±1 275	27±19	13 235±14 882	45 004±28 349	136±182
		根部	1 899±9	2 730±873	49±40			

续表

植物种	样品数	植物部位	植物体重金属含量			根区土重金属含量		
			Zn	Pb	Cd	Zn	Pb	Cd
细叶芨芨草 Achnatherum chingii	4	地上部	681±259	1 354±1 370	10±4	4 346±1 344	25 751±16 234	38±21
		根部	1 161±451	2 208±1 326	22±4			
穗序野古草 Arundinella chenii	3	地上部	562±384	1 562±976	12±2	2 346±498	25 732±8 286	19±5
		根部	733±6	4 838±3 338	15±8			
金苞小草 Allium tuberosum	1	地上部	473	763	7	4 648	30 800	64
		根部	744±315	836±953	16±4			
蕨 Pteridium aquilinum var. latiusculum	2	地上部	115±54	109±64	1	1 149±895	8 899±4 611	9
		根部	226±52	1 407±480	2			
狼毒 Stellera chamaejasme	3	地上部	124±16	215±22	4±2	1 852±277	32 223±5 561	16±3
		根部	65±60	305±33	1			
毛蕊花 Verbascum thapsus	9	地上部	366±280	369±194	4±3	3 000±1 512	19 644±11 384	26±15
		根部	436±283	821±460	13±15			
密蒙花 Buddleja officinalis	8	地上部	374±109	657±494	10±7	3 162±4 358	11 547±7 977	39±64
		根部	517±433	1 022±1 043	15±14			
滇龙胆草 Gentiana rigescens	4	地上部	876±379	87±49	40±21	2 590±1 218	1 252±520	18±8
		根部	893±398	187±129	36±21			
蓝钟花 Cyananthus hookeri	3	地上部	1 797±1 251	237±73	35±10	13 471±3 311	5 308±1 971	168±46
		根部	1 276±298	242±53	68±8			
小龙胆 Gentiana sp.	2	地上部	19 710±2 266	444±460	34±21	21 129±19 607	5 827±6 545	97±78
		根部	7 324±3 358	1 283±1 068	33±22			

续表

植物种	样品数	植物部位	植物体重金属含量			根区土重金属含量		
			Zn	Pb	Cd	Zn	Pb	Cd
怒江紫菀 Aster salwinensis	1	地上部	765	125	20	1 470	1 735	28
		根部	942	336	20			
糯米团 Memorialis hirta	3	地上部	356±102	492±173	7±1	3 592±3 816	12 478±10 187	58±67
		根部	354±112	1 236±537	7±2			
平车前 Plantago depressa	4	地上部	303±86	406±173	9±4	4 713±2 517	23 437±8 795	55±33
		根部	1 002±218	1 171±792	15±3			
三叉蕨 Tectaria subtriphyl	3	地上部	226±46	166±60	2±1	2 298±778	7 862±3 358	12±8
		根部	399±24	670±85	5			
蛇莓 Duchesnea indica	5	地上部	681±174	829±479	17±5	2 221±2 131	18 562±16 887	29±27
		根部	1 060±378	2 080±2 017	27±4			
天蓝沙参 Adenophora coelestis	2	地上部	1 084±518	77±49	21±10	3 931±1 866	1 987±1 116	32±19
		根部	1 620±906	252±151	36±20			
鸟蕨 Sphenomeris chusana	2	地上部	240±28	70±2	2±1	913±240	1 923±670	14±6
		根部	332±306	95±1	3±1			
喜马拉雅虎耳草 Saxifraga brunoniana	2	地上部	352±39	242±65	6	4 294±1 305	4 549±1 749	55±8
		根部	423±76	922±788	8±4			
细蝇子草 Silene gracilicanlis	4	地上部	2 175±580	3 617±2 824	67±40	5 590±706	76 482±13 310	50±9
		根部	1 747±1 209	2 976±733	61±28			
狭序唐松草 Thalictrum atriplex	1	地上部	978	39	4	1 848	1 308	37
		根部	903	134	18			

续表

植物种	样品数	植物部位	植物体重金属含量			根区土重金属含量		
			Zn	Pb	Cd	Zn	Pb	Cd
香青 Anaphalis sinica	22	地上部	834±387	562±519	10±5	6 632±9 070	18 325±19 774	71±108
		根部	968±596	1 972±2 187	19±10			
小驳骨 Gendarussa vulgaris	4	地上部	816±181	1 802±847	33±2	1 980±402	22 120±7 637	12±3
		根部	1 425±290	9 398±1 090	57±10			
小寸金黄 Lysimachia deltoides var. cinerascens	3	地上部	6 176±2 841	618±167	212±121	42 796±20 261	18 658±3 223	597±461
		根部	2 698±263	327±241	67±37			
新疆鼠尾草 Salvia deserta	3	地上部	496±122	454±132	14±3	2 532±1 497	26 994±19 916	27±13
		根部	465±29	1271±210	16±2			
野胡萝卜 Daucus carota	2	地上部	926±258	316±344	11±7	9 803±8 620	5 719±6 745	105±87
		根部	237±121	137±141	4±2			
野鸡尾 Onychium japonicum	1	地上部	623	96	3	3 832	1 349	43
		根部	791	90	10			
野香草 Elsholtzia cyprianii	1	地上部	640	28	8	2 231±479	1 851±365	47±10
		根部	796	82	16			
云南松 Pinus yunnanensis	1	地上部	262	694	7	3 900	51 458	22
		根部	188	1 314	6			
植物正常含量（曹鉴燊等，2001）			1~160	0.1~41.7	0.2~0.8			

细叶芨芨草、小驳骨（*Gendarussa vulgaris*）。植物根部 Pb 质量分数为 82～9 825 mg/kg，多鳞粉背蕨（*Aleuritopteris anceps*）含量最高，野香草（*Elsholtzia cyprianii*）含量最低，小驳骨根部含量也异常高，达 9 398 mg/kg。植物体内 Zn 的一般自然质量分数为 1～160 mg/kg，该区植物地上部 Zn 质量分数为 115～19 710 mg/kg，大大超过正常植物体内的 Zn 含量，含量最高的植物为小龙胆（*Gentiana* sp.），最低的为蕨。地上部 Zn 质量分数在 3 000 mg/kg 以上的植物有小龙胆、滇白前、翻白叶、小寸金黄（*Lysimachia deltoides* var.*cinerascens*）、阿墩子龙胆（*Gentiana atuntsiensis*）。植物根部 Zn 质量分数为 65～7 324 mg/kg，含量最高的植物也是小龙胆，最低的为狼毒（*Stellera chamaejasme*）。Cd 毒性较大，植物的正常含 Cd 质量分数为 0.1～0.8 mg/kg。由于该区土壤中 Cd 含量相对较低，植物中的 Cd 含量也相对较低，但远远高于正常值水平。植物地上部 Cd 质量分数为 1～363 mg/kg，翻白叶含量最高，蕨含量最低。地上部 Cd 含量超过 100 mg/kg 的植物有翻白叶、滇白前和小寸金黄。植物根部 Cd 含量为 1～595 mg/kg，翻白叶含量最高，狼毒含量最低。

　　野外调查结果（表 4.13）表明，小龙胆、小寸金黄、翻白叶、滇白前和阿墩子龙胆的地上部 Zn 质量分数均超过 3 000 mg/kg，质量分数分别为 19 710 mg/kg、6 176 mg/kg、8 748 mg/kg（叶）、4 015 mg/kg（茎）、11 155 mg/kg（叶）、5 210 mg/kg（茎）和 4 528 mg/kg，且它们地上部的 Zn 含量均大于根部，表明它们具有很强的 Zn 转移能力，根据 Zn 超富集植物的新标准 3 000 mg/kg（干重）（Reeves and Baker，2000），这 4 种植物应该属于超富集植物的范畴。如果根据超富集植物更严格的定义，植物的富集系数应大于 1，那么只有翻白叶符合 Zn 超富集植物的条件，其余三种则不能称为 Zn 超富集植物。故本研究结果表明，翻白叶为 Zn 超富集植物。小龙胆、小寸金黄、滇白前和阿墩子龙胆为非严格定义的 Zn 超富集植物。38 种分析植物中，有 10 种 Pb 质量分数超过 1 000 mg/kg，其中 3 种属于石竹科蝇子草属，2 种属于禾本科植物，其余 5 种分属龙胆科、紫草科、中国蕨科、报春花科和菊科。分析数据表明，这 10 种植物的地上部显示出较强的富集 Pb 的能力，同时也反映出这 10 种植物对 Pb 具有很强的转移能力。另外，38 种植物根部 Pb 质量分数超过 1 000 mg/kg 的植物竟有 20 多种，显示该区很多植物根部能超富集 Pb。如果按照 Baker 等（1989）提出的 Pb 超富集植物的标准，植物地上部 Pb 质量分数超过 1 000 mg/kg 且地上部 Pb 含量大于根部。研究结果显示滇白前、滇紫草和细蝇子草应属于 Pb 超富集植物。但如果考虑富集系数，它们对 Pb 的富集系数均小于 1，则不能称为 Pb 超富集植物。研究结果（表 4.13、表 4.14）表明：翻白叶叶部 Cd 质量分数达 363 mg/kg，茎部 Cd 质量分数达 359 mg/kg，滇白前叶部 Cd 质量分数达 236 mg/kg，茎部 Cd 质量分数达 159 mg/kg，小寸金黄地上部 Cd 质量分数达 212 mg/kg，三种植物地上部 Cd 质量分数远远超过超富集标准 100 mg/kg（Baker et al.，1989）。另外，翻白叶对 Cd 的富集系数达 1.97，说明它具有很强的转移和富集能力，滇白前对 Cd 的转移系数为 1.12，小寸金黄对 Cd 的转移系数达 3.16，表明它们能有效将 Cd 从根部向地上部转运，从某种意义上说三者应属于 Cd 超富集植物的范畴。但因翻白叶对 Cd 的转移系数只有 0.61，滇白前和小寸金黄对 Cd 的富集系数分别为 0.61 和 0.36，均小于 1，所以三者又不能称为严格定义的 Cd 超富集植物。阿墩子龙胆地上部可超量吸收 Zn 和 Pb，翻白叶和小寸金黄的地上部可超量富集 Zn 和 Cd，滇白前可超富集 Zn、Pb、Cd。由于阿墩子龙胆地上部对 Pb 的富集小于根部，翻白叶地上部对 Cd 的富集小于根部，故它们不能称为多金属超富集植物。如果按照 Baker 等（1989）提出的标准，不考虑富集系数，则小寸金黄可称为 Zn 和 Cd 多金属超富集植物，滇白前可称为 Pb、Zn、Cd 多金属超富集植物。

表 4.14 云南兰坪铅锌矿区主要植物转运系数和富集系数

植物种	转运系数			富集系数		
	Zn	Pb	Cd	Zn	Pb	Cd
阿墩子龙胆 Gentiana atuntsiensis	2.08	0.29	0.29	0.84	0.06	0.67
藏野青茅 Deyeuxia tibetica	0.43	2.16	0.22	0.89	0.07	0.92
滇紫草 Onosma paniculatum	1.02	1.93	0.57	0.25	0.10	1.14
多鳞粉背蕨 Aleuritopteris anceps	0.57	0.20	0.49	0.84	0.51	2.64
苦卖菜 Ixeridium denticulata	0.79	0.73	1.07	0.23	0.04	1.23
滇白前 Silene viscidula	1.77	1.17	1.12	0.16	0.13	0.61
翻白叶 Potentilla griffithii var. velutina	1.47	0.38	0.61	1.27	0.03	1.97
魁蒿 Artemisia pinceps	0.68	0.55	0.96	0.11	0.01	0.25
粉花蝇子草 Silene rosiflora	0.92	0.62	0.55	0.13	0.04	0.20
细叶芨芨草 Achnatherum chingii	0.59	0.61	0.45	0.16	0.05	0.26
穗序野古草 Arundinella chenii	0.77	0.32	0.80	0.24	0.06	0.63
金疮小草 Ajuga aecumbens	0.84	0.45	0.85	0.10	0.02	0.11
韭 Allium tuberosum	0.72	0.15	1.63	0.07	0.01	0.37
蕨 Pteridium aquilinum var. latiusculum	0.51	0.08	0.50	0.10	0.01	0.11
狼毒 Stellera chamaejasme	1.91	0.70	4.00	0.07	0.01	0.25
毛蕊花 Verbascum thapsus	0.84	0.45	0.31	0.12	0.02	0.15
密蒙花 Buddleja officinalis	0.72	0.64	0.67	0.12	0.06	0.26
滇龙胆草 Gentiana rigescens	0.98	0.47	1.11	0.34	0.07	2.22
蓝钟花 Cyananthus hookeri	1.41	0.98	0.51	0.13	0.04	0.21

续表

植物种	转运系数			富集系数		
	Zn	Pb	Cd	Zn	Pb	Cd
小龙胆 Gentiana sp.	2.69	0.35	1.03	0.93	0.08	0.35
怒江紫菀 Aster salwinensis	0.81	0.37	1.00	0.52	0.07	0.71
糯米团 Memorialis hirta	1.01	0.40	1.00	0.10	0.04	0.12
平车前 Plantago depressa	0.30	0.35	0.60	0.06	0.02	0.16
三叉蕨 Tectaria subtriphyl	0.57	0.25	0.40	0.10	0.02	0.17
蛇莓 Duchesnea indica	0.64	0.40	0.63	0.31	0.04	0.59
天蓝沙参 Adenophora coelestis	0.67	0.31	0.58	0.28	0.04	0.66
乌蕨 Sphenomeris chusana	0.72	0.74	0.67	0.26	0.04	0.14
喜马拉雅虎耳草 Saxifraga brunoniana	0.83	0.26	0.75	0.08	0.05	0.11
细蝇子草 Silene gracilicanlis	1.24	1.22	1.10	0.39	0.05	1.34
狭序唐松草 Thalictrum atriplex	1.08	0.29	0.22	0.53	0.03	0.11
香青 Anaphalis sinica	0.86	0.28	0.53	0.13	0.03	0.14
小驳骨 Gendarussa vulgaris	0.57	0.19	0.58	0.41	0.08	2.75
小寸金黄 Lysimachia deltoides var. cinerascens	2.29	1.89	3.16	0.14	0.03	0.36
新疆鼠尾草 Salvia deserta	1.07	0.36	0.88	0.20	0.02	0.52
野胡萝卜 Daucus carota	3.91	2.31	2.75	0.09	0.06	0.10
野鸡尾 Onychium japonicum	0.79	1.07	0.26	0.16	0.07	0.06
野香草 Elsholtzia cyprianii	0.80	0.34	0.52	0.29	0.02	0.18
云南松 Pinus yunnanensis	1.39	0.53	1.36	0.07	0.01	0.34

4.1.5　湘西地区典型铅锌锰矿区重金属耐性植物的筛选

湖南湘西土家族苗族自治州（以下简称湘西州）矿产资源丰富，已发现矿产 63 种，500 多处矿产地，有 18 个矿种已探明储量（陈明辉 等，2008）。目前已开发的金属矿藏资源主要有锰（Mn）、铅（Pb）、锌（Zn）、镉（Cd）、铜（Cu）和汞（Hg），铅锌矿和锰矿分别排名为全省第一和全国第二（刘益贵 等，2008）。自 20 世纪 80 年代以来，采矿业成为湘西州的支柱产业，为当地带来了前所未有的经济繁荣。然而长期以来以民采为主，技术落后，缺乏约束和监督机制。经过近 30 年重利润轻保护的掠夺式开采，原有的地质地貌和自然景观遭受严重破坏，各类废石废渣堆置、尾矿坝不稳定、水土流失、泥土滑坡、地面塌陷等问题十分突出（王星敏 等，2010；朱程 等，2010）。采矿已严重破坏了矿区的生态环境，并给当地带来了严重的重金属污染问题。某些特殊的金属型植物（metallophytes）由于长期进化和自然选择的作用，能在重金属污染严重的土壤中正常生长、定居乃至繁殖后代（Baker，1987）。寻找和筛选适合当地气候条件与土壤条件的重金属耐性植物是矿区植被重建和植物修复的前提（雷梅 等，2005）。

2010 年 10 月对湘西州锰矿带的 4 个锰矿点（排吾乡、猫儿乡、民乐镇和两河乡）、铅锌矿带的 5 个铅锌矿点（茶洞镇、团结镇、龙潭镇、猫儿乡和民乐镇）进行了植物调查和土样采集。记录了矿区的所有高等植物种类，植物的丰富度按目测估计，分为三级：优势种，常见种和偶见种，采集优势植物及其所在区域的土壤。湘西矿区共记录高等植物 76 种，隶属 69 属，39 科。其中锰矿区 31 科，45 属，49 种；铅锌矿区 32 科，49 属，53 种（表 4.15）。从矿区物种组成来看，以菊科、禾本科、蔷薇科的种数为多。锰矿区菊科有 4 种，禾本科 4 种，蔷薇科 7 种，分别约占总种数的 8.2%、8.2% 和 14.3%；铅锌矿区菊科有 5 种，禾本科 4 种，蔷薇科 4 种，分别约占总种数的 9.4%、7.5% 和 7.5%。从植物生活型来看，以草本植物和灌木为主。锰矿区记录的 49 种植物中，草本植物 20 种，约占 40.8%，灌木 16 种，约占 32.7%。铅锌矿区记录的 53 种植物中，草本植物 23 种，约占 43.4%，灌木 16 种，约占 30.2%。这反映出草本植物和灌木对恶劣环境的适应能力较强。从植物的丰富度来看，锰矿区的优势种有油茶（*Camellia oleifera*）、灰白毛莓（*Rubus tephrodes*）、魁蒿（*Artemisia princeps*）、山莓（*Rubus corchorifolius*）、芒萁（*Dicranopteris dichotoma*）、蕨（*Pteridium aquilinum*）和芒草（*Miscanthus sinensis*）；铅锌矿区的优势种有油茶（*C.oleifera*）、灰白毛莓（*R.tephrodes*）、白茅（*Imperata cylindrica*）、箬竹（*Indocalamus tessellatus*）、毛萼莓（*Rubus chroosepalus*）、飞龙掌血（*Toddalia asiatica*）和芒草（*M.sinensis*）。

湘西州锰矿、铅锌矿区土壤 pH、重金属含量范围及均值见表 4.16。锰矿区土壤 pH 为 4.41~7.01，铅锌矿区土壤 pH 为 4.89~7.66，均以弱酸性为主。两矿区土壤重金属含量趋势均为 Mn>Pb>Zn>Cu>Cd。4 个锰矿点、5 个铅锌矿点土壤 5 种重金属元素（Mn、Pb、Zn、Cu、Cd）的含量均远远高于湖南省土壤背景值，分别为背景值的 6.8~10.7 倍、17.2~25.8 倍、4.2~6.7 倍、3.9~4.0 倍、19.1~26.9 倍，其中 Mn、Pb、Cd 超标倍数较大。从两矿区比较来看，锰矿区土壤除 Mn 含量超过铅锌矿区外，Pb、Zn 和 Cd 含量均低于铅锌矿区，两矿区 Cu 元素含量基本持平。根据国家《土壤环境质量建设用地土壤污染风险管控标准（试行）》（GB 36600—2018），4 个锰矿区、5 个铅锌矿区的土壤中 Pb 均超过第一类用地的筛选值（400 mg/kg）。

表 4.15 湘西州典型锰矿、铅锌矿区主要植物种类

科①	种	丰富度②	生活型	科③	种	丰富度	生活型
漆树科 Anacardiaceae	盐肤木 Rhus chinensis	F	灌木	漆树科 Anacardiaceae	盐肤木 Rhus chinensis	F	灌木
五加科 Araliaceae	楤木 Aralia elata	F	灌木	五加科 Araliaceae	楤木 Aralia elata	F	灌木
菊科 Asteraceae	高蒿 Crassocephalum crepidioides	F	一年生草本	菊科 Asteraceae	千里光 Senecio scandens	F	多年生草本
	加拿大飞蓬 Conyza canadensis	F	二年生草本		艾蒿 Artemisia argyi	F	多年生草本
	魁蒿 Artemisia princeps	D	多年生草本		野菊 Dendranthema indicum	F	多年生草本
	白苞蒿 Artemisia lactiflora	F	多年生草本		苍耳 Xanthium sibiricum	F	一年生草本
大戟科 Euphorbiaceae	白背叶 Mallotus apelta	F	灌木		加拿大飞蓬 Conyza canadensis	F	二年生草本
	油桐 Vernicia fordii	F	乔木	卫矛科 Celastraceae	苦皮藤 Celastrus angulatus	F	木质藤本
木贼科 Equisetaceae	木贼 Equisetum hyemale	O	多年生草本		苦荬菜 Ixeris polycephala	F	一年生草本
豆科 Fabaceae	葛 Pueraria lobata	F	多年生草本		南蛇藤 Celastrus orbiculatus	F	木质藤本
	云实 Caesalpinia decapetala	F	灌木	藜科 Chenopodiaceae	土荆芥 Chenopodium ambrosioides	F	一年生草本
	羊蹄甲 Bauhinia glauca	O	灌木	木贼科 Equisetaceae	木贼 Equisetum hyemale	O	多年生草本
里白科 Gleicheniaceae	芒萁 Dicranopteris dichotoma	F	多年生草本	大戟科 Euphorbiaceae	杠香藤 Mallotus repandus	F	灌木
金缕梅科 Hamamelidaceae	枫香 Liquidambar formosana	F	乔木	豆科 Fabaceae	云实 Caesalpinia decapetala	F	灌木
鸢尾科 Iridaceae	蝴蝶花 Viola tricolor	F	多年生草本		马棘 Indigofera pseudotinctoria	F	小灌木
胡桃科 Juglandaceae	化香树 Platycarya strobilacea	F	小乔木		鸡眼草 Kummerowia striata	F	一年生草本
木通科 Lardizabalaceae	三叶木通 Akebia trifoliata	F	木质藤本	金缕梅科 Hamamelidaceae	枫香 Liquidambar formosana	O	乔木
樟科 Lauraceae	山胡椒 Litsea pungens	F	灌木	唇形科 Lamiaceae	白苏 Perilla frutescens	F	一年生草本

续表

科①	种	丰富度②	生活型
	猴樟 Cinnamomum bodinieri	F	乔木
百合科 Liliaceae	多花黄精 Polygonatum cyrtonema	O	多年生草本
海金沙科 Lygodiaceae	海金沙 Lygodium japonicum	F	多年生草本
楝科 Meliaceae	香椿 Toona sinensis	F	乔木
商陆科 Phytolaccaceae	商陆 Phytolacca acinosa	F	多年生草本
松科 Pinaceae	马尾松 Pinus massoniana	F	乔木
禾本科 Poaceae	白茅 Imperata cylindrica	F	多年生草本
	芒草 Miscanthus sinensis	D	多年生草本
	荩草 Arthraxon hispidus	F	一年生草本
	淡竹叶 Lophatherum gracile	F	多年生草本
蕨科 Pteridiaceae	蕨 Pteridium aquilinum	D	多年生草本
	井栏边草 Pteris multifida	F	多年生草本
蔷薇科 Rosaceae	蛇莓 Duchesnea indica	F	多年生草本
	灰白毛莓 Rubus tephrodes	D	灌木
	毛萼莓 Rubus chroosepalus	F	灌木
	湖北海棠 Malus hupehensis	O	小乔木
	小果蔷薇 Rosa cymosa	O	灌木
	山莓 Rubus corchorifolius	D	灌木

科③	种	丰富度	生活型
	牛至 Origanum vulgare	O	多年生草本
樟科 Lauraceae	山胡椒 Litsea pungens	F	灌木
海金沙科 Lygodiaceae	海金沙 Lygodium japonicum	O	多年生草本
楝科 Meliaceae	香椿 Toona sinensis	F	乔木
罂粟科 Papaveraceae	博落回 Macleaya cordata	F	多年生草本
松科 Pinaceae	马尾松 Pinus massoniana	F	乔木
车前草科 Plantaginaceae	车前草 Plantago asiatica	F	多年生草本
禾本科 Poaceae	白茅 Imperata cylindrica	D	多年生草本
	箬竹 Indocalamus tessellatus	D	多年生草本
	芒草 Miscanthus sinensis	D	多年生草本
	荩草 Arthraxon hispidus	F	一年生草本
蕨科 Pteridiaceae	井栏边草 Pteris multifida	F	多年生草本
毛茛科 Ranunculaceae	打破碗花花 Anemone hupehensis	F	多年生草本
鼠李科 Rhamnaceae	枳椇 Hovenia dulcis	O	乔木
	光枝勾儿茶 Berchemia polyphylla	F	灌木
蔷薇科 Rosaceae	蛇莓 Duchesnea indica	F	多年生草本
	灰白毛莓 Rubus tephrodes	D	灌木
	毛萼莓 Rubus chroosepalus	D	灌木

续表

科①	种	丰富度②	生活型
茜草科 Rubiaceae	悬钩子 Rubus ichangensis	F	灌木
	大叶白纸扇 Mussaenda esquirolii	O	灌木
	鸡矢藤 Paederia scandens	F	多年生草本
三白草科 Saururaceae	鱼腥草 Houttuynia cordata	F	多年生草本
五味子科 Schisandraceae	五味子 Kadsura longipedunculata	O	木质藤木
玄参科 Scrophulariaceae	泡桐 Paulownia kawakamii	F	小乔木
茄科 Solanaceae	白英 Solanum lyratum	F	草质藤木
杉科 Taxodiaceae	杉木 Cunninghamia lanceolata	F	乔木
山茶科 Theaceae	油茶 Camellia oleifera	D	灌木
榆科 Ulmaceae	山油麻 Helicteres angustifolia	O	灌木
荨麻科 Urticaceae	苎麻 Boehmeria nivea	F	羊灌木
马鞭草科 Verbenaceae	紫珠 Cercis chinensis	F	灌木
葡萄科 Vitaceae	异叶爬山虎 Parthenocissus dalzielii	F	草质藤木

科①	种	丰富度	生活型
茜草科 Rubiaceae	火棘 Pyracantha fortuneana	F	灌木
	鸡矢藤 Paederia scandens	F	草质藤木
	金剑草 Rubia alata	O	草质藤木
芸香科 Rutaceae	吴茱萸 Evodia rutaecarpa	F	灌木
	竹叶花椒 Zanthoxylum armatum	F	灌木
	飞龙掌血 Toddalia asiatica	D	木质藤木
三白草科 Saururaceae	鱼腥草 Houttuynia cordata	F	多年生草本
五味子科 Schisandraceae	五味子 Kadsura longipedunculata	O	木质藤木
玄参科 Scrophulariaceae	泡桐 Paulownia tomentosa	O	乔木
茄科 Solanaceae	少花龙葵 Solanum photeinocarpum	F	多年生草本
	白英 Solanum lyratum	O	草质藤木
杉科 Taxodiaceae	杉木 Cunninghamia lanceolata	O	乔木
山茶科 Theaceae	油茶 Camellia oleifera	D	灌木
荨麻科 Urticaceae	苎麻 Boehmeria nivea	F	羊灌木
马鞭草科 Verbenaceae	臭牡丹 Clerodendrum bungei	F	小灌木
	狐臭柴 Premna puberula	O	灌木
葡萄科 Vitaceae	异叶爬山虎 Parthenocissus dalzielii	F	草质藤木

注：①锰矿区；②丰富度等级：D（dominant）表示优势种，F（frequent）表示常见种，O（occasional）表示偶见种；③铅锌矿区

表 4.16 湘西州典型锰矿、铅锌矿区土壤 pH、重金属元素含量范围及均值

采样地	采样点	样品数	pH 范围（平均）	Mn 质量分数 /（mg/kg） 范围（平均）	Pb 质量分数 /（mg/kg） 范围（平均）	Zn 质量分数 /（mg/kg） 范围（平均）	Cu 质量分数 /（mg/kg） 范围（平均）	Cd 质量分数 /（mg/kg） 范围（平均）
锰矿	两河乡	12	4.91～7.01 （5.53）	1 191～6 250 （3 162）	296～850 （507）	229～393 （307）	49.7～161 （97.5）	0.28～4.88 （2.68）
	民乐镇	15	4.56～6.71 （5.20）	2 052～9 148 （6 181）	208～913 （530）	278～736 （444）	51.1～171 （101）	0.30～5.01 （2.70）
	猫儿乡	13	4.41～6.90 （5.29）	2 042～9 476 （5 720）	208～982 （566）	229～859 （500）	57.1～351 （125）	0.61～4.98 （2.21）
	排吾乡	10	4.99～6.93 （5.51）	2 491～7 150 （4 127）	240～779 （415）	248～324 （291）	60.7～135 （102）	0.34～3.69 （1.90）
	合计/均值	50	4.41～7.01 （5.36）	1 191～9 476 （4 925）	208～982 （511）	229～859 （395）	51.1～351 （106）	0.28～5.01 （2.41）
铅锌矿	茶洞镇	10	5.48～7.20 （6.42）	1 075～3 720 （2 126）	396～1 178 （747）	223～1 165 （631）	74.9～184 （124）	0.50～8.93 （3.56）
	团结镇	12	6.04～7.49 （6.99）	708～5 646 （2 733）	220～1 499 （853）	240～1 139 （666）	53.8～179 （117）	1.20～9.00 （4.01）
	龙潭镇	13	6.20～7.66 （7.09）	960～5 614 （2 821）	217～1 373 （758）	240～1 281 （720）	43.8～174 （113）	1.24～9.03 （3.83）
	猫儿乡	12	4.95～7.68 （6.35）	1 191～6 250 （3 530）	296～1 320 （717）	229～1 235 （654）	39.8～153 （99）	0.30～6.16 （2.60）
	民乐镇	11	4.89～7.06 （5.56）	1 758～8 325 （4 288）	350～1 365 （761）	259～1 170 （498）	51.1～161 （95.5）	0.85～4.88 （2.89）
	合计/均值	58	4.89～7.66 6.51	708～8 325 3 108	217～1 499 768	223～1 281 638	43.8～184 109	0.30～9.00 3.39
湖南省背景值				459	29.7	94.9	27.3	0.126
GB 36600—2018 的第一类 用地筛选值				—	400	—	200	20

锰矿、铅锌矿区主要优势植物体内的重金属含量见表 4.17。含量最高的是 Mn，其次是 Zn、Pb、Cu，最低的是 Cd。这与土壤中的重金属含量特征基本一致，反映了植物重金属的生物蓄积特征与土壤重金属的相关性。总体来看，不同植物对重金属的吸收和蓄积特征表现出较大差异。与植物正常含量相比，油茶和芒萁叶、茎中 Mn、Pb 和 Cd 含量较高，5 种重金属元素基本表现为叶＞茎＞根。灰白毛莓、魁蒿、山莓、蕨和毛萼莓根中重金属含量较高，且表现为根＞地上部。白茅、飞龙掌血、箬竹和芒草体内重金属含量相对较低，在植物正常含量范围，且根、茎、叶重金属含量差异不明显。

表 **4.17**　湘西州典型锰矿、铅锌矿区主要优势植物重金属含量　　（单位：mg / kg）

矿区	植物种类	部位	Mn	Pb	Zn	Cu	Cd
锰矿	油茶	叶	2 191.76±213.06	79.32±2.63	122.53±3.64	14.69±0.15	2.78±0.15
		茎	977.56±100.52	59.98±1.97	105.42±1.33	12.2±0.05	1.45±0.27
		根	492.35±98.23	50.63±2.12	89.78±3.19	7.05±0.67	0.67±0.51
	灰白毛莓	叶	569.47±79.03	30.06±4.24	94.76±2.4	21.48±0.32	1.17±0.08
		茎	408.73±71.51	20.8±6.83	73.29±8.62	11.24±0.51	1.32±0.18
		根	974.76±141.58	87.6±4.92	88.58±10.21	36.36±0.89	2.54±0.64
	魁蒿	叶	447.13±58.55	10.28±2.67	101.98±2.71	25.34±1.2	1.18±0.44
		茎	310.96±29.76	28.66±7.37	137.43±25.08	43.51±5.02	0.41±0.41
		根	1 276.61±299.51	150.17±8.19	158.38±14.86	44.04±3.68	2.47±0.76
	山莓	叶	304.23±60.02	47.3±1.44	87.37±16.76	28.48±0.7	2.32±0.26
		茎	242.57±98.97	25.34±1.55	38.65±8.48	14.65±2.63	2.06±0.24
		根	1 018.22±24.3	68.29±4.65	116.02±25.72	16.44±1.61	3.18±0.7
	芒萁	叶	2 110.27±207.74	107.02±25.2	85.65±8.18	42.45±5.66	4.59±0.85
		茎	1 553.47±124.06	80.06±4.24	37.45±2.12	34.81±7.28	1.39±0.38
		根	404.58±16.49	16.62±2.48	63.77±4.49	26.69±3.46	1.09±0.36
	蕨	叶	404.88±54	10.08±1.76	44.76±4.36	10.09±1.12	0.95±0.03
		茎	266.48±17.86	19.39±17.13	51.34±3.94	18.74±1.17	0.56±0.07
		根	1 336.19±245.44	47.06±8.08	59.9±12.41	32.89±1.91	1.32±0.14
	芒草	叶	440.12±70.84	7.67±1.31	24.28±3.5	14.18±2.13	1.05±0.22
		茎	310.11±42.08	5.84±2.04	34.8±8.38	11.01±2.07	0.85±0.16
		根	532.55±86.13	44.38±6.99	50.25±8.12	34.01±9.85	1.55±0.4
铅锌矿	油茶	叶	1 680.87±163.09	81.7±10.61	137.06±25.25	18.12±0.9	2.66±0.42
		茎	1 344.93±39.53	61.51±15.31	96.01±13.87	17.37±1.46	1.01±0.37
		根	672.27±30.97	65.46±16.19	126.17±1.91	12.95±2.1	1.19±0.41
	灰白毛莓	叶	403.72±48.17	51.94±4.93	91.65±9.29	20.69±3.77	1.48±0.19
		茎	258.47±36.25	45.06±3.7	113.87±10.12	27.79±1.65	1.57±0.17
		根	1 491.55±46.98	108.77±8.16	140.6±19.51	36.08±7.5	3.12±0.37

续表

矿区	植物种类	部位	Mn	Pb	Zn	Cu	Cd
	白茅	叶	50.05±2.11	15±0.16	68.74±1.88	5.26±1.17	1.06±0.2
		茎	15.43±1.35	21.81±2.64	18.59±0.91	10.8±0.14	1.00±0.07
		根	230.01±39.63	83.21±11.75	81.21±10.51	19.67±6.67	1.51±0.27
	箬竹	叶	212.31±46.19	28.48±3.87	148.38±25.74	16.21±3.08	0.93±0.07
		茎	81.89±9.44	33.06±4.35	31.09±5.88	11.25±1.41	0.96±0.1
		根	96.17±4.12	11.19±1.33	121.73±8.39	11.11±0.76	0.79±0.08
	毛萼莓	叶	126.85±2.54	12.31±0.8	109.65±30.22	7.74±0.1	1.05±0.06
铅锌矿		茎	67.63±5.67	8.99±2.18	26.47±2.39	2.39±0.12	0.24±0.03
		根	1 056.6±15.91	46.99±4.02	199.31±6.23	20.74±4.07	2.3±0.08
	飞龙掌血	叶	60.04±12.19	8.12±0.34	63.01±1.95	13.08±0.48	1.05±0.02
		茎	33.02±0.97	6.10±2.25	11.08±3.02	10.56±0.26	0.41±0.12
		根	131.87±4.29	22.38±0.22	60.08±2.61	22.62±1.46	1.96±0.1
	芒草	叶	99.91±1.44	26.98±2.78	39.87±5.03	6.79±0.23	1.05±0.21
		茎	119.9±4.05	12.21±1.64	37.3±5.05	10.77±1.61	0.42±0.19
		根	146.29±28.17	42.51±10.84	61.34±9.22	22.83±2.24	1.16±0.14
	植物正常含量 （曹鉴燎 等，2001）		1～700	0.1～41.7	1～160	0.4～45.8	0.2～0.8

　　湘西州典型锰矿、铅锌矿区主要优势植物生物富集系数与转移系数见表4.18。生物富集系数是指植物体内某种重金属元素含量与土壤中同种重金属含量的比值，它反映了植物对土壤重金属元素的富集能力。转移系数（transfer factor，TF）等于植物地上部重金属的量除以植物根中该重金属的量，它反映该植物吸收重金属后，从根部向茎、叶的转移能力。从生物富集系数来看，所有植物对重金属元素 Mn、Pb、Zn、Cu 的富集能力都较弱，BCF<1，说明两矿区的主要优势植物均对重金属有一定的耐受能力。从转移系数看，油茶和芒萁对 Mn、Pb、Zn、Cu 和 Cd 的转移系数较高，TF>1，表现出较强的向地上部转移的能力。灰白毛莓、魁蒿、山莓、蕨、毛萼莓、白茅、飞龙掌血、箬竹和芒草对 5 种重金属的 TF 值较低，一般小于 1，吸收重金属后向上转移的能力较差。

表 4.18 湘西州典型锰矿、铅锌矿主要优势植物的富集系数和转移系数

矿区	植物	Mn		Pb		Zn		Cu		Cd	
		BCF	TF	BCF	TF	BCF	TF	BCF	TF	BCF	TF
锰矿	油茶	0.57	4.45	0.22	1.57	0.43	1.36	0.13	2.08	1.53	4.14
	灰白毛莓	0.42	0.58	0.17	0.34	0.31	1.07	0.33	0.59	1.08	0.52
	魁蒿	0.28	0.35	0.14	0.57	0.46	0.87	0.44	0.99	1.03	0.48
	山莓	0.48	0.30	0.18	0.69	0.43	0.75	0.32	1.73	1.06	0.73
	芒萁	0.53	5.22	0.28	6.44	0.30	1.34	0.47	1.58	1.46	2.38
	蕨	0.24	0.30	0.14	0.41	0.18	0.86	0.41	0.57	0.60	0.72
	芒草	0.17	0.83	0.13	0.17	0.17	0.69	0.37	0.42	0.80	0.67
铅锌矿	油茶	0.75	2.50	0.15	1.25	0.26	1.09	0.15	1.40	0.82	2.24
	灰白毛莓	0.74	0.27	0.14	0.48	0.31	0.81	0.28	0.77	0.53	0.50
	白茅	0.11	0.07	0.18	0.26	0.13	0.46	0.18	0.55	0.28	0.70
	箬竹	0.07	2.21	0.07	2.95	0.31	1.22	0.15	1.46	0.29	1.22
	毛萼莓	0.42	0.12	0.13	0.26	0.28	0.91	0.17	0.37	0.49	0.46
	飞龙掌血	0.04	0.46	0.03	0.36	0.12	1.05	0.04	0.58	0.64	0.54
	芒草	0.05	0.82	0.12	0.37	0.13	0.65	0.05	0.47	0.34	0.90

　　植被恢复是矿业废弃地生态恢复的关键,几乎所有的自然生态系统的恢复总是以植被的恢复为前提。在矿区重金属污染土壤上生长的植物对重金属均具有一定的耐性,不同的耐性机制使植物对重金属的吸收、转移和累积特征表现出较大的差异。目前公认的植物耐重金属机制主要有三种策略:富集型(accumulator)、根部固积型(compartment)和规避型(excluber)(Shu et al., 2005)。富集型植物能够从土壤中主动吸收并富集重金属元素,同时将大量重金属转移到地上部分。本小节表明,油茶、芒萁体内重金属 Mn、Pb 和 Cd 含量相对较高,对 5 种重金属元素的转移系数均大于 1,吸收重金属后表现出较强的向地上部转移的能力,符合富集型植物特征,适于修复湘西矿区重金属污染中等且使用价值较高的污染土壤。根部固积型植物对土壤中的重金属具有被动吸收的特征,能将重金属吸收至体内,但金属元素大量固积于根部,只有少量向地上部转移,减少对光合、呼吸、生殖系统的伤害。灰白毛莓、山莓、毛萼莓、魁蒿、蕨吸收的重金属主要累积在根部,向地上部转移的能力较弱,属于根部固积型植物。规避型植物则能抵制植物根系对重金属的吸收,并常常将土壤重金属沉淀在根系表面,而植物体内只吸收少量的重金属。芒草、白茅、箬竹、飞龙掌血尽管生长在重金属元素含量较高的环境中,体内重金属含量均在植物正常含量范围内,且重金属富集系数和转运系数均小于 1,可见属于重金属规避型植物。这两种类型的植物适合种植在湘西矿区重金属污染严重、使用价值相对较低、面积较大的矿山废弃地。

4.2　植物物种配置

基于植被重建的矿山废弃地生态修复是一项兴起于 20 世纪 50 年代、被誉为最具有发展潜力的治理技术，它具有经济环保的优点，目前已经在世界范围内获得了广泛的认可（Wang et al.，2017；Mench et al，2010）。该技术的核心思想是通过人工添加基质改良材料改善尾矿的极端理化性质，再利用重金属耐性植物在尾矿上重新建立植被，并通过辅助措施促使重建的植被系统逐步演替成为能自维持的、稳定的生态系统，从而将重金属污染长期固定在原地（Galende et al.，2014；Lee et al.，2014）。经过半个多世纪的发展，重金属尾矿生态修复的研究已经取得了丰富成果，已经被诸多国家和地区较广泛地用于治理重金属尾矿，并且取得了令人瞩目的成功（Mench et al.，2010；Li，2006）；大量研究案例表明该技术可以在 2～3 年内使重金属尾矿的植被覆盖度（该指标通常与生产力、控制水土流失等生态系统功能呈正相关关系）达到 90%以上（Baasch et al.，2012；Kirmer et al.，2012；Yang et al.，2010）；此外，若干国家先后报道了在重金属尾矿上重建的植被可以存活数十年之久的实践案例（Mench et al.，2010）。尽管如此，有相当多的证据表明，该技术的效率还有待提高：不少研究者发现经过 5～10 年甚至更长时间的生态恢复，尾矿的植被覆盖度也只有 50%左右（Herrick et al.，2006；Holl，2002）。因此，重金属尾矿废弃地植被修复技术还需要进一步完善。

4.2.1　重金属胁迫对生物多样性与生态系统功能关系的影响

长期以来，环境污染的生物修复（包括植物修复）研究都关注于筛选高效的污染修复物种（如耐性植物、富集植物、超富集植物等），并依赖于一种或少数几种物种进行生物修复工作。本小节深入研究重金属胁迫下生物多样性与生态系统功能的关系与作用机制，提出一种全新的、基于生物多样性的环境污染治理策略，即构建不仅包含耐性种而且包含敏感种的具有高生物多样性的群落。这些研究发现拓展了传统的生物修复理论，为提高土壤重金属污染植物修复的效率提供了新思路。为此，本小节利用微宇宙试验，研究 Cd 污染胁迫条件下藻类的生物多样性与生态系统功能的关系。

本小节试验选用了 10 种淡水单细胞藻类作为研究材料（藻种名录见表 4.19），这 10 种藻类均为华南地区淡水生态系统中常见的藻种。其中莱茵衣藻、羊角月牙藻和蛋白核小球藻由暨南大学水生所提供，其他藻种由中国科学院典型培养物保藏委员会淡水藻种库购得。试验室的历史数据表明，这 10 种藻在试验室环境下均能生长良好且具有容易区分的形态学特征。

表 4.19　试验用藻种名录

编号	物种名	拉丁文名	简称
1	莱茵衣藻	*Chlamydomonas reinhardtii*	C.re
2	摩氏衣藻	*Chlamydomonas moewuaii*	C.mo

编号	物种名	拉丁文名	简称
3	卵配衣藻	*Chlamydomonas eugametos*	C.eu
4	蛋白核小球藻	*Chlorella pyrenoidosa*	C.py
5	镰形纤维藻	*Ankistrodesmus falcatus*	A.fa
6	羊角月牙藻	*Selenastrum capricornulum*	S.ca
7	斜生栅藻	*Scenedesmus obliquus*	S.ob
8	四尾栅藻	*Scenedesmus quadricauda*	S.qu
9	二形栅藻	*Scenedesmus dimorphus*	S.di
10	鼓藻	*Staurastrum chae*	S.ch

1. 试验设计

（1）单种藻种的培养试验：10 个藻种，每个藻种 5 个重复，分别取含有 105 个藻细胞的藻种母液加入 6 mg/L Cd 的 BBM 培养基中培养 8 周。在等量的未添加 Cd 的培养基中采用同样的处理培养 8 周作为对照。试验共计 100 个样品。

（2）混种藻种的培养试验：试验中设置 2、4、8 三个混种的物种丰富度梯度，每个梯度 20 个重复。每个重复均是在 10 种藻种中随机选择 n（n=物种丰富度）个藻种构成物种组合，物种组合没有重复。在这三个物种丰富度梯度下，均保持接种藻类总数的一致，每瓶均接种 105 个藻细胞，组合内每种藻种接种数量平均分配，如当物种丰富度为 8 时，每个藻种接种 12 500 个藻细胞。分别在 Cd 胁迫和对照下培养 6 周。试验共计 120 个样品。

2. 生物量的测定

单种培养试验中，在培养的最后一周每瓶取出 20 mL 样品，加入甲醛固定，用血细胞计数板计数计算藻细胞密度，同时将样品离心称重，得到藻类生物量与藻细胞数量之间的换算系数，由于该换算系数不随着培养时间和多样性梯度的改变而改变（Hillebrand et al.，1999），分别计算得到胁迫和非胁迫状态下每个藻种生物量与细胞数量之间的换算系数，并在单种和混种培养试验中统一使用该系数。

（1）单种培养试验中，每周每瓶取出 1.00 mL 的样品，甲醛固定，用血细胞计数板计数计算藻细胞密度，换算成生物量，得到每个藻种每周的生物量数据，借此计算藻种的生长曲线和耐性指数（tolerance index，TI）。

（2）混种培养试验中，在培养的第六周，每瓶取出 1.00 mL 的样品血细胞计数板计数，得到每个藻种在每个组合中的生物量数据。进而计算藻类物种多样性与水体生态系统功能之间的关系。

3. 数据计算

1）藻类生长速率和耐性指数的计算

藻类的生长速率用单种培养试验在单位时间里生物量的变化来衡量：

$$生长速率 = \frac{生物量_{n+1} - 生物量_n}{生物量_n}$$

式中：生物量$_n$表示该藻种在第 n 周单种培养的生物量，生物量$_{n+1}$表示该藻种在第 $n+1$ 周单种培养的生物量。

用藻种单种培养试验里Cd胁迫和对照下生物量的相对值来判定该藻种对Cd的耐性大小：

$$耐性指数 = \frac{B_{\text{stress}}}{B_{\text{control}}} \times 100$$

式中：B_{stress} 表示 Cd 胁迫下该种的生物量，B_{control} 表示在同一时期该种在非胁迫对照下的生物量。

2）多样性净效应、选择效应和互补效应的计算

按照 Loreau 等（2001）的分离添加效应方法，计算混播群落中多样性净效应（生产力的增加量 ΔY）并将其分解为选择效应（selection effect）和补偿效应（compensation effect），其计算公式为

$$\Delta Y = Y_O - Y_E = \sum_i RY_{Oj}M_i - \sum_i RY_{Ei}M_i$$
$$= \sum_i \Delta RY_i M_i = N\overline{\Delta RY\, M} + N\,\text{cov}(\Delta RY, M)$$

式中：M_i 为藻种 i 单种时的产量；Y_{Oi} 为藻种 i 混种时的产量；$Y_O = \sum_i Y_{Oi}$，为混种群落的总产量；RY_{Ei} 为藻种 i 混种时在群落中的播种比例；$RY_{Oi} = Y_{Oi}/M_i$，为藻种 i 混种时在群落中的相对产量；$Y_{Ei} = RY_{Ei}M_i$，为藻种 i 混种时在群落中的期望相对产量；$Y_E = \sum_i Y_{Ei}$，为混种群落的期望总产量；$\Delta Y = Y_O - Y_E$，为混种群落的总产量和期望总产量的差值；$\Delta RY_i = RY_{Oi} - RY_{Ei}$，为藻种 i 混种时在群落中的相对产量和期望相对产量之差；N 为多样性梯度；$N\overline{\Delta RY\, M}$ 为补偿效应；$N\,\text{cov}(\Delta RY, M)$ 为选择效应。

研究结果表明，生物多样性与生态系统功能的关系受环境因素的深刻影响，在环境没有受到污染的情况下，多样性对生态系统的功能没有显著的贡献，但在 Cd 污染胁迫条件下，生物多样性能显著提高生态系统的生产力和稳定性（图 4.3，表 4.20）。在环境受到污染的情况下，互补效应呈现随污染胁迫强度和时间的增加而增强的趋势（图 4.4）。利用该系统研究多样性对污染修复效率的影响，发现生物多样性可显著提高生态系统对 Cd 污染的修复效果[图 4.5（a）]，其主要作用机制在于 Cd 污染耐性种在胁迫情况下对敏感种的有益效应提高了敏感种的生物量，从而提高生态系统的生物量、稳定性与污染修复能力[图 4.5（b）]。上述发现提示了一种全新的污染生态系统恢复策略，即构建不仅包含耐性种而且包含敏感种的具有高生物多样性的群落。这种基于多样性的生物修复策略比目前广泛应用的基于单纯耐性种的策略有着更高的稳定性和修复效率。

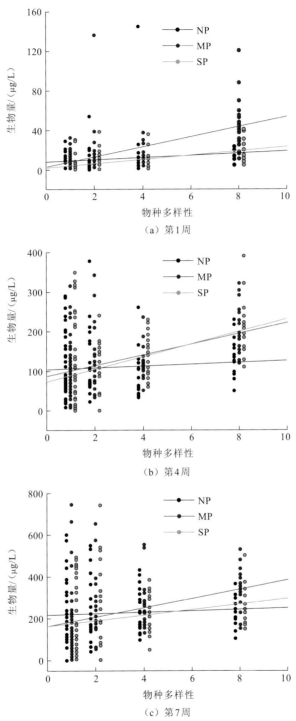

（a）第1周

（b）第4周

（c）第7周

图 4.3　不同重金属胁迫下藻类物种多样性与生态系统生产力（生物量）的关系

NP 为没有 Cd 胁迫；MP 为中度 Cd 污染；SP 为重度 Cd 污染

表 4.20　不同重金属 Cd 胁迫下藻类物种多样性与生态系统生物量的线性回归分析结果

处理	第 1 周		第 4 周		第 7 周	
	$F_{1,108}$	P	$F_{1,108}$	P	$F_{1,108}$	P
没有 Cd 胁迫	3.255	0.074 0	0.986 2	0.322 9	0.609 0	0.436 9
中度 Cd 污染	58.18	<0.000 1	31.67	<0.000 1	19.21	<0.000 1
重度 Cd 污染	46.29	<0.000 1	26.33	<0.000 1	4.924	0.028 6

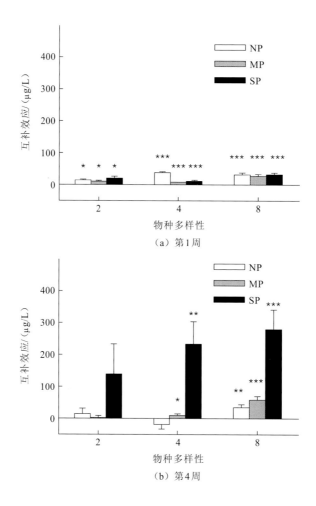

（a）第 1 周

（b）第 4 周

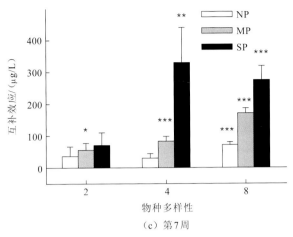

（c）第 7 周

图 4.4　不同重金属胁迫下藻类混种群落的互补效应

NP 为没有 Cd 胁迫；MP 为中度 Cd 污染；SP 为重度 Cd 污染

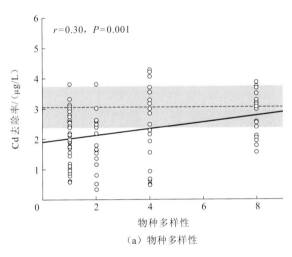

（a）物种多样性

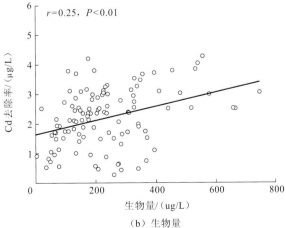

（b）生物量

图 4.5　藻类物种多样性和生物量对生态系统 Cd 去除率的影响

4.2.2 不同植物物种配置模式对铜尾矿库生态修复效果的影响

2007年5月在铜陵杨山冲尾矿库建立12 000 m² 生态恢复试验小区，将试验小区平均分为两部分，每部分6 000 m²。其中一地块用牛粪进行基质改良，覆盖农田表层土壤，引进种子库和土壤微生物，并进行不同物种组合的灌–草联合配置试验；另一地块用鸡粪进行基质改良，播撒耐性植物种子，不覆盖表土，具体实施过程如下。

（1）建立种植带和植穴：在尾矿库生态恢复小区内每隔行距1 m开挖规格为（0.25×0.25×0.25）m³的植穴，株距1 m。

（2）添加有机改良剂：在开挖的植穴内撒一层牛粪，添加量为15 t/hm²。

（3）种植先锋物种苎麻（*Boehmeria nivea*）。

（4）草本植物设计：将试验基地划分为面积均等的5个小区，每个试验小区约1 200 m²（60 m×20 m），小区间隔1 m，5个试验小区内分别种植不同的植物及植物组合（图4.6），分别为金鸡菊（*Coreopsis drummcndii*，Plot I）、芦竹（*Arundo donax*，Plot II）、五节芒（*Miscanthus floridulu*，Plot III）、紫花苜蓿＋黄香草木犀＋天蓝苜蓿（*Medicago sativa*＋*Astragalus adsurgens*＋*Medicago lupulina*，Plot IV）、黑麦草＋双穗雀稗＋高羊茅（*Lolium perenne*＋*Paspalum distichum*＋*Setaria viridis*，Plot V）。

<table>
<tr><td>（a）Plot I</td><td>（b）Plot II</td></tr>
<tr><td>（c）Plot III</td><td>（d）Plot IV</td></tr>
</table>

（e）Plot V

（f）BG

图 4.6　5 种植被类型与裸地植被状况

（5）种植：野外原位移植幼苗（金鸡菊、芦竹和五节芒）；撒播种子（紫花苜蓿、黄香草木犀、天蓝苜蓿、黑麦草、双穗雀稗和高羊茅等）。

（6）覆盖农田表土和稻草：取农田表层 10 cm 土壤均匀覆盖在尾矿表层，厚度为 1 cm，覆盖稻草。

（7）抚育管理：根据植物生长情况加 NPK 复合肥。

1.5 种植物配置模式对铜尾矿库生态修复效果

对 5 个植被小区生态效益调查结果如表 4.21 和图 4.7 所示，Plot V 的物种总数最大为 33，其次是 Plot III 和 Plot IV（表 4.21）。从 Plot I 到 Plot V 5 个小区植被地上生物量逐渐降低[图 4.7（a）]，Plot I、Plot II 和 Plot IV 盖度均达到 90% 以上[图 4.7（b）]，5 种植被类型对水土流失和大气扬尘的控制率分别达到了 95% 和 99% 以上，其中 Plot II 对水土流失的控制率最高，Plot IV 次之[图 4.7（c）、（d）]。由于 Plot I 种植了一种生命力顽强的外来种金鸡菊，该物种自行繁衍，根系发达，耐寒、耐旱、耐贫瘠，生长速度快，占据有利生态位，竞争能力强，该小区植被生物量大而多样性低；Plot II 栽培了大生物量禾本科物种芦竹，根系粗壮，耐性强，生长旺盛；Plot III 栽培了尾矿库坝采集的大生物量物种五节芒，其地下茎发达，能适应各种土壤；Plot IV 区域撒播紫花苜蓿、直立黄芪和天蓝苜蓿等豆科植物种子，生长良好成为该植被小区的关键种；Plot V 区域撒播黑麦草、高羊茅和雀麦等耐干旱耐贫瘠植物种子，生长良好成为该植被小区的关键种（表 4.21）。

表 4.21　5 种植被类型小区香浓-威纳指数、物种数、关键种和其分盖度

小区	Shannon-Wiener 指数	物种数	关键种	盖度
Plot I	0.485 7	20	苎麻 *Boehmeria nivea*	20%～30%
			金鸡菊 *Coreopsis drummondii*	60%～80%
Plot II	0.909 2	14	苎麻 *Boehmeria nivea*	25%～35%
			金鸡菊 *Coreopsis drummondii*	25%～35%

小区	Shannon-Wiener 指数	物种数	关键种	盖度
			芦竹 *Arundo donax*	12%～22%
Plot III	0.968 2	27	苎麻 *Boehmeria nivea*	15%～25%
			五节芒 *Miscanthus floridulus*	10%～20%
			小飞蓬 *Conyza canadensis*	15%～25%
			狗牙根 *Cynodon dactylon*	12%～22%
Plot IV	1.091 8	26	苎麻 *Boehmeria nivea*	15%～25%
			紫花苜蓿 *Medicago sativa*	20%～30%
			斜茎黄耆 *Astragalus adsurgens*	5%～15%
			天蓝苜蓿 *Medicago lupulina*	5%～15%
Plot V	1.031 1	33	苎麻 *Boehmeria nivea*	30%～45%
			黑麦草 *Lolium perenne*	13%～23%
			双穗雀稗 *Paspalum distichum*	5%～15%
			狗尾草 *Setaria viridis*	5%～15%

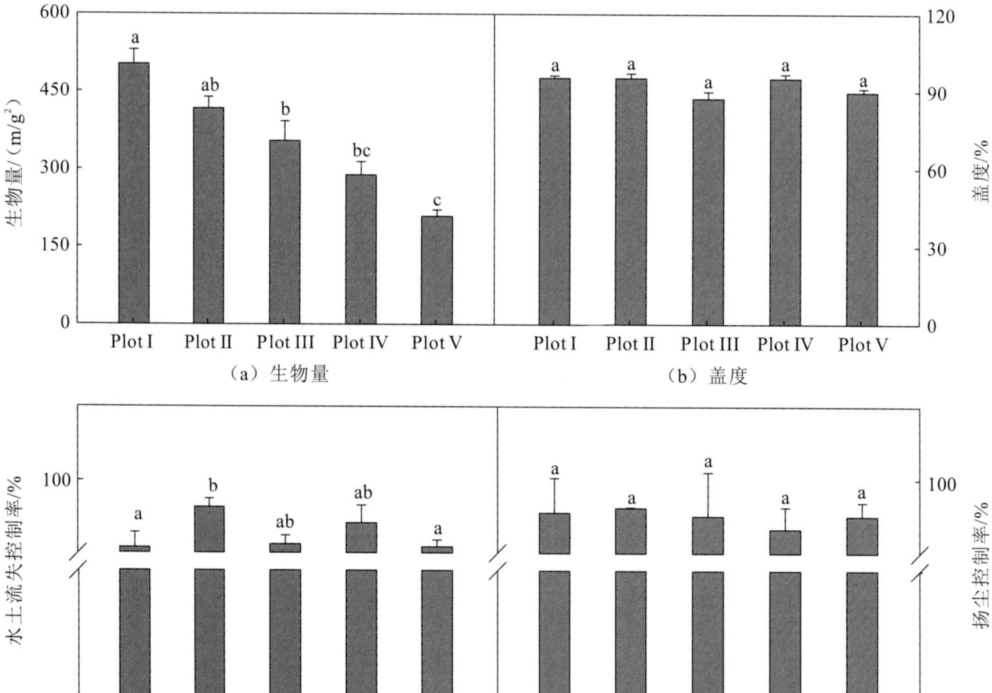

图 4.7　铜陵尾矿库五个植被恢复小区植被生物量、盖度、对水土流失和大气扬尘控制率

图中不同字母表示各小区间差异显著 $P < 0.05$，后同

2.5 种植物配置模式对尾矿库土壤修复效果

植被建立两年后覆土区域各植被小区土壤营养元素累积和重金属累积情况如图 4.8 和图 4.9 所示，总体来说，土壤理化环境得到改善，营养物质累积量显著增加，重金属含量得到控制。植物适宜生长的土壤环境 pH 偏弱酸性，但尾矿裸地土壤 pH 偏碱性，5 个植被小区植物生长调试尾矿土壤的 pH 接近 7，Plot I 和 Plot II 调试效果最佳，Plot III、Plot IV 和 Plot V 次之，同时 5 个植被小区植物生长改良尾矿土壤的 EC 接近 4dS/m，Plot II 植被调试效果最佳，Plot IV 次之，Plot I 和 Plot III 较差，没有取得显著效果的是 Plot V [图 4.8（a）、（b）]。土壤营养状况得到显著改良，各植被小区土壤总磷和有效磷的含量均显著大于裸地，Plot IV 的总磷累积量最高，但有效磷累积量最低，Plot III 和 Plot V 有效磷含量累积量最高，Plot I、Plot II 和 Plot III 有效磷含量累积量次之[图 4.8（c）、（d）]；各植被小区土壤总氮累积量显著高于裸地，Plot IV 因种植豆科植物，土壤总氮含量最高，除 Plot III 其他植被小区硝态氮的累积量显著高于裸地，仅 Plot I 和 Plot II 的铵态氮含量显著高于裸地[图 4.8（e）、（f）、（g）]；各植被小区土壤有机质含量得到显著提高，相比之下 Plot I 土壤有机质含量稍低[图 4.8（h）]。各植被小区土壤总钾的含量相对于裸地提高了，其中 Plot I 和 Plot II 土壤总钾累积量显著大于其他植被小区，但是各植被小区土壤有效钾的含量降低了[图 4.9（a）、（e）]；Plot II 土壤总钙的含量显著降低了，其次是 Plot I 和 Plot V，Plot II 和 Plot IV 两个植被小区土壤有效钙的含量显著降低，其次是 Plot I 和 Plot V[图 4.9（b）、（f）]；Plot I、Plot II 和 Plot IV 植被小区土壤总镁含量显

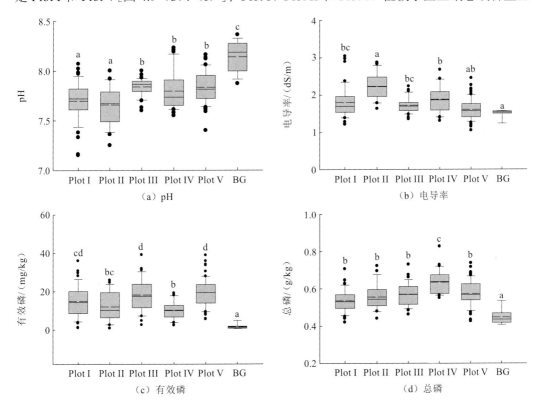

（a）pH　　　　（b）电导率

（c）有效磷　　　　（d）总磷

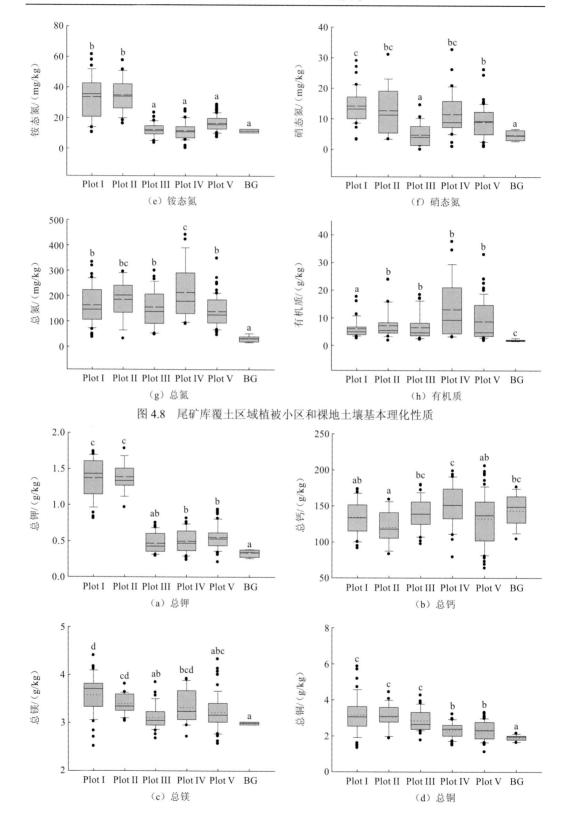

图 4.8　尾矿库覆土区域植被小区和裸地土壤基本理化性质

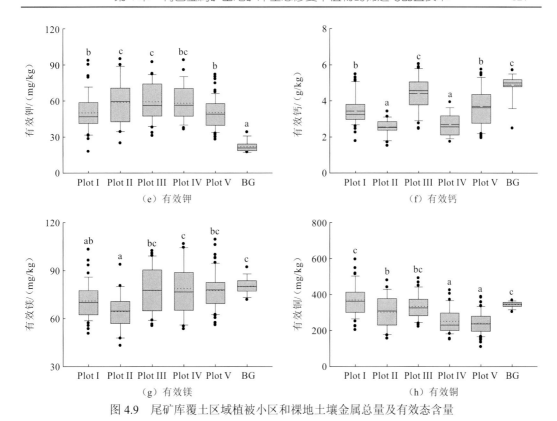

图 4.9　尾矿库覆土区域植被小区和裸地土壤金属总量及有效态含量

著提高，Plot I 和 Plot II 土壤有效镁含量显著降低[图 4.9（c）、（g）]；重金属得到控制，各植被小区总铜的累积含量降低了，Plot I、Plot II 和 Plot IV 植被小区土壤总铜的累积含量显著降低，其次是 Plot III 和 Plot V；Plot IV 和 Plot V 植被小区土壤有效铜的含量降低最为显著，其次是 Plot II[图 4.9（d）、（f）]。

4.2.3　不同植物物种多样性对铅锌尾矿库生态修复效果的影响

　　2013 年 10~12 月，以湘西浩宇化工铅锌尾矿库为中心，从附近区域采集土著植物 30 种，其中禾本科 8 种，菊科 5 种，豆科 5 种，藜科 2 种，蔷薇科 2 种，败酱科、小檗科、荨麻科、木犀科、茜草科、柏科、玄参科、棕榈科各 1 种。以采集的 30 种植物种子作为供试植物材料，开展室内盆栽试验，设置 2 种试验处理，即将供试植物分别种在采自该尾矿库和附近未受重金属污染农用地的两种土壤中；每处理设置 3 个重复，根据供试植物种子的大小，每个重复的播种量设为 30~50 颗种子；记录种子的发芽率，种子发芽 3 个月以后，收获所有存活植株，测定植物的生物量，并计算各个供试物种的重金属耐性指数（耐性指数=生长在尾矿废弃地土壤的植物生物量÷生长在未受重金属污染农用地土壤的植物生物量），耐性指数大于或等于 1 的为重金属耐性种，小于 1 的为非耐性种。

　　三个月后，根据种子的发芽率筛选出 16 种植物作为供试物种，分别是狼尾草（*Pennisetum alopecuroides*）、画眉草（*Eragrostis pilosa*）、芒（*Miscanthus sinensis*）、粟草

（*Milium effusum*）、硬杆子草（*Capillipedium assimile*）、狗牙根（*Cynodon dactylon*）、苍耳（*Xanthium sibiricum*）、魁蒿（*Artemisia princeps*）、黄花蒿（*Artemisia annua*）、马棘（*Indigofera pseudotinctoria*）、紫穗槐（*Amorpha fruticosa*）、胡枝子（*Lespedeza bicolor*）、刺槐（*Robinia pseudoacacia*）、金合欢（*Acacia farnesiana*）、斑花败酱（*Patrinia punctiflora*）、苎麻（*Boehmeria nivea*）。其中，狼尾草、芒、狗牙根、苍耳、刺槐和苎麻的耐性指数大于或等于 1，在本试验中认为是重金属耐性物种，其余 10 种植物耐性指数均小于 1，为非耐性物种。

2014 年 3 月在湘西浩宇化工有限公司铅锌尾矿废弃地建立具有不同物种多样性的植被试验小区（图 4.10）。物种多样性（丰富度）以盆栽试验筛选出的 16 种土著植物作为物种库，设置 4 个多样性梯度处理，分别为 1、4、8 和 16 物种。物种多样性为 1 的处理（单种）设置 3 个重复，16 个供试物种合计建立 48 个试验小区；物种多样性为 4 和 8 的处理均设置 20 个重复，每个重复的物种组成均是从物种库中随机抽取的物种的组合，且同一梯度处理下各个重复的物种组成不完全相同，合计建立 40 个试验小区；物种多样性为 16 的处理设置 10 个重复，合计建立 10 个试验小区；另外建立 4 个不种植物的对照试验小区；总计建立了 102 个试验小区。田间试验按完全随机设计，每个试验小区面积为 4 m²（2 m×2 m）。播种前添加中药渣和鸡粪[15 t/hm²，中药渣：鸡粪=2∶1（质量比）]作为基质改良剂，2014 年 3 月底开始播种，播种量根据上述室内盆栽试验发芽率结果确定，植株密度控制在约 100 株/m²。通过人工去除非目标物种来维持植被的物种多样性梯度。

图 4.10　试验小区的布局

1. 不同物种丰富度对尾矿生态修复过程中植被的影响

物种多样性对尾矿生态恢复过程中植被盖度、生产力及植被重金属含量的影响见图 4.11 和图 4.12。物种多样性植被群落小区在铅锌尾矿上建立 1.5 年后，1、4、8 和 16 物种植被盖度均值分别为 33.35%、59.08%、66.55%和 78.4%；生物量均值分别为 66.68 g、142.10 g、152.40 g 和 183.82 g。对植被盖度和生产力随物种多样性的增加进行线性回归发现，随着植物物种多样性的提高（也就是物种丰富度从 1 提高到 16），植物群落的植被盖度（$r=0.53$，$P<0.001$）和生产力（$r=0.52$，$P<0.001$）都是显著提高的（图 4.11）。具体地说，物种丰富度为 16 的时候，试验小区（4 m²）的植被覆盖度和生产力均值分别为 78.4%和 183.82 g（干重），是物种丰富度为 1 的试验小区均值的 2.35 倍和 2.76 倍。这说明物种多样性的增加显著增加了植物群落的植被盖度和生产力，这些结果初步确定了植物物种多样性对尾矿生态恢复的促进作用。物种多样性对尾矿生态恢复过程中植被

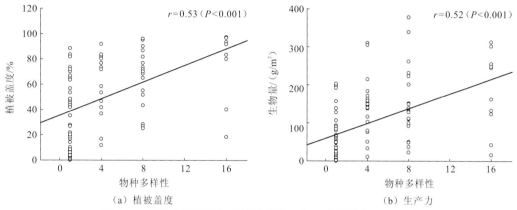

（a）植被盖度　　　　　　　　　　　（b）生产力

图 4.11　植物物种多样性对植被盖度、生产力的影响（$n=102$）

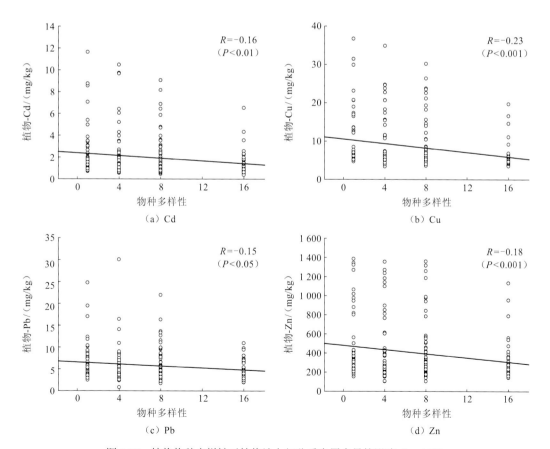

（a）Cd　　　　　　　　　　　　　　（b）Cu

（c）Pb　　　　　　　　　　　　　　（d）Zn

图 4.12　植物物种多样性对植物地上部分重金属含量的影响（$n=102$）

重金属含量的影响见图4.12。在尾矿上建立的植物群落的地上部分重金属含量为Cd 0.36～11.62 mg/kg，Cu 3.36～36.69 mg/kg，Pb 0.77～30.04 mg/kg，Zn 103.56～1 384.62 mg/kg，对植物地上部分重金属含量随物种多样性的增加进行线性回归发现，随着植物物种多样性的提高，在尾矿上建立的植物群落的地上部分重金属 Cd（$r=-0.16$，$P<0.01$）、Cu（$r=-0.23$，$P<0.001$）、Pb（$r=-0.15$，$P<0.05$）和 Zn（$r=-0.18$，$P<0.001$）的含量是逐渐下降的（图4.12）。这说明物种多样性的增加显著降低了植物对重金属的累积能力，这些结果有利于降低动物取食及枯枝落叶带来的生态风险。

植被恢复是尾矿废弃地生态恢复的关键，成功的植被恢复可以稳定土壤、控制污染、改善景观、减轻污染对人类的健康威胁。近年来，生物多样性与生态系统功能的关系成为当前生态学领域内的一个重大科学问题（Cardinale et al.，2012；Hooper et al.，2005）。本研究在重金属尾矿废弃地上建立了不同物种多样性的植被群落（1 物种、4 物种、8 物种和16 物种），物种多样性的增加显著提高了植物群落的植被盖度和生产力（图4.11），初步确定了植物物种多样性对尾矿生态恢复的促进作用。这与前人研究结果一致，物种多样性导致更高的群落生产力、更高的系统稳定性和更高的抗入侵能力（Stachowicz et al.，2008；Weis et al.，2007；Symstad et al.，2003；Tilman，1996）。对植物生产力的多样性效应分析表明，4 物种、8 物种和16 物种净效应没有显著差异（图4.13）。研究表明，植物物种多样性的增加会通过"选择效应"（随着物种数增加，随机带入高产物种的可能性随之增加，最终使整个群落的均产值提高）或"互补效应"（群落中各物种通过互补利用资源，或者种间促进作用来提高产值）提高生态系统的生产力（Fargione et al.，2005；Hooper et al.，2005；Loreau et al.，2001）。对净效应分割发现，16 物种的选择效应显著高于4 物种和8 物种；16 物种的互补效应高于4 物种和8 物种，但在数据统计上差异不显著（图4.13）。其原因可能与调查时间区段有关，植被调查时间仅为植被建立后的 1.5 年，属群落建立初期，在尾矿如此恶劣的环境基质中，耐性较强的物种，如禾本科物种（特别是芒草）、苍耳、黄花蒿等在相对较短的时间内发芽、生长、定居，故包含

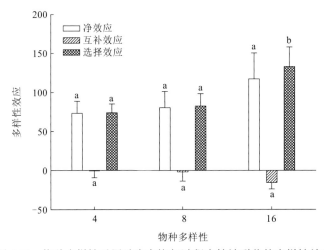

图 4.13　物种多样性对尾矿生态恢复过程中植被群落的多样性效应

有这些物种组合植被盖度较高，生物量也较大。而非耐性物种，如金合欢、紫穗槐、藜等发芽率较低，在恶劣的环境和竞争压力下处弱势地位，生产力极其低下。大量研究表明，群落建立初期，多样性作用机制主要是选择效应，但是生态位互补的作用会随时间推移而加强，并逐步成为主要的多样性作用机制（张全国 等，2003；Naeem，2002；Tilman，1996）。

2. 不同物种丰富度对尾矿生态恢复过程中土壤理化性质的影响

1）不同物种丰富度对尾矿生态恢复过程中土壤酸化的影响

物种多样性对尾矿生态恢复过程中土壤酸化效应的影响见图 4.14。铅锌尾矿 pH 范围为 7.88～8.94，呈弱碱性，随着植物物种多样性的提高，尾矿 pH 没有显著变化（$r=0.13$，$P=0.18$）。净产酸潜力试验显示，尾矿 NAG-pH 范围为 5.31～6.46，NAG-pH$>$5，表明尾矿目前不具有产酸潜力。从 NAG-pH、电导率（EC）、总硫（S）含量来看，与对照相比，其数值没有随着物种多样性的增加发生显著变化（NAG-pH：$r=0.15$，$P=0.11$；EC：$r=0.11$，$P=0.28$；S：$r=0.04$，$P=0.67$）。

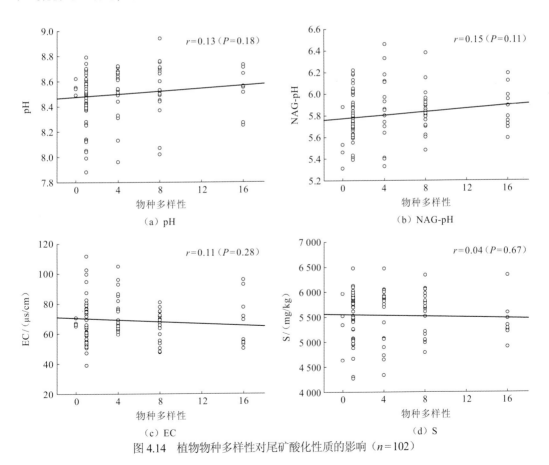

图 4.14　植物物种多样性对尾矿酸化性质的影响（$n=102$）

2）不同物种丰富度对尾矿生态恢复过程中土壤营养元素的影响

物种多样性对尾矿生态恢复过程中铅锌尾矿土壤营养元素的影响见图4.15。对尾矿土壤营养元素含量随物种多样性的增加进行线性回归发现，随着植物物种多样性的提高，总有机碳（TOC）、总氮（TN）和总磷（TP）累积量显著性增加（TOC：$r=0.30$，$P<0.001$；TN：$r=0.24$，$P<0.05$；TP：$r=0.20$，$P<0.05$），总钾（TK）累积量没有显著性变化（TK：$r=0.03$，$P=0.72$）。此外，水溶性有机碳的累积量显著性增加（SOC：$r=0.20$，$P<0.05$），氨态氮（NH_4^+-N），有效磷（AP）和有效钾（AK）的累积量随物种多样性的增加没有显著性变化（NH_4-N：$r=0.06$，$P=0.50$；AP：$r=0.09$，$P=0.38$；AK：$r=0.03$，$P=0.76$）。

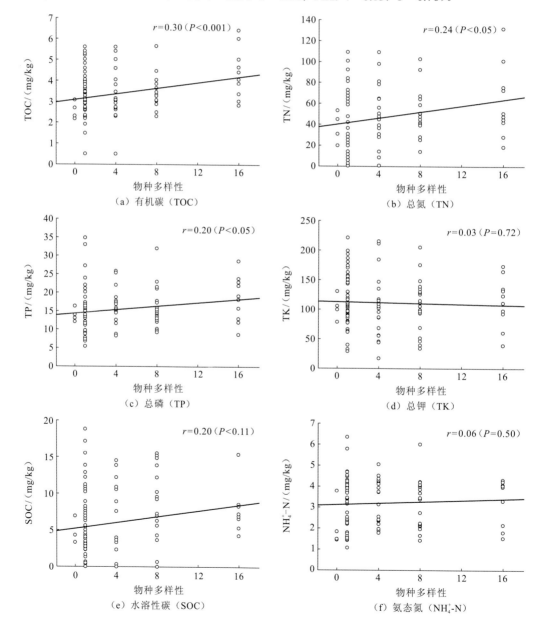

（a）有机碳（TOC）　　　　（b）总氮（TN）

（c）总磷（TP）　　　　（d）总钾（TK）

（e）水溶性碳（SOC）　　　　（f）氨态氮（NH_4^+-N）

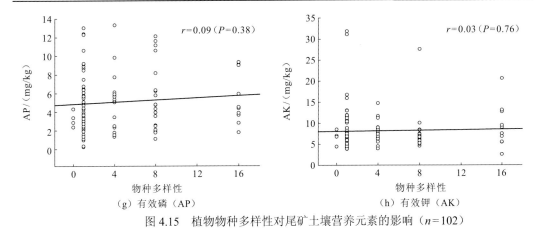

（g）有效磷（AP）　　　　　　　　（h）有效钾（AK）

图 4.15　植物物种多样性对尾矿土壤营养元素的影响（$n=102$）

3）不同物种丰富度对尾矿生态恢复过程中土壤重金属含量的影响

物种多样性对尾矿生态恢复过程中铅锌尾矿土壤重金属含量的影响见图 4.16。铅锌尾矿重金属总量均值为 Cd 19.55 mg/kg，Cu 15.95 mg/kg，Pb 48.03 mg/kg，Zn 1 294.35 mg/kg；重金属有效态含量均值为 DTPA-Cd 0.27 mg/kg，DTPA-Cu 1.08 mg/kg，DTPA-Pb 2.51 mg/kg，DTPA-Zn 57.85 mg/kg。对尾矿基质重金属总量及有效态重金属含量随物种多样性的增加进行线性回归发现，随着植物物种多样性的提高，尾矿重金属总量没有显著性变化 Cd（$r=0.02$，$P=0.87$）、Cu（$r=0.01$，$P=0.92$）、Pb（$r=0.02$，

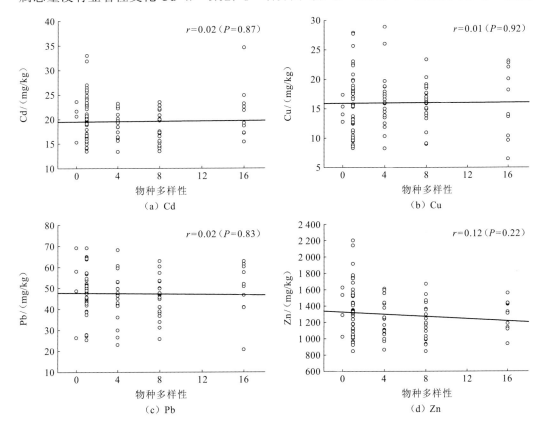

（a）Cd　　　　　　　　　　　（b）Cu

（c）Pb　　　　　　　　　　　（d）Zn

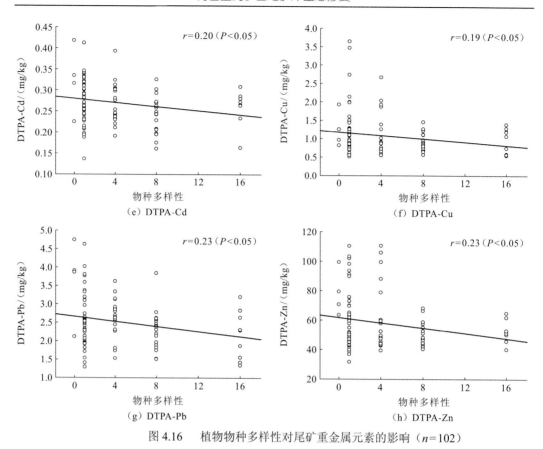

图4.16　植物物种多样性对尾矿重金属元素的影响（$n=102$）

$P=0.83$）和 Zn（$r=0.12$，$P=0.22$）［图 4.16（a）～（d）］。重金属有效态含量随物种多样性的增加显著下降 DTPA-Cd（$r=0.20$，$P<0.05$）、DTPA-Cu（$r=0.19$，$P<0.05$）、DTPA-Pb（$r=0.23$，$P<0.05$）和 DTPA-Zn（$r=0.23$，$P<0.05$）［图 4.16（e）～（h）］。

参 考 文 献

曹鉴燎, 池柏良, 2001. 都市生态走廊. 北京: 气象出版社.

常印佛, 刘湘培, 吴昌言. 1991. 长江中下游地区铜铁成矿带. 北京: 地质出版社.

陈明辉, 孙继茂, 付益平, 等, 2008. 湘西州矿产资源现状及找矿方向. 矿产与地质, 22(2): 93-96.

陈同斌, 韦朝阳, 黄泽春, 等, 2002. 砷超富集植物蜈蚣草及其对砷的富集特征. 科学通报, 47(3): 207-210.

储玲, 王友保, 刘登义, 2003. 安徽铜陵五公里铜尾矿废弃地的植被调查. 生物学杂志(20): 15-19.

雷梅, 岳庆玲, 陈同斌, 等, 2005. 湖南柿竹园矿区土壤重金属含量及植物吸收特征. 生态学报, 25(5): 1146-1151.

李影, 王友保, 刘登义, 2003. 安徽铜陵狮子山铜尾矿场植被调查. 应用生态学报(14): 1981-1984.

廖文波, 张宏达, 1994. 广东蕨类植物区系的特点. 热带亚热带植物学报, 2(3): 1-11

刘益贵, 彭克俭, 沈振国, 2008. 湖南湘西铅锌矿区植物对重金属的积累. 生态环境, 17(3): 1042-1048.

束文圣, 杨开颜, 张志权, 等, 2001. 湖北铜绿山古铜矿冶炼渣植被与优势植物的重金属含量研究. 应用与环境生物学报, 7: 7-12.

苏志尧, 廖文波, 张宏达, 1996. 广西蕨类植物区系及植物资源的特点.华南农业大学学报, 17(3): 46-51

田胜尼, 孙庆业, 王铮峰, 等, 2005. 铜陵铜尾矿废弃地定居植物及基质理化性质的变化. 长江流域资源与环境, 14(1): 88-93.

王星敏, 徐龙君, 李虹, 2010. 锰矿产资源绿色开发及安全管理对策. 资源开发与市场, 26(7): 633-636.

王友保, 刘登义, 张莉, 等, 2003. 铜关山铜尾矿库植被及土壤酶活性研究. 应用生态学报, 14(5): 757-760.

杨世勇, 谢建春, 刘登义, 2004. 铜陵铜尾矿复垦现状及植物在铜尾矿上定居. 长江流域资源与环境, 13(5): 488-493.

张全国, 张大勇, 2003. 生物多样性与生态系统功能: 最新的进展与动向. 生物多样性, 11(5): 351-363.

中国科学院植物研究所, 1972. 中国高等植物图鉴(第一册). 北京: 科学出版社.

中国科学院中国植物志编辑委员会, 1990. 中国植物志(第三卷, 第一分册). 北京: 科学出版社.

《中国矿床发现史·综合卷》编委会, 2001. 中国矿床发现史. 北京: 地质出版社.

周兴, 宋书巧, 吴欢, 2003. 广西刁江流域有色金属矿区尾砂库植物研究. 热带地理, 23(3): 226-230.

朱程, 马陶武, 周科, 等, 2010. 湘西河流表层沉积物重金属污染特征及其潜在生态毒性风险. 生态学报, 30(15): 3982-3993.

ADRIANO D C, 1986. Trace elements in the terrestrial environment. New York: Springer-Verlag.

BAASCH A, KIRMER A, TISCHEW S, 2012. Nine years of vegetation development in a postmining site: Effects of spontaneous and assisted site recovery. Journal of Applied Ecology, 49: 251-260.

BAKER A J M, 1981. Accumulators and excluders-strategies in the response of plants to heavy metals. Journal of Plant Nutrition, 3: 643-654.

BAKER A J M, 1987. Metal tolerance. New Phytologist, 106: 93-111.

BAKER A J M, WALKER P L, 1989. Physiological responses of plants to heavy metals and the quantification of tolerance and toxicity. Chemical Speciation and Bioavailability, 1: 7-17.

BOYD R S, 2004. Ecology of metal hyperaccumulation. New Phytologist, 162: 563-567.

CARDINALE B J, DUFFY J E, GONZALEZ A, et al., 2012. Biodiversity loss and its impact on humanity. Nature, 486: 59-67.

CHEN T B, HUANG Z C, HUANG Y Y, et al., 2003. Cellular distribution of arsenic and other elements in hyperaccumulator *Pteris nervosa* and their relations to arsenic accumulation. Chinese Science Bulletin, 48: 1586-1591.

FARGIONE J E, TILMAN D, 2005. Diversity decreases invasion via both sampling and complementarity effects. Ecology Letters, 8(6): 604-611.

GALENDE MA, BECERRIL JM, BARRUTIA O, et al., 2014. Field assessment of the effectiveness of organic amendments for aided phytostabilization of a Pb-Zn contaminated mine soil. Journal of

Geochemical Exploration, 145: 181-189.

HERRICK E, SCHUMAN G E, RANGO A, 2006. Monitoring ecological processes for restoration projects. Journal for Nature Conservation, 14: 161-171.

HOLL K D, 2002. Long-term vegetation recovery on reclaimed coal surface mines in the eastern USA. Journal of Applied Ecology, 39: 960-970.

HOOPER D U, CHAPIN III F S, EWEL J J, et al., 2005. Effects of biodiversity on ecosystem functioning: A consensus of current knowledge. Ecological Monographs, 75: 3-35.

KIRMER A, BAASCH A, TISCHEW S, 2012. Sowing of low and high diversity seed mixtures in ecological restoration of surface mined-land. Applied Vegetation Science, 15: 198-207.

LEE S H, JI W H, LEE W S, et al., 2014. Influence of amendments and aided phytostabilization on metal availability and mobility in Pb/Zn mine tailings. Journal of Environmental Management, 139: 15-21.

LI M S, 2006. Ecological restoration of mineland with particular reference to the metalliferous mine wasteland in China: a review of research and practice. Science of the Total Environment, 357: 38-53.

LOREAU M, HECTOR A, 2001. Partitioning selection and complementarity in biodiversity experiments. Nature, 412: 72-76.

MA J F, RYAN P R, DELHAIZE E, 2001. Aluminium tolerance in plants and the complexing role of organic acids. Trends in Plant Science, 6: 273-278.

MENCH M, LEPP N, BERT V, et al., 2010. Successes and limitations of phytotechnologies at field scale: Outcomes, assessment and outlook from COST Action 859. Journal of Soils and Sediments, 10: 1039-1070.

MINGORANCE M D, VALDÉ B, ROSSINI OLIVA S, 2007. Strategies of heavy metal uptake by plants growing under industrial emissions. Environment International(33): 514-520.

NAEEM S, 2002. Biodiversity equals instability? Nature, 416: 23-24.

PAUWELS M, WILLEMS G, ROOSENS N, et al., 2008. Merging methods in molecular and ecological genetics to study the adaptation of plants to anthropogenic metal-polluted sites: implications for phytoremediation. Molecular Ecology(17): 108-119.

PILON-SMITS E, 2005. Phytoremediation. Annual Review of Plant Biology(56): 15-39.

REEVES R D, BAKER A J M, 2000. Metal-accumulating plants//RASKIN I, ENSLEY B D, eds. Phytoremediation of toxic metals: using plants to clean up the environment. New York: John Wiley & Sons, Inc: 193-229.

SHU W S, YE Z H, ZHANG Z Q, et al., 2005. Natural colonization of plants on five lead/zinc mine tailings in Southern China. Restoration Ecology, 13(1): 49-60.

STACHOWICZ J J, GRAHAM M, BRACKEN M E S, et al., 2008. Diversity enhances cover and stability of seaweed assemblages: The role of heterogeneity and time. Ecology, 89: 3008-3019.

SYMSTAD A J, CHAPIN FSIII, WALL D H, et al., 2003. Long-term and large-scale perspectives on the relationship between biodiversity and ecosystem functioning. BioScience, 53: 89-98.

TANG S R, WILKE B M, HUANG C Y, 1999. The uptake of copper by plants dominantly growing on copper mining spoils along the Yangtze River, the People's Republic of China. Plant and Soil, 209: 225-232.

TILMAN D, 1996. Biodiversity: Population versus ecosystem stability. Ecology, 77: 350-363.

WANG L, JI B, HU Y H, et al., 2017. A review on *in situ* phytoremediation of mine tailings. Chemosphere, 184: 594-600.

WEIS J J, CARDINALE B J, FORSHAY K J, et al., 2007. Effects of species diversity on community biomass production change over the course of succession. Ecology, 88: 929-939.

YANG S X, LIAO B, LI J T, et al., 2010. Acidification, heavy metal mobility and nutrient accumulation in the soil-plant system of a revegetated acid mine wasteland. Chemosphere, 80: 852-859.

YE Z H, SHU W S, ZHANG Z Q, et al., 2002. Evaluation of major constraints to revegetation of lead/zinc mine tailings using bioassay techniques. Chemosphere, 47: 1103-1111.

第5章 有色金属矿山尾矿库原位基质改良技术

有色金属矿山尾矿库生态修复的传统方法有两种：表土复原技术和覆土植被技术；由于这两种技术的费用过高，探索第三种生态修复技术——基质改良是国际研究的热点（Mendez et al.，2008）。尾矿主要由粉粒或颗粒状大小的砂粒组成，结构松散、无土壤团粒结构、微生物群落结构简单、持水保肥能力差、水蚀风蚀现象严重，不利用覆土的直接植被技术一直被认为是污染与修复生态学领域的重大挑战（Karaca et al.，2018；Clémence et al.，2014）。本章将系统研究有色金属尾矿库的原生演替与基质改良，开发一种合理利用工农业废弃物作为改良剂的方法，减少资源浪费和环境污染，实现固体废弃物的资源化利用，达到"以废治废"的目的。同时该技术采用无覆土修复，减少因取土带来的生态破坏和水土流失，节约了大量的土地资源，降低了尾矿库的生态修复成本。该技术的核心思想是在尾矿中添加改良材料，改善尾矿的理化性质并降低重金属毒性，种植合适的耐性植物，使植物在尾矿上生长、繁殖并形成稳定的植物群落，将重金属污染长期固定在原地（Gil-Loaiza et al.，2016；Pardo et al.，2014a，2014b）。原位基质改良与植被重建技术不仅能够美化矿区景观、涵养水源、防风固沙，而且有利于降低土壤重金属毒性、改变土壤微生物群落结构、加速土壤熟化过程（Wang et al.，2017；Lee et al.，2014）。

各种各样的材料，如石灰、沸石、粉煤灰、赤泥、禽畜类粪便、污水污泥、作物秸秆等被作为改良剂，用于重金属尾矿生态修复时的基质改良（吴烈善 等，2015；Kabas et al.，2012）。其中，有机质丰富的材料备受欢迎，它们可以提供大量营养元素，缓解重金属毒性，改善尾矿的理化性质、促进尾矿土壤的熟化过程和植物的生长（Galende et al.，2014a）。张宏等（2011）在铜尾矿中添加腐熟鸡粪作为改良剂，研究了不同比例腐熟鸡粪改良铜尾矿后对尾矿基质生物化学性质及三种豆科植物决明（*Cassia tora*）、田菁（*Sesbania cannabina*）、菽麻（*Crotalaria juncea*）生长的影响。结果表明，在铜尾矿库基质中添加鸡粪改良后大大降低了尾矿基质中有效态 Cu、Zn 含量，显著提高了土壤微生物量 C、脲酶和脱氢酶的活性，促进了三种豆科植物的生长。Chiu 等（2006）分别在铅锌尾矿和铜尾矿中添加粪肥和生活污泥作为改良剂，种植耐性植物香根草（*Vetiveria zizanioides*）和大棕叶芦（*Phragmites australis*），结果发现，改良处理后明显减少了铅锌尾矿中有效态 Pb、Zn 含量和铜尾矿中有效态 Cu 含量，增加了两种尾矿基质 N、P 的积累，促进了植物生长。Santibañez 等（2012）将有机质丰富的葡萄和橄榄废弃物添加到铜尾矿，显著增加了尾矿中有机碳、氮、磷等营养元素含量，提高了微生物活性，促进植物生长。Li 等（2015）在澳大利亚昆士兰 Pb-Zn-Cu 尾矿上添加锯木屑作为改良剂，种植乡土植物研究土壤微生物群落结构变化，发现添加改良剂与种植乡土植物显著增加了微生物多样性、微生物生物量和相对丰度，主要微生物类群从无机营养型的 *Truepera*、*Thiobacillus* 和 *Rubrobacter* 转变为有机营养型的 *Nocardioides* 和 *Altererythrobacter*。这类物质富含有机质和养分，在进行尾矿基质改良时主要发挥的功能有：①改善尾矿的理化性质、提高其持水保肥的能力；②螯合、固定部分重金属离子，缓解其毒性；③缓慢释放养分，可供植物较持久利用；④重建微生物群落，恢复尾矿的生态学功能（Yang et al.，2017；Li et al.，2015；Kabas et al.，2012）。

5.1　尾矿库理化性质

深入了解尾矿的基本理化性质，是尾矿库废弃地生态修复最基本、最关键的步骤之一。对广东省境内的凡口和乐昌铅锌矿尾矿，湖南省境内的水口山、黄沙坪、桃林、花垣铅锌矿尾矿进行了生态调查和采样。凡口尾矿库包括 20 世纪 80 年代初已废弃的 1 号尾矿库，面积约 20 hm²，以及正在运行的 2 号尾矿库，面积约 15 hm²；乐昌尾矿库主要包括 4 个较小的尾矿库，总面积约 10 hm²，其中有 2 个尾矿库已废弃 6~8 年；桃林尾矿库占地 108 hm²，其中一半以上的面积已干涸多年；黄沙坪尾矿库正在运行，面积约 30 hm²；水口山尾矿库已废弃，占地约 20 hm²，大部分已复垦（覆土种植果树、蔬菜等），调查的是其没有覆土的尾矿区；花垣尾矿库主要包括浩宇化工有限公司、三立集团股份有限公司和太丰矿业集团有限公司的三个铅锌尾矿库，面积分别为 5 hm²、10 hm² 和 8 hm²，三个尾矿库均停止使用，土质疏松，未形成团粒结构，植被无法定居而处于裸露状态。

凡口、乐昌、黄沙坪、水口山、桃林和花垣 6 个铅锌尾矿的基本理化性质见表 5.1。总体来看：①6 个铅锌尾矿库颗粒以沙粒为主，结构不良，持水保肥能力差；②贫瘠，有机质及 N、P、K 含量低，且养分不平衡；③重金属含量过高，影响植物各种代谢途径、抑制植物对营养元素的吸收及根的生长，加剧干旱；④干旱或过高盐分引起的生理干旱；⑤松散易流动，风扬现象及表面温度过高等。总体来看，物理结构不良、重金属毒性和营养元素缺乏是铅锌尾矿库生态修复的主要限制性因素。

表 5.1　6 个有色金属尾矿库基质的基本理化性质

参数	凡口 (n=15)	乐昌 (n=18)	黄沙坪 (n=7)	水口山 (n=7)	桃林 (n=7)	花垣 (n=20)
黏粒占比/%	28	18	17	14	14	13
粉粒占比/%	15	43	31	30	23	22
沙粒占比/%	57	39	52	56	63	65
pH	6.88	5.47	7.71	7.59	8.24	8.23
电导率/（dS/m）	2.09	4.09	1.16	1.1	0.5	1.7
有机质质量分数/%	0.54	0.69	0.45	0.43	0.27	0.16

续表

参数	凡口 （n=15）	乐昌 （n=18）	黄沙坪 （n=7）	水口山 （n=7）	桃林 （n=7）	花垣 （n=20）
总氮/（mg/kg）	399	429	228	414	324	47
总磷/（mg/kg）	695	552	804	1 463	249	18
总钾/（mg/kg）	7 125	1 562	2 001	1 287	2 605	109
Cd 质量分数/（mg/kg）	76.53	21.96	134	21.27	5.09	16.4
Cu 质量分数/（mg/kg）	710	160	204	106	197	25.6
Pb 质量分数/（mg/kg）	18 423	3 051	11 558	2 462	1 120	671
Zn 质量分数/（mg/kg）	16 745	3 655	10 011	1 794	833	1 412
DTPA-Cd/（mg/kg）	2.54	0.83	5.49	1.22	0.16	0.27
DTPA-Cu/（mg/kg）	31.53	5.04	5.77	10.37	2.94	1.14
DTPA-Pb/（mg/kg）	385	196	419	257	113	2.72
DTPA-Zn/（mg/kg）	336	79.29	375	181	24.4	57.8

5.2 铅锌尾矿库基质改良的室内盆栽试验

5.2.1 有机废弃物对铅锌尾矿的改良效果

铅锌尾矿采自湘西州花垣县太丰矿业有限公司铅锌尾矿库，蘑菇渣取自湖南湘泉制药厂的蘑菇种植场，黑麦草购自当地种苗公司。尾矿和蘑菇渣基本理化性质见表 5.2。尾矿和蘑菇渣自然风干，尾矿过 2 mm 的尼龙筛，蘑菇渣碾碎。盆栽基质总量为 800 g，将蘑菇渣以 0、1%、5%、10%、20%的比例添加于尾矿中，分别记作 CK、SMC1、SMC5、SMC10、SMC20，充分混匀，装入直径为 14 cm、高度约为 9 cm 的白色塑料盆，每组处理设置 4 个重复，共计 20 盆。装盆后每盆加水 200 mL［水∶土＝1∶4（质量比），最大田间持水量］，平衡两周。两周后，选择颗粒饱满、成熟度一致的黑麦草种子，用自来水冲洗后再用蒸馏水冲洗 3 次，播种于盆中，播种深度为 0.5～1.0 cm，播种量为 30 粒/盆，种子萌发一周后间苗，每盆保留 10 棵健壮的幼苗。为避免位置效应的影响，盆栽植物按随机区组排列，每周调整一次位置，每天浇水 30 mL，种植 4 个月（图 5.1）。

表 5.2　尾矿和蘑菇渣的基本理化性质（均值±标准误差，$n = 4$）

基质	pH	EC /（dS/m）	有机质质量分数 /（g/kg）	总氮质量分数 /（mg/kg）	总磷质量分数 /（mg/kg）	Zn 质量分数 /（mg/kg）	Pb 质量分数 /（mg/kg）	Cd 质量分数 /（mg/kg）
尾矿	8.7±0.09	1.7±0.14	2.8±0.17	0.04±0.01	11.9±2.3	713±54	1951±228	15±0.38
蘑菇渣	7.2±0.03	2.6±0.14	513±39	0.77±0.10	2344±143	6.34±0.90	120±27	0.75±0.04

图 5.1　不同剂量蘑菇渣改良铅锌尾矿盆栽试验

1. 有机废弃物对尾矿营养状况的影响

添加不同剂量蘑菇渣改良处理对尾矿营养状况的影响见图 5.2。总体来看，添加蘑菇渣显著增加了尾矿铵态氮、有效磷和有机质含量，尤其是 SMC5、SMC10 和 SMC20处理组。其中各添加蘑菇渣处理组基质中铵态氮是对照组（CK）的 1.4～6.1 倍，有效磷是对照组 1.3～4.4 倍，有机质是对照组 1.4～5.7 倍。统计分析表明，SMC1 处理组与对照组间铵态氮、有效磷和有机质差异不显著（$P > 0.05$），SMC5、SMC10、SMC20 处理组间无显著差异（$P > 0.05$）。

2. 有机废弃物对尾矿 pH、EC 及重金属有效态含量的影响

不同剂量蘑菇渣改良处理对尾矿 pH、EC 及重金属有效态含量的影响见表 5.3。由表 5.3 可知，添加蘑菇渣对尾矿基质 pH 没有显著性影响，尾矿的电导率随着蘑菇渣添加剂量的增加呈上升趋势。从重金属有效态含量来看，添加蘑菇渣显著降低了 DTPA-Cd、DTPA-Pb、DTPA-Zn 的含量，且随着蘑菇渣添加剂量的增加，尾矿重金属有效态含量下降幅度逐渐增加。与对照组（CK）相比，DTPA-Cd 下降了 52.6%～81.6%，DTPA-Pb 下

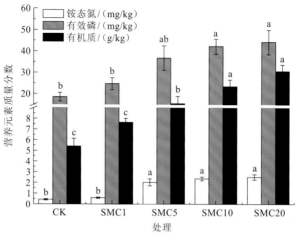

图 5.2　蘑菇渣改良处理对尾矿养分的影响（$n=4$）

图中不同字母表示各处理间差异显著 $P<0.05$

降了 25.5%～35.4%，DTPA-Zn 下降了 25.4%～60.2%。统计分析表明，各添加蘑菇渣改良处理组基质中 DTPA-Cd、DTPA-Pb、DTPA-Zn 与对照组差异显著（$P<0.05$），但 SMC10 和 SMC20 处理组间无显著差异（$P>0.05$）。其作用机理可能是蘑菇渣含有大量有机质，能够通过络合、螯合反应固定离子态重金属，从而降低了基质中有效态重金属积累（吴清清 等，2010）。

表 5.3　蘑菇渣改良处理对尾矿 pH、EC 及重金属有效态含量的影响

处理	pH	EC/（dS/m）	DTPA-Cd/（mg/kg）	DTPA-Pb/（mg/kg）	DTPA-Zn/（mg/kg）
CK	8.7±0.01a	1.23±0.06d	0.38±0.03a	27.4±1.96a	116.5±7.46a
SMC1	8.6±0.01a	1.30±0.06d	0.18±0.02b	21.8±0.65b	86.9±6.39b
SMC5	8.4±0.01a	3.24±0.15c	0.09±0.00c	20.4±1.15b	80.4±6.72b
SMC10	8.5±0.02a	5.30±0.21b	0.07±0.00c	18.6±0.32bc	51.2±1.91c
SMC20	8.5±0.01a	6.59±0.45a	0.07±0.01c	17.7±0.91c	46.4±4.26c

注：表中同列内不同字母表示各处理间差异显著 $P<0.05$

3. 有机废弃物对尾矿土壤酶活性的影响

土壤酶活性对重金属高度敏感，是评价土壤健康状况的一个重要指标（龙健 等，2003）。不同剂量蘑菇渣改良处理对尾矿土壤酶活性的影响见图 5.3。总体来看，没有添加改良剂的对照组（CK）土壤酶活性较低，其中脱氢酶活性为 0.66 μgTPF/g，β-葡萄糖苷酶为 8.30 μg 水杨苷/g，脲酶为 1.68 μgNH$_4^+$-N/g，磷酸酶为 49.27 μgPNP/g。添加蘑菇渣改良处理后尾矿基质中 4 种酶活性均显著增加。与对照组（CK）相比，脱氢酶活性增长了 1.2～8.0 倍，β-葡萄糖苷酶活性增长了 2.7～5.6 倍，脲酶活性增长了 1.1～2.2 倍，磷酸酶活性增长了 0～0.8 倍。统计分析表明，SMC5、SMC10 处理组间脱氢酶活性无显

著差异（P＞0.05），SMC5、SMC10、SMC20 处理组间 β-葡萄糖苷酶和脲酶活性无显著差异（P＞0.05），SMC1 和 SMC5 处理组间，SMC10 和 SMC20 处理组间磷酸酶活性无显著差异（P＞0.05）。

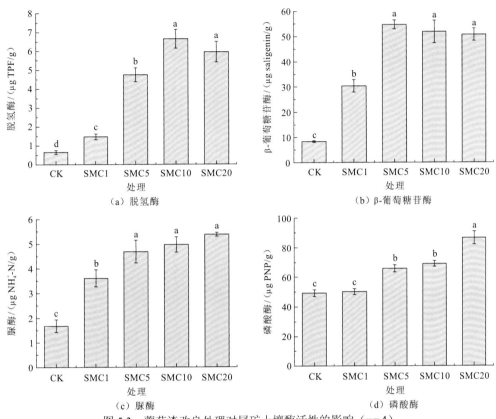

图 5.3　蘑菇渣改良处理对尾矿土壤酶活性的影响（n=4）

图中不同字母表示各处理间差异显著 P＜0.05

4. 有机废弃物对黑麦草生长的影响

不同剂量蘑菇渣改良处理对黑麦草根、茎叶及总生物量的影响见图 5.4。添加蘑菇渣促进了黑麦草的生长。从黑麦草根生物量来看，各添加蘑菇渣处理组黑麦草根生物量是对照组的 1.4～2.8 倍，其中 SMC1 处理组和对照组没有显著性差异，SMC5、SMC10 和 SMC20 处理组间没有显著性差异。从黑麦草茎叶生物量来看，随着蘑菇渣添加剂量的增加黑麦草茎叶生物量呈显著增加趋势，各添加蘑菇渣处理组黑麦草茎叶生物量是对照组的 2.1～9.4 倍，从植株生物量来看，SMC1、SMC5、SMC10、SMC20 处理组黑麦草总生物量分别是对照组的 1.8 倍、3.3 倍、3.6 倍和 3.7 倍。这可能有两方面原因：一是蘑菇渣中富含 N、P 等营养元素，添加蘑菇渣直接补充了尾矿基质中的营养物质；二是蘑菇渣疏松的结构和高含量的有机质改善了尾矿基质的物理结构，降低了有效态重金属含量，从而促进了黑麦草的生长。因此，利用蘑菇渣改良铅锌尾矿添加剂量选择 5%～10%为宜（相当于 30～60 t/hm²）。

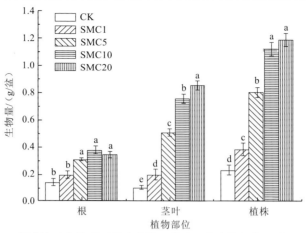

图 5.4 蘑菇渣改良处理对黑麦草根、茎叶及总生物量的影响（$n=4$）

图中不同字母表示各处理间差异显著 $P<0.05$

5.2.2 工业有机废弃物对铅锌尾矿的改良效果

近来大量研究表明，一些工业副产品或有机废弃物在改良污染土壤，固定、螯合或络合重金属离子，缓解其毒性等方面具有较大的潜力（Lee et al.，2011；Tica et al.，2011；Alvarenga et al.，2009；Gadepalle et al.，2007）。酒糟、中药渣、蘑菇渣是我国各地普遍存在的工业有机废弃物，产出量大，有机质及营养元素丰富。目前国内外对这些废弃物的综合利用主要集中在饲料、有机肥料、生物燃料、园艺栽培、生产沼气等方面（李建 等，2013；刘文伟 等，2013；刁清清 等，2012），利用这类有机废弃物作为改良剂进行环境污染修复的报道很少。本小节选用当地工业有机废弃物酒糟、中药渣、蘑菇渣、污水厂污泥作为改良剂（酒糟取自湘泉酒厂、中药渣取自湘泉制药厂、蘑菇渣取自湘西蘑菇种植场、污泥取自湘西污水处理厂），没有添加改良剂的尾矿处理和添加无污染表土的处理作为对照。本试验中，添加无污染表土作为对照主要原因是当地居民采用覆土的方式对尾矿库进行治理。尾矿改良剂的基本理化性质见表 5.4。

表 5.4 尾矿和工业有机废弃物的基本理化性质（均值±标准误差，$n=4$）

参数	尾矿	表土	污泥	酒糟	中药渣	蘑菇渣
黏粒占比/%	12.5	—	—	—	—	—
粉粒占比/%	22.3	—	—	—	—	—
沙粒占比/%	65.2	—	—	—	—	—
pH	8.7±0.09	5.3±0.09	6.3±0.03	6.4±0.04	5.0±0.03	6.5±0.35
电导率/（dS/m）	1.7±0.14	0.12±0.01	2.6±0.03	3.9±0.71	3.2±0.36	2.6±0.14
有机质质量分数/%	0.28±0.02	0.89±0.03	31±1.8	77±0.74	83±1.04	51±4.0

续表

参数	尾矿	表土	污泥	酒糟	中药渣	蘑菇渣
总氮质量分数/(mg/kg)	0.04±0.01	0.22±0.03	0.58±0.05	1.1±0.12	0.38±0.01	0.77±0.10
总磷质量分数/(mg/kg)	12±2.3	29±2.5	1 789±329	905±88	637±110	711±72
总钾质量分数/(mg/kg)	454±24	852±38	5 162±119	2 737±269	2 016±151	1 432±188
Cd 质量分数/(mg/kg)	37±0.38	0.32±0.02	6.3±0.19	0.29±0.08	0.44±0.05	0.68±0.05
Pb 质量分数/(mg/kg)	713±54	19±6.6	147±2.7	3.1±0.30	3.2±0.06	6.3±0.90
Zn 质量分数/(mg/kg)	2 652±228	145±26	1 016±12	65±3.8	125±15	120±27

尾矿、表土、酒糟、中药渣、蘑菇渣、污泥自然风干。尾矿过 2 mm 尼龙筛，与改良剂混合，改良剂的添加量为 5%（相当于 30 t/ hm²，具体见 5.2.2 小节的 1.）。试验采用白色塑料花盆（直径为 14 cm，高度约为 9 cm），盆栽基质总量为 800 g，改良剂与尾矿充分混匀，每个处理 4 个重复，共计 24 盆。装盆后每盆加水 200 mL［水∶土=1∶4（质量比），最大田间持水量］，平衡两周。两周后，选择颗粒饱满、成熟度一致的黑麦草种子，播种于盆中，播种深度为 0.5～1.0 cm，播种量为 20 粒/盆，种植 4 个月（图 5.5）。

图 5.5　工业有机废弃物改良铅锌尾矿盆栽试验

1. 工业有机废弃物对铅锌尾矿重金属含量影响

工业有机废弃物改良铅锌尾矿对重金属总量和有效态含量的影响分别见图 5.6 和表 5.5。从重金属总量来看，铅锌尾矿重金属总量相对较高，与对照相比，添加工业有机废弃物没有降低尾矿重金属 Cd、Pb、Zn 的含量（图 5.6）。分别采用去离子水（DW）、DTPA 和 CaCl₂ 浸提尾矿基质中重金属有效态含量。与对照相比，添加酒糟、中药渣、蘑菇渣显著降低了 DW-提取态 Cd、Pb、Zn 含量，其中 DW-Cd 在酒糟、中药渣、蘑菇渣处理中含量在仪器检出限之下。添加表土的处理没有降低 DW-提取态 Pb 和 Zn 含量，添加污泥的处理略微增加了 DW-提取态 Pb 和 Zn 含量。与对照相比，除酒糟处理外，添加改良剂没有显著降低 CaCl$_2$-提取态 Cd、Pb、Zn 含量，添加酒糟的处理 CaCl$_2$-提取态 Cd、Pb、Zn 含量分别下降了 28.6%、54.3%和 35%。在三种浸提态含量中，DTPA-提取态 Cd、Pb、Zn 含量最高，DTPA-Cd、DTPA-Pb 和 DTPA-Zn 含量范围分别为 0.10～0.39 mg/kg、19～30 mg/kg 和 80～161 mg/kg。与对照相比，所有的改良处理均显著降低 DTPA-Cd 和 DTPA-Zn 含量，添加酒糟、中药渣、蘑菇渣处理显著降低了 DTPA-Pb 含量。总体来看，添加酒糟、中药渣、蘑菇渣显著降低了尾矿中 DTPA-Cd、DTPA-Cu、DTPA-Pb 和 DTPA-Zn 含量（表 5.5），其主要作用机制可能体现在以下几个方面：①重金属离子直接吸附在有机改良剂表面；②重金属离子与有机改良剂表面的官能团形成重金属–有机质螯合物；③重金属离子与有机改良剂中的矿物质发生反应生成沉淀或联合沉淀（Galende et al.，2014b；Bolan et al.，2003）。此外，添加污泥和表土的处理没有有效降低重金属有效态含量，甚至添加污泥的处理 DW-和 CaCl$_2$-提取态 Cd、Pb、Zn 含量略有增加的趋势，这主要与污泥中重金属含量较高有关（表 5.4）；添加 5%的表土不足以降低重金属有效态含量。

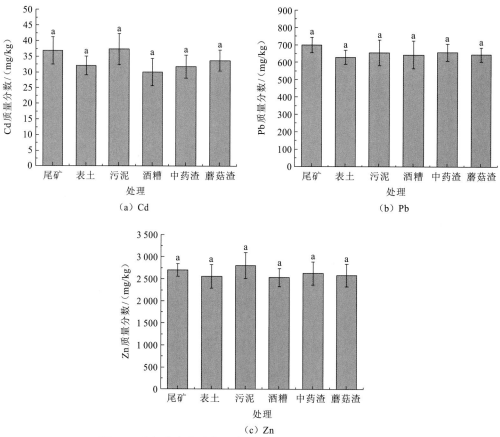

图 5.6　有机废弃物改良铅锌尾矿对重金属总量的影响（$n=4$）

图中不同字母表示各处理间差异显著 $P<0.05$

表 5.5　有机废弃物改良铅锌尾矿对重金属有效态的影响（均值±标准误差，$n=4$）

处理	DW-浸提态			CaCl$_2$-浸提态			DTPA-浸提态		
	Cd	Pb	Zn	Cd	Pb	Zn	Cd	Pb	Zn
尾矿	0.01±0.002a	0.24±0.06ab	1.70±0.24ab	0.14±0.00a	0.46±0.07a	14±0.07ab	0.39±0.02a	30±0.76a	161±6.2a
表土	0.01±0.001a	0.20±0.03b	1.56±0.18b	0.13±0.02ab	0.44±0.04a	10±1.9ab	0.24±0.05b	28±1.2a	123±2.3b
污泥	0.01±0.002a	0.31±0.07a	1.77±0.19a	0.16±0.01a	0.49±0.11a	15±2.6a	0.26±0.01b	27±0.89a	123±2.7b
酒糟	ND	0.16±0.01c	1.05±0.02c	0.10±0.01b	0.21±0.03b	9.1±0.83b	0.10±0.01c	21±0.94b	80±3.6c
中药渣	ND	0.14±0.01c	1.09±0.03c	0.14±0.01ab	0.38±0.06ab	11±1.5ab	0.17±0.00c	19±2.7b	114±15b
蘑菇渣	ND	0.09±0.01d	0.74±0.09d	0.13±0.01ab	0.36±0.05b	11±1.7ab	0.16±0.01c	20±1.4b	90±4.9c

注：表中同列内不同字母表示各处理间差异显著 $P<0.05$；ND 为未检出

2. 工业有机废弃物对尾矿土壤酶活性的影响

土壤酶活性与土壤物理化学性质和微生物状况密切相关，通常被用作生态修复过程中土壤质量的指示因子（Li et al.，2005a）。脱氢酶作为一种氧化还原酶，常常用来衡量土壤微生物活性；β-葡萄糖苷酶、脲酶和磷酸酶，分别与碳、氮、磷循环有关，是监测土壤生态功能的敏感指示因子（Izquierdo et al.，2005；Gil-Sotres et al.，2005）。工业有机废弃物对铅锌尾矿土壤酶活性的影响见图 5.7。总体来看，没有添加改良剂的尾矿和添

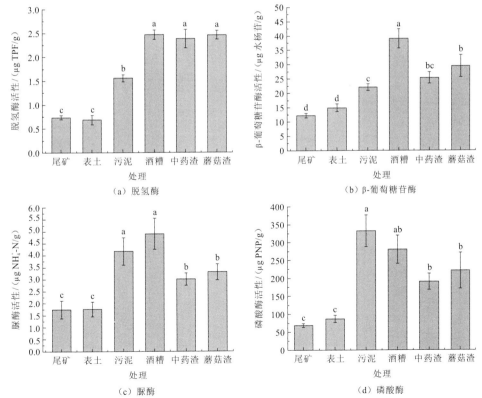

图 5.7　工业有机废弃物改良铅锌尾矿对土壤酶活性的影响（$n=4$）

图中不同字母表示各处理间差异显著 $P<0.05$

加表土的处理 4 种土壤酶活性均较低。添加底泥、酒糟、中药渣、蘑菇渣的处理均显著提高了脱氢酶、β-葡萄糖苷酶、脲酶和磷酸酶活性，与对照相比，脱氢酶、β-葡萄糖苷酶、脲酶、磷酸酶活性分别提高了 2.1～3.4 倍，1.8～2.4 倍，1.9～2.4 倍和 2.8～4.8 倍。这与前人研究结果是一致的。Alvarenga 等（2009）利用污水污泥、城市固废堆肥和园林废弃物堆肥改良重金属污染土壤，结果发现添加三种有机废弃物显著增加了脱氢酶、蛋白酶、纤维素分解酶、β-葡萄糖苷酶、脲酶、酸性磷酸酶的活性，促进了植物生长。

3. 工业有机废弃物对植物生物量和重金属含量的影响

添加工业有机废弃物促进了植物种子萌发和种苗生长。与对照相比，添加酒糟、中药渣、蘑菇渣的处理黑麦草地上部分和根部的生物量分别增长了 1.8～9.3 倍和 2.1～5.3 倍[图 5.8（a）]。这与添加酒糟、中药渣、蘑菇渣降低尾矿基质的重金属毒性、增加其养分含量和提高土壤酶活性密切相关。从植物体内重金属含量来看，黑麦草根部吸收的重金属含量显著高于地上部分[图 5.8（b）～（d）]。与对照相比，添加酒糟、中药渣、蘑菇渣的处理黑麦草地上部分 Cd 质量分数下降了 57.1%～68.6%、Pb 质量分数下降了 14.5%～26.6%、Zn 质量分数下降了 51.8%～65.6%；黑麦草根部 Cd 质量分数下降了 68.8%～71.9%、Pb 质量分数下降了 30.5%～46.9%、Zn 质量分数下降了 38.9%～57.3%。

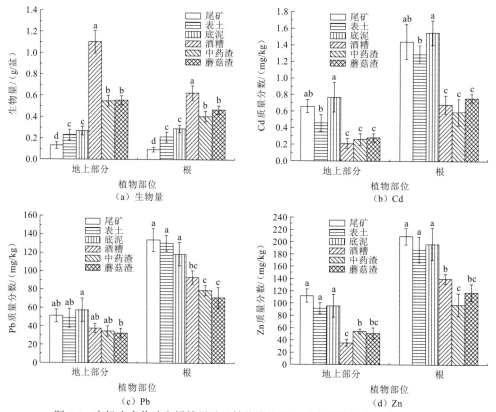

图 5.8　有机废弃物改良铅锌尾矿对植物生物量和重金属含量的影响（$n=4$）

图中不同字母表示各处理间差异显著 $P<0.05$

添加表土和污泥的处理黑麦草地上部分和根部重金属含量与对照没有显著性差异。其原因可能是：一方面添加有机改良剂降低了基质中重金属的有效态含量，从而减少了植物对重金属的吸收；另一方面添加有机废弃物增加了土壤酶活性和植物的生物量，使植物体内重金属浓度被稀释，进而减少植物重金属的累积量。这种相关关系通过尾矿重金属有效态含量与土壤酶活性之间的负相关关系和黑麦草地上部分重金属含量之间的正相关关系得到进一步的验证（表 5.6）。

表 5.6　尾矿重金属有效态含量与土壤酶活性和黑麦草地上部分重金属含量相关性分析（$n=24$）

重金属有效态		酶活性				黑麦草地上部分重金属含量		
		脱氢酶	β-葡萄糖苷酶	脲酶	磷酸酶	Cd	Pb	Zn
DW-浸提态	Cd	0.009	−0.136	−0.193	−0.099	−0.066	−0.253	0.236
	Pb	−0.446[*]	−0.317	0.056	0.188	0.646[**]	0.482[*]	0.422[*]
	Zn	−0.520[**]	−0.545[**]	−0.298	−0.124	0.562[**]	0.690[**]	0.587[**]
CaCl$_2$-浸提态	Cd	−0.106	0.018	0.169	0.304	0.490[*]	0.402	0.169
	Pb	−0.175	−0.150	−0.332	0.099	0.277	0.344	0.378
	Zn	−0.170	−0.310	−0.055	−0.028	0.336	0.258	0.433[*]
DTPA-浸提态	Cd	−0.602[**]	−0.708[**]	−0.557[**]	−0.423[*]	0.435[*]	0.422[*]	0.796[**]
	Pb	−0.607[**]	−0.548[**]	−0.419[*]	−0.378	0.464[*]	0.395	0.756[**]
	Zn	−0.582[**]	−0.718[**]	−0.513[*]	−0.497[*]	0.394	0.312	0.779[**]

*表示 $P<0.05$，**表示 $P<0.01$

5.2.3　有机废弃物配合氮磷肥施用对铅锌尾矿的改良效果

大量研究表明，有机质丰富的材料能够有效地改善尾矿基质的物理、化学性质，缓解重金属毒性，可促进尾矿土壤的熟化过程和植物的生长（Galende et al.，2014a）。此外，在尾矿改良过程中通常添加氮肥、磷肥（Chiu et al.，2006；Melamed et al.，2003），一方面可弥补大量元素（N、P）的不足，另一方面磷肥还具有吸附和沉淀重金属离子的功效。本小节以中药渣作为重金属尾矿的改良材料，配合氮肥、磷肥的施用，通过室内盆栽试验种植耐性植物黑麦草（*Lolium perenne* L.），研究有机废弃物、氮肥、磷肥及其组合对黑麦草生长及铅锌尾矿理化性质的影响。

尾矿和中药渣自然风干，碾碎。以 800 g 尾矿为植物盆栽基质，分别添加中药渣（MHR）、尿素（N 肥）、过磷酸钙（P 肥）及其组合，不添加改良剂的尾矿处理作为对照（CK），共设置 8 个处理，分别记作 CK、MHR、N、P、MHR＋N、MHR＋P、N＋P、MHR＋N＋P，中药渣、氮肥、磷肥的添加量分别为 30 000 g/kg、150 g/kg 和 300 g/kg。尾矿和中药渣的理化性质见表 5.7。将尾矿与改良剂充分混匀，装入直径为 14 cm、高度约为 9 cm 的白色塑料盆，每组处理设置 4 个重复，共计 32 盆。选择颗粒饱满、成熟度一致的黑麦草种子，播种于盆中，播种深度为 0.5～1.0 cm，播种量为每盆 30 粒，种子萌发一周后间苗，每盆保留 10 棵健壮的幼苗，定期浇水。为避免位置效应的影响，盆栽植物按随机区组排列，每周调整一次位置，种植时间为 4 个月（图 5.9）。

表 5.7　尾矿和中药渣的基本理化性质（均值±标准误差，$n = 4$）

参数	尾矿	中药渣
黏粒占比/%	13.26±0.25	—
粉粒占比/%	22.31±0.30	—
沙粒占比/%	65.19±0.42	—
pH	8.48±0.09	5.01±0.03
电导率/(dS/m)	1.67±0.14	3.22±0.36
有机质质量分数/(g/kg)	2.85±0.17	831.25±10.4
总氮质量分数/(mg/kg)	0.04±0.01	0.38±0.01
总磷质量分数/(mg/kg)	12.12±2.34	636.63±109.87
总钾质量分数/(mg/kg)	453.87±23.67	2 061.31±151.44
Cd 质量分数/(mg/kg)	37.37±0.38	0.44±0.05
Cu 质量分数/(mg/kg)	11.46±0.64	8.94±0.60
Cr 质量分数/(mg/kg)	22.31±0.42	9.28±0.51
Mn 质量分数/(mg/kg)	388.76±51.58	98.21±24
Pb 质量分数/(mg/kg)	712.63±53.75	3.20±0.06
Zn 质量分数/(mg/kg)	2 652.19±228.43	124.76±15.33

注：—为未检测

图 5.9　有机废弃物配合氮磷肥改良铅锌尾矿盆栽试验

1. 中药渣配合氮磷肥施用对尾矿营养元素的影响

营养元素缺乏，尤其 C、N、P 元素的缺乏是影响尾矿废弃地植物定居和生长主要限制因子（Galende et al.，2014b）。由图 5.10 可以看出，铅锌尾矿基质有机质、铵态氮、有效磷含量较低，分别为 5.41 g/kg、0.10 mg/kg 和 0.13 mg/kg。添加中药渣、氮肥、磷肥及其组合显著增加了尾矿营养元素的含量。与对照（CK）相比，有机质、铵态氮、有效磷含量分别增加了 1.8～3.4 倍、12.9～73.0 倍和 1.9～7.0 倍。尾矿营养状况的改善可以促进尾矿基质的土壤熟化过程，加速土壤微生物的活动，最终有利于植物的定居和生长。

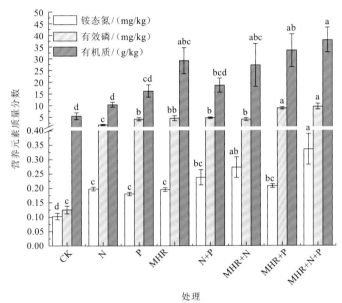

图 5.10　中药渣配合氮磷肥施用对尾矿营养元素的影响（$n=4$）

图中不同字母表示各处理间差异显著 $P<0.05$

2. 中药渣配合氮磷肥施用对 pH、EC 及重金属有效态含量的影响

与其他尾矿一样（Lee et al.，2014；Zhu et al.，2010），重金属毒性是限制该铅锌尾矿生态修复的主要限制因子。总体来看，铅锌尾矿基质重金属有效态含量相对较高，DTPA-提取态 Cd、Pb、Zn 含量分别为 0.37 mg/kg、40.5 mg/kg 和 165.13 mg/kg。除 N 处理外，添加中药渣、氮磷肥及其组合（MHR、P、N＋P、MHR＋N、MHR＋P、MHR＋N＋P）不同程度地降低了尾矿基质中 DTPA-Cd、DTPA-Cu、DTPA-Pb、DTPA-Zn 的含量。与对照（CK）相比，DTPA-Cd 下降了 0.16%～59.45%，DTPA-Cu 下降了 3.55%～46.81%，DTPA-Pb 下降了 5.09%～34.72%，DTPA-Zn 下降了 20.63%～32.06%（表 5.8）。这主要与中药渣、磷肥的特殊性质有关，中药渣表面存在大量的官能团和比表面积，可以通过吸收、沉淀、螯合等过程与重金属离子形成重金属有机络合物，降低重金属的有效性（Bolan et al.，2003）。磷肥则通过 PO_4^{3-} 对重金属的吸附或共沉淀作用降低重金属的生物有效性（Melamed et al.，2003）。此外，添加中药渣及配合氮磷肥施用不同程度地降低了尾矿 pH，增加了尾矿电导率。

表 5.8　中药渣配合氮磷肥施用对 pH、EC 及重金属有效态含量的影响（均值±标准误差，$n = 4$）

处理	pH	EC/（dS/m）	DTPA-Cd /（mg/kg）	DTPA-Cu /（mg/kg）	DTPA-Pb /（mg/kg）	DTPA-Zn /（mg/kg）
CK	8.55±0.01a	1.27±0.08c	0.37±0.02a	1.41±0.08a	40.50±3.36a	165.13±10.93a
N	8.23±0.02bc	2.23±0.10a	0.38±0.04a	1.36±0.11a	38.44±3.37a	129.85±5.38b
P	8.27±0.02bc	1.56±0.11b	0.31±0.02b	1.18±0.12b	32.71±1.05bc	124.32±5.48b
MHR	8.23±0.02bc	0.95±0.05d	0.18±0.01c	0.93±0.12c	29.35±1.03cd	116.21±9.70b
N+P	8.00±0.04c	2.29±0.14a	0.30±0.02b	0.81±0.02c	36.05±1.03ab	131.06±5.87b
MHR+N	8.18±0.03bc	1.52±0.05b	0.15±0.01c	0.75±0.02c	27.30±1.18cd	126.08±6.89b
MHR+P	8.32±0.04b	1.29±0.11c	0.16±0.00c	0.91±0.05c	27.10±1.23d	112.19±11.53b
MHR+N+P	8.20±0.01bc	1.42±0.04c	0.15±0.00c	0.78±0.02c	26.44±0.63d	128.68±13.29b

注：表中同列内不同字母表示各处理间差异显著（$P < 0.05$）

3. 中药渣配合氮磷肥施用对黑麦草生长及植物重金属累积量的影响

添加中药渣配合氮磷肥施用显著促进了黑麦草的生长，与对照（CK）相比，黑麦草生物量增长了 1.5～5.5 倍（表 5.9）。由表 5.9 可以看出，黑麦草地上部与根部重金属累积量呈现相同的下降趋势，除 N 处理外，添加中药渣、氮磷肥及其组合不同程度地降低了黑麦草地上部和根部重金属含量。与对照（CK）相比，黑麦草地上部 Cd 质量分数下降了 38.46%～58.97%，Cu 质量分数下降了 22.09%～44.38%，Pb 质量分数下降了 16.40%～44.67%，Zn 质量分数下降了 19.58%～63.94%。与对照（CK）相比，黑麦草根部 Cd 质量分数下降了 44.44%～61.90%，Cu 质量分数下降了 14.40%～38.45%，Pb 质量分数下降了 15.90%～29.97%，Zn 质量分数下降了 27.30%～52.11%。其主要作用机制可能体现在两个方面：一是添加中药渣、磷肥及其组合降低了尾矿基质中重金属的有效态含量，从而减少了植物对重金属的吸收（表 5.9）；二是添加中药渣、氮肥、磷肥及其组合增加了植物的生物量，使植物体内重金属浓度被稀释，进而减少植物重金属的累积量。

4. 中药渣配合氮磷肥施用对尾矿土壤酶活性的影响

土壤酶活性因对重金属和营养元素高度敏感，近年来逐渐被用作重金属污染土壤质量评价或污染土壤改良修复效果评价的生化指标（Li et al.，2015b）。脱氢酶对重金属十分敏感，与土壤微生物数量相关，通常用来评价土壤微生物的代谢活性。β-葡萄糖苷酶、脲酶和磷酸酶分别与土壤中的碳循环、氮循环和磷循环密切相关，在一定程度上反映土壤的碳代谢、氮代谢和磷代谢水平和能力。总体来看，没有添加改良剂的对照组（CK）土壤酶活性较低，其中脱氢酶活性为 0.43 μg TPF/g，β-葡萄糖苷酶为 10.31 μg 水杨苷/g，脲酶为 1.93 μg NH_4^+ -N/g，磷酸酶为 51.65 μg PNP/g（图 5.11）。添加中药渣、氮肥、磷肥及其组合不同程度地提高了尾矿基质土壤酶活性，尤其是 MHR、MHR+N、MHR+P 和 MHR+N+P 处理。与对照组（CK）相比，脱氢酶、β-葡萄糖苷酶、脲酶、磷酸酶活性分别提高了 1.2～5.4 倍、1.2～5.3 倍、1.7～5.4 倍和 1.3～8.4 倍。

表 5.9　中药渣配合氮磷肥改良尾矿对黑麦草生物量及植物重金属含量的影响（均值±标准误差，$n=4$）

处理	生物量/(g/盆)	黑麦草地上部重金属质量分数/(mg/kg)				黑麦草根部重金属质量分数/(mg/kg)			
		Cd	Cu	Pb	Zn	Cd	Cu	Pb	Zn
CK	0.22±0.05e	0.78±0.02a	5.07±0.72a	53.48±4.15a	144.15±18.15a	2.52±0.52a	9.65±0.88a	134.87±9.49a	200.52±7.32a
N	0.39±0.02d	0.51±0.10b	4.78±0.37ab	48.21±4.18ab	146.75±13.93a	2.46±0.24a	9.03±0.64a	136.15±11.85a	188.98±25.56b
P	0.64±0.09c	0.44±0.07bc	3.44±0.26bc	44.71±4.21ab	103.28±6.53b	1.34±0.16bc	7.51±0.24bc	107.98±8.83ab	128.14±14.01cd
MHR	0.50±0.02c	0.33±0.03c	3.95±0.62b	35.32±3.77bc	74.65±4.92c	1.20±0.13bc	7.25±0.86bc	98.46±7.81b	130.16±10.39cd
N+P	0.93±0.15b	0.35±0.05c	3.58±0.51bc	40.71±5.58b	115.93±6.68ab	1.69±0.13b	7.84±1.11bc	113.43±8.20ab	145.77±27.34c
MHR+N	0.91±0.05b	0.48±0.06b	3.66±0.43b	39.92±6.64bc	83.94±8.05bc	1.40±0.33bc	8.26±0.48b	96.34±7.19b	112.27±15.37cd
MHR+P	1.18±0.14a	0.37±0.04bc	2.82±0.34c	31.19±4.89bc	77.61±12.10bc	1.00±0.16bc	6.10±0.83c	94.45±5.59b	107.87±9.32cd
MHR+N+P	1.26±0.12a	0.32±0.06c	2.84±0.20c	29.59±3.83c	51.98±4.50d	0.96±0.19c	5.94±0.95c	96.02±10.88b	96.03±11.76d

注：表中同列内不同字母表示各处理间差异显著（$P<0.05$）

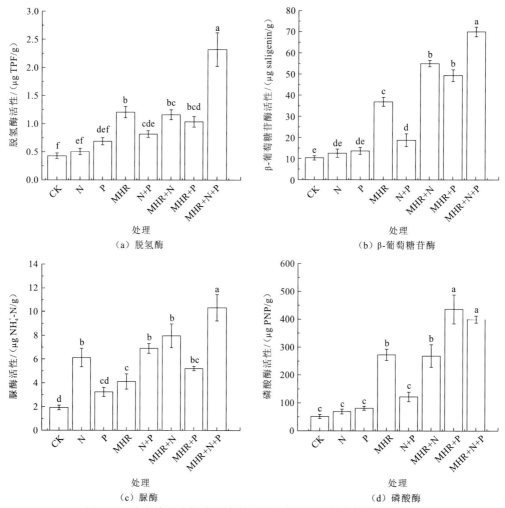

图 5.11　中药渣配合氮磷肥施用对尾矿土壤酶活性的影响（*n*=4）

图中不同字母表示各处理间差异显著 *P*<0.05

5. 中药渣配合氮磷肥施用与尾矿理化因子的 CCA 分析

典范对应分析（canonical correspondence analysis，CCA）是用来分析植物群落与环境之间生态关系的一种排序手段，近年来也逐渐被应用于重金属污染土壤与环境因子间的相互关系研究（李强 等，2014）。CCA 二维排序图可将研究对象排序和环境因子排序表示在一个图上，直观地反映出各环境因子之间及研究对象与环境因子之间的关系。环境因子用箭头表示，箭头所处的象限表示环境因子与排序轴之间的正负相关性，箭头连线的长度代表着某个环境因子与研究对象分布相关程度的大小，连线越长，代表这个环境因子对研究对象的分布影响越大。箭头连线与排序轴的夹角代表这某个环境因子与排序轴的相关性大小，夹角越小，相关性越高。从图 5.12 中可以看出，第一排序轴与有机质、铵态氮、有效磷、脱氢酶、β-葡萄糖苷酶、脲酶、磷酸酶呈正相关，与 DTPA-Cd、DTPA-Cu、DTPA-Pb、DTPA-Zn、pH 和 EC 呈负相关。根据尾矿理化因子的分布特征，

CCA 排序将 8 种不同处理较清楚地划分为三组，从左到右依次为对照组（CK），N、P、N+P 处理组和 MHR、MHR+N、MHR+P、MHR+N+P 处理组。其中对照组（CK）落在第一轴的负半轴，与 DTPA-Cd、DTPA-Cu、DTPA-Pb、DTPA-Zn 表现出较强的相关性；N、P、N+P 处理组落在中间；MHR、MHR+N、MHR+P、MHR+N+P 处理组落在第一轴的正半轴，与有机质、铵态氮、有效磷、脱氢酶、β-葡萄糖苷酶，脲酶和磷酸酶有较强的相关性，这与前面的分析结果一致。这进一步说明添加中药渣，配合氮磷肥的施用有效降低了尾矿基质中重金属有效态含量，增加营养元素含量和提高土壤酶活性，可用于铅锌尾矿生态恢复的基质改良。

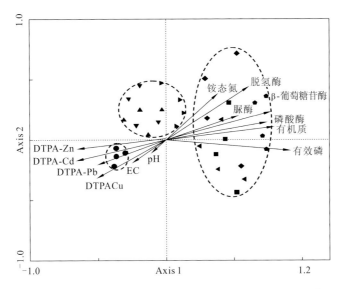

●—CK，▲—N，▼—P，◀—C，▶—N+P，■—MHR+N，◆—MHR+P，⬟—MHR+N+P

图 5.12　中药渣配合氮磷肥施用与尾矿理化因子关系的 CCA 排序图

5.3　铅锌尾矿库基质改良的野外田间试验

5.3.1　三种工业有机废弃物对铅锌尾矿的改良效果

　　尾矿库治理是矿山重金属污染治理和生态环境保护所面临的紧迫任务，对尾矿进行生态修复可以起到控制污染、改善景观、减轻污染对人类的健康威胁（Kabas et al.，2011）。通常的做法是在重金属尾矿中添加改良剂，降低尾矿基质的重金属毒性、改善物理结构、提高有机质及营养元素含量，有利于植物的定居和生长。前期的盆栽试验研究表明，酒糟、中药渣、蘑菇渣在降低重金属含量、提高营养成分、恢复土壤的生态功能等方面具有较大的潜力（张晓君 等，2014；Yang et al.，2013）。在室内或温室条件下的研究结果需要进行田间试验的验证才能用于尾矿库生态修复实践。本小节选取湖南太丰矿业集团铅锌尾矿库作为试验地，将盆栽试验选用的工业有机废弃物酒糟、中药渣、蘑菇渣作为改良剂,在田间对铅锌尾矿库开展生态修复试验,种植耐性植物黑麦草(*Lolium perenne*)、狗牙根(*Cynodon dactylon*)、紫花苜蓿(*Medicago sativa*)和野菊(*Dendranthema indicum*),进一步探讨酒糟、中药渣、蘑菇渣作为尾矿改良剂的可行性,为尾矿库废弃地生态修复提供科学依据和技术支持。

太丰矿业集团铅锌尾矿库地处湖南省湘西土家族苗族自治州(以下简称"湘西州"),湘西州境内矿产资源丰富,铅锌矿、锰矿储量分别居湖南省第一位和全国第二位,素有"有色金属之乡"的美称(陈明辉 等,2008)。该区域位于湖南省西北部,湘、渝、黔边陲,丘陵地带,属中亚热带山地气候,原始植被为中亚热带典型山地植被,年平均气温为 16.7 ℃,年平均降雨量为 1 421 mm,无霜期 270 d。尾矿的基本理化性质:弱碱性,pH 为 8.5 左右;Cd、Pb、Zn 含量较高,质量分数均值分别为 37 mg/kg、713 mg/kg 和 2 652 mg/kg;肥力差,有机质、总氮、总磷质量分数分别为 2.8 g/kg、0.04 mg/kg 和 12 mg/kg;土质疏松(黏粒 13%、壤粒 22%、沙粒 65%),未形成团粒结构,植被无法定居而处于裸露状态。

2012 年 3 月在尾矿库中间位置建立了 600 m² 的试验样地(图 5.13),将试验样地(20 m×30 m)分割成 20 个 2 m×2 m 试验小区,分别添加酒糟、中药渣、蘑菇渣作为改良剂,改良剂的添加量为 30 t/hm²,没有添加改良剂的处理和添加正常土的处理(30 t/hm²)作为对照。试验小区采用随机区组设计,每个处理 4 个重复。将改良剂均匀平铺在试验小区地表,用铁铲将试验小区尾矿基质铲松,与 0~20 cm 尾矿混匀。在每个试验小区内混合种植黑麦草、狗牙根、紫花苜蓿和野菊。黑麦草、狗牙根和紫花苜蓿的播种量为 5 g/m²,野菊花的播种量为 2.5 g/m²,播种方式为撒播。

图 5.13　添加工业有机废弃物改良铅锌尾矿田间试验

1. 三种工业有机废弃物对铅锌尾矿重金属有效态的影响

在众多表征重金属毒性的重金属形态中，DTPA–提取态重金属含量能较好地反映重金属对植物和微生物的毒性，通常被用作衡量重金属毒性大小的指标（Galende et al., 2014a）。三种工业有机废弃物对铅锌尾矿库重金属有效态含量的影响见图 5.14。总体来看，铅锌尾矿库基质重金属有效态含量相对较高，DTPA-浸提态 Cd、Cu、Pb 和 Zn 含量分别为 0.97～0.99 mg/kg、6.11～6.78 mg/kg、46.36～47.89 mg/kg 和 96.12～100.17 mg/kg。与对照小区相比，添加三种工业有机废物显著降低了尾矿库重金属有效态含量，其中 DTPA-Cd 下降了 20.8%～28.0%、DTPA-Cu 下降了 41.6%～49.1%、DTPA-Pb 下降了 17.7%～22.7%、DTPA-Zn 下降了 9.5%～14.7%。其作用机制主要在于重金属离子与改良剂表面的官能团形成沉淀、螯合物或络合物（Galende et al., 2014b）。统计分析表明，添加酒糟、中药渣、蘑菇渣的处理组间重金属有效态含量无显著差异（$P > 0.05$），两组对照处理间重金属有效态含量也没有显著性差异（$P > 0.05$）。上述结果与盆栽试验结果一致。此外，在生态修复的一年期间，所有的处理小区 DTPA-Cd、Cu、Pb 和 Zn 含量基本保持恒定。

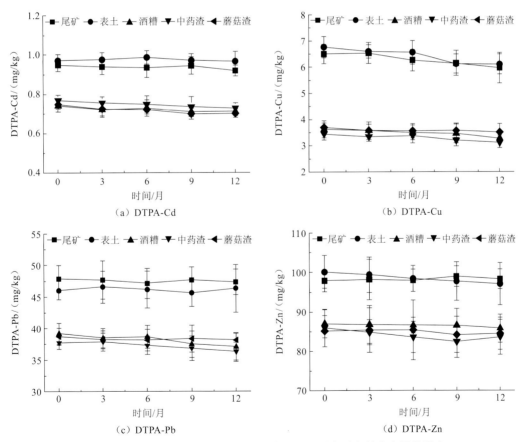

（a）DTPA-Cd　　　　　　（b）DTPA-Cu

（c）DTPA-Pb　　　　　　（d）DTPA-Zn

图 5.14　三种工业有机废弃物改良铅锌尾矿对重金属有效态含量的影响

（均值±标准误差，$n = 4$）

2. 三种工业有机废弃物对铅锌尾矿营养元素的影响

总体来看，铅锌尾矿库基质有机碳、铵态氮、有效磷含量较低（图 5.15）。与对照小区相比，添加酒糟、中药渣、蘑菇渣显著增加了尾矿营养元素的含量。其中，有机质、铵态氮、有效磷含量分别增加了 1.7～2.8 倍、10.8～14.9 倍和 3.9～5.1 倍。从时间上来看，添加酒糟、中药渣、蘑菇渣处理的小区有机碳、铵态氮、有效磷含量随着恢复时间的延长呈略微增长的趋势。比如，酒糟、中药渣、蘑菇渣处理小区有机碳质量分数在修复前分别为 7.18 g/kg、7.02 g/kg 和 7.29 g/kg，修复 12 个月后有机碳质量分数增长为 9.36 g/kg、9.55 g/kg 和 10.35 g/kg。此外，随着修复时间的延长，没有添加任何改良剂的小区和添加表土的小区有机碳、铵态氮、有效磷含量没有显著性变化。

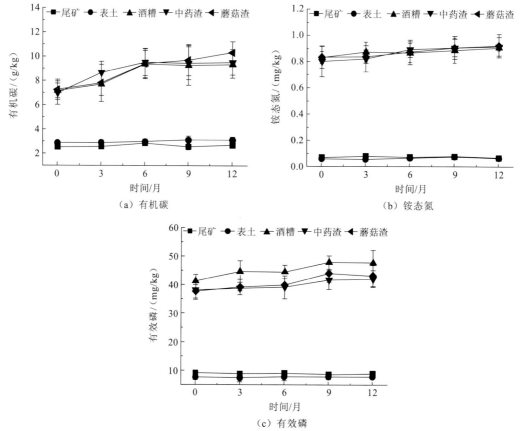

图 5.15 三种工业有机废弃物改良铅锌尾矿对重金属有效态含量的影响

（均值±标准误差，$n=4$）

3. 三种工业有机废弃物对铅锌尾矿微生物的影响

近年来，土壤微生物参数日益被用于衡量生态修复过程中土壤质量的指标（Li et al.，2015）。三种工业有机废弃物对铅锌尾矿库基质土壤微生物活性和酶活性的影响见图 5.16。总体来看，没有添加改良剂的尾矿小区和添加正常土的小区土壤呼吸值、微生物活性和 4

种土壤酶活性均较低。添加酒糟、中药渣、蘑菇渣处理均显著提高了土壤呼吸和微生物活性，与没有添加改良剂的对照相比，土壤呼吸和微生物活性分别提高了 1.5～1.8 倍和 1.3～1.6 倍。同样，添加酒糟、中药渣、蘑菇渣处理均显著提高了土壤酶活性，脱氢酶、β-葡萄糖苷酶、脲酶、磷酸酶活性分别提高了 5.51～6.37 倍，1.72～1.96 倍，6.32～6.62 倍和 2.35～2.62 倍。统计分析表明，添加酒糟、中药渣、蘑菇渣的处理组间 4 种土壤酶活性无显著性差异（$P>0.05$）。两组对照处理间土壤酶活性也没有显著性差异（$P>0.05$）。

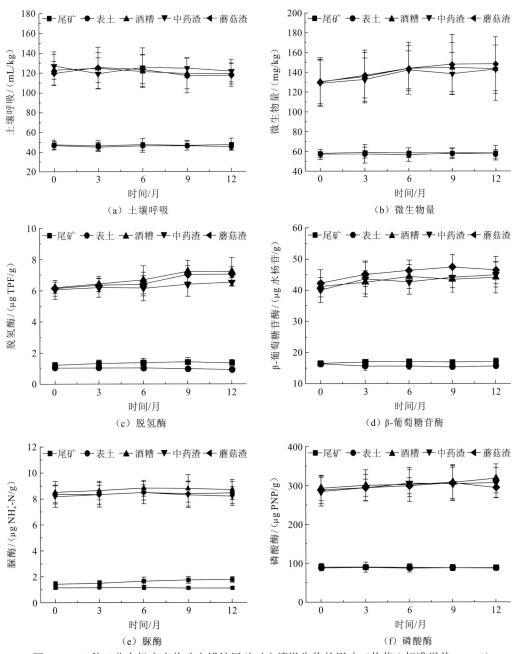

图 5.16　三种工业有机废弃物改良铅锌尾矿对土壤微生物的影响（均值±标准误差，$n=4$）

4. 三种工业有机废弃物对植物生长和重金属含量的影响

添加工业有机废弃物促进了植物种子萌发和种苗生长。从图 5.17 (a) 中可知，没有添加改良剂的尾矿小区和添加正常土的小区植被盖度分别为 25% 和 35%，添加酒糟、中药渣、蘑菇渣的小区植被盖度分别达到了 84%、79% 和 86%。从生物量来看，两个对照小区中紫花苜蓿和野菊没有发芽，因此没有生物量统计数据。黑麦草、狗牙根在所有小区中均能萌发、生长，但生长在尾矿和正常土小区的幼苗茎叶比较纤细、泛黄，表现出明显的养分不足和中毒症状。生长在酒糟、中药渣、蘑菇渣小区内的黑麦草和狗牙根一直长势良好，幼苗健壮，后期能够开花、结果，完成整个生命周期。与没有添加改良剂的对照相比，酒糟、中药渣、蘑菇渣的试验小区黑麦草的生物量分别提高了 4.2~5.6 倍，狗牙根的生物量分别提高了 15.7~17.3 倍[图 5.17 (b)]。黑麦草、狗牙根地上部重金属含量见表 5.10。因为紫花苜蓿、野菊的生物量低于 0.5 g，不足以做消化分析，所以没有对紫花苜蓿和野菊地上部重金属含量进行分析。总体来看，黑麦草、狗牙根地上部重金属呈相同的趋势，生长在尾矿和正常土小区的黑麦草、狗牙根地上部重金属 Cd、Cu、Pb、Zn 含量相对较高，添加酒糟、中药渣、蘑菇渣显著降低了黑麦草和狗牙根地上部重金属含量，与没有添加改良剂的对照相比，黑麦草地上部 Cd 质量分数下降了 75.5%~78.4%，Cu 质量分数下降了 38.5%~43.4%，Pb 质量分数下降了 75.1%~76.8%，Zn 质量分数下降了 69.5%~73.4%。狗牙根地上部分 Cd 质量分数下降了 45.4%~61.4%，Cu 质量分数下降了 46.6%~59.3%，Pb 质量分数下降了 75.7%~79.3%，Zn 质量分数下降了 78.0%~81.0%。统计分析表明，添加酒糟、中药渣、蘑菇渣的处理组间黑麦草和狗牙根地上部重金属含量无显著性差异（$P > 0.05$）。

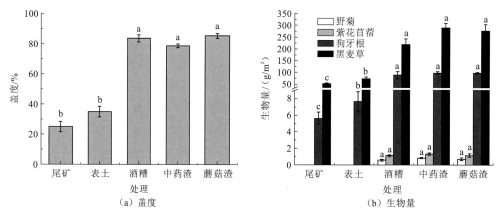

图 5.17 三种工业有机废弃物改良铅锌尾矿对植物群落的影响（均值±标准误差，$n=4$）

图中不同字母表示各处理间差异显著 $P < 0.05$

5. 铅锌尾矿库基质生物化学性质与植物参数的相关性分析

利用 Pearson 相关性分析对尾矿基质生物化学性质与植物参数相关性进行分析（表 5.11）。从中可知，植被盖度、生物量与尾矿基质营养元素（有机质、铵态氮、有效磷）和土壤酶活性（脱氢酶、β-葡萄糖苷酶、脲酶、磷酸酶）呈极显著正相关（$P < 0.01$），

表 5.10　中药渣配合氮磷肥改良尾矿对黑麦草生物量及植物重金属含量的影响（均值 ± 标准误差，$n = 4$）

处理	黑麦草				狗牙根			
	Cd 质量分数 / (mg/kg)	Cu 质量分数 / (mg/kg)	Pb 质量分数 / (mg/kg)	Zn 质量分数 / (mg/kg)	Cd 质量分数 / (mg/kg)	Cu 质量分数 / (mg/kg)	Pb 质量分数 / (mg/kg)	Zn 质量分数 / (mg/kg)
尾矿	16.94±3.06a	16.44±0.97a	101.06±22.29a	357.66±39.42a	10.36±2.65a	20.44±1.62a	93.82±12.92a	418.76±28.21a
表土	12.03±1.5b	14.53±1.61a	88.14±11.25a	242.52±45.07b	7.09±2.56a	17.03±1.4b	89.62±6.6b	330.88±34.22b
酒糟	2.77±0.84c	8.91±0.55b	29.33±5.72b	52.79±8.4c	3.19±0.51b	10.02±0.94c	20.77±4.50c	78.58±9.55c
中药渣	2.42±0.34c	8.42±1.05b	24.37±5.58b	68.8±1.09c	4.30±0.88b	9.17±0.98c	20.06±2.33c	86.89±17.13c
磨菇渣	2.08±0.45c	9.58±1.32b	23.15±5.29b	62.93±4.97c	4.93±0.64b	10.83±1.13c	17.28±1.17c	87.73±18.12c

注：表中同列内不同字母表示各处理间差异显著 $P < 0.05$

表 5.11 尾矿基质生物化学性质与植物参数的相关性分析 (n=56)

植物参数	有机碳	铵态氮	有效磷	土壤呼吸	微生物生物量	土壤酶				重金属有效态			
						脱氢酶	β-葡萄糖苷酶	脲酶	磷酸酶	DTPA-Cd	DTPA-Cu	DTPA-Pb	DTPA-Zn
盖度	0.916**a	0.922**	0.944**	0.847**	0.707**	0.944**	0.847**	0.948**	0.883**	-0.799**	-0.905**	-0.745**	-0.605**
生物量	0.830**	0.928**	0.926**	0.839**	0.653**	0.948**	0.858**	0.849**	0.866**	-0.719**	-0.893**	-0.670**	-0.633**
植-Cd	-0.795**	-0.845**	-0.840**	-0.820**	-0.741**	-0.870**	-0.784**	-0.835**	-0.802**	0.706**	0.845**	0.543*	0.631**
植-Cu	-0.779**	-0.789**	-0.786**	-0.719**	-0.596**	-0.808**	-0.628**	-0.776**	-0.689**	0.806**	0.775**	0.806**	0.476*
植-Pb	-0.842**	-0.872**	-0.875**	-0.847**	-0.699**	-0.855**	-0.806**	-0.883**	-0.785**	0.645**	0.812**	0.654**	0.484*
植-Zn	-0.823**	-0.867**	-0.858**	-0.814**	-0.677**	-0.863**	-0.772**	-0.867*	-0.799**	0.708**	0.861**	0.546*	0.486*

* $P < 0.05$, ** $P < 0.01$

与尾矿基质重金属有效态含量（DTPA-Cd、DTPA-Cu、DTPA-Pb、DTPA-Zn）呈极显著负相关（$P<0.01$）。植物地上部重金属（Cd、Cu、Pb、Zn）含量与尾矿基质营养元素、土壤酶活性呈极显著负相关（$P<0.01$），与尾矿基质重金属有效态含量呈极显著正相关（$P<0.01$）。利用典范对应分析对尾矿基质与植物之间生态关系进行进一步的验证（图 5.18）。从图中可知，第一轴（横轴）解释了总变量的 76.6%，第二轴（纵轴）解释了总变量的 17.6%。第一轴从右向左重金属毒性逐渐增强，从左向右营养状况和微生物性质逐渐改善。尾矿和添加表土的处理位于第一轴的负半轴，表示这两个处理与尾矿重金属有效态含量具有较强的相关关系；酒糟、中药渣和蘑菇渣处理位于第一轴的正半轴，说明这三个处理与尾矿基质的营养状况和微生物活性的增加有关。这与 Pearson 相关性分析结果一致（表 5.11）。尽管我们不能确定尾矿库基质理化性质的改善在多大程度上依赖于改良剂的添加，在多大程度上依赖于植物的生长，尾矿理化性质改善与植被发展之间的正向相关关系（相关系数为 0.96）说明这些因子间是相互促进的（Galende et al.，2014a；Bolan et al.，2003）。

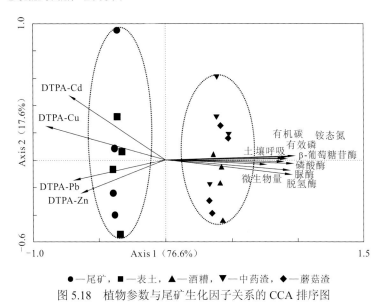

● —尾矿，■ —表土，▲ —酒糟，▼ —中药渣，◆ —蘑菇渣

图 5.18 植物参数与尾矿生化因子关系的 CCA 排序图

5.3.2 碳氮磷源改良剂对铅锌尾矿的改良效果

2014 年 3 月在尾矿库中间位置建立了约 900 m²（25 m×35 m）的试验地。本试验选用中药渣、尿素[(NH₂)₂CO]、过磷酸钙[Ca(H₂PO₄)₂]作为碳源、氮源和磷源改良剂[中药渣采自湘泉制药厂，其主要成分为中草药植物熬制成中药后形成的废渣（含有机碳≥50%）；尿素为石家庄柏坡正元化肥有限公司生产（含氮≥46.4%）；过磷酸钙为湖北吉顺磷化有限公司生产（有效 P₂O₅≥12%）]。将试验地分割成 28 个 2 m×2 m 试验小区，设计 7 种不同处理，分别为①尾矿（CK）、②尾矿＋尿素（N）、③尾矿＋磷肥（P）、④尾矿＋药渣（MHR）、⑤尾矿＋药渣＋尿素（MHR＋N）、⑥尾矿＋药渣＋磷肥（MHR＋

P)、⑦尾矿＋药渣＋尿素＋磷肥（MHR＋N＋P），每个处理 4 个重复，随机排列（图 5.19）。根据盆栽试验结果（见 4.2.3 小节），改良剂添加量分别为中药渣（15 t/hm²）、尿素（150 kg/hm²）和过磷酸钙（300 kg/hm²），2014 年 3 月将改良剂添加至各个试验小区，采用犁耕法将其与 0～30 cm 尾矿基质混匀。

图 5.19　碳氮磷源改良剂改良铅锌尾矿田间试验

2013 年 10～12 月对浩宇尾矿库附近区域进行植被调查，采集乡土耐性植物种子（包括草本、灌木和乔木）。开展室内盆栽试验，根据发芽情况筛选出 10 种供试植物，分别为芒（*Miscanthus sinensis*）、狼尾草（*Pennisetum alopecuroides*）、苍耳（*Xanthium sibiricum*）、黄花蒿（*Artemisia annua*）、苎麻（*Boehmeria nivea*）、斑花败酱（*Patrinia punctiflora*）、胡枝子（*Lespedeza bicolor*）、马棘（*Indigofera pseudotinctoria*）、白花泡桐（*Paulownia fortunei*）和柏树（*Platycladus orientalis*）。根据植物千粒重和发芽率，确定田间试验的播种量，播种植物名称与播种量见表 5.12。2014 年 4 月将称取的 10 种植物种子混匀，采用撒播法，播种于试验地（图 5.19）。植物在自然条件下生长，试验期间不采取灌溉或其他农艺措施。

表 5.12　试验小区内播种的植物与播种量

编号	科名	物种名称	拉丁名	播种量/（g/m²）
1	禾本科	芒	*Miscanthus sinensis*	0.50
2	禾本科	狼尾草	*Pennisetum alopecuroides*	1.00
3	豆科	胡枝子	*Lespedeza bicolor*	1.00
4	豆科	马棘	*Indigofera pseudotinctoria*	1.00
5	菊科	苍耳	*Xanthium sibiricum*	0.75
6	菊科	黄花蒿	*Artemisia annua*	0.75
7	荨麻科	苎麻	*Boehmeria nivea*	0.75
8	败酱科	斑花败酱	*Patrinia punctiflora*	0.30
9	玄参科	白花泡桐	*Paulownia fortunei*	0.10
10	柏科	柏树	*Platycladus orientalis*	1.50

1. 碳氮磷源改良剂对植被盖度和生物量的影响

不同碳氮磷源改良剂改良铅锌尾矿废弃地对植被盖度和生物量的影响见图 5.20。总体来看，添加不同碳氮磷源改良剂促进了植物在铅锌尾矿废弃地上的定居和生长，且随着恢复时间的延长，植被盖度和生物量均有增加的趋势。从植被盖度来看，对照小区（CK）植被盖度仅为 1.3%（6 个月）、2.0%（18 个月）和 7.3%（30 个月），添加不同碳氮磷源改良剂后，植被盖度达到 2.0%～20.0%（6 个月）、11.3%～78.8%（18 个月）和 22.5%～95.8%（30 个月）。与 CK 相比，6 个月和 18 个月时 MHR＋P 和 MHR＋N＋P 处理较对照有显著差异（$P < 0.05$），30 个月时，除 P 外，其他处理较对照均有显著性差异（$P < 0.05$）。从生物量来看，除 N 处理外，添加不同碳氮磷源改良剂处理植物生物量较 CK 均有不同程度地增加。CK 生物量分别为 2.9 g/m^2（6 个月）、88.5 g/m^2（18 个月）和 150 g/m^2（30 个月），添加不同碳氮磷源改良剂后生物量达到 9.4～115 g/m^2（6 个月）、158～1 179 g/m^2（18 个月）和 389～2 358 g/m^2（30 个月）。与 CK 相比，6 个月、18 个月和 30 个月时，MHR＋P 和 MHR＋N＋P 处理较对照有显著性差异（$P < 0.05$），其他处理较对照没有显著性差异（$P > 0.05$）。

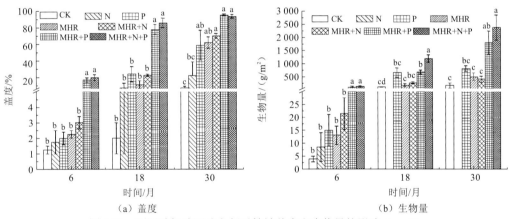

图 5.20　不同碳氮磷源改良剂对植被盖度和生物量的影响（$n = 4$）

图中同一组中不同字母表示各处理间差异显著 $P < 0.05$

2. 碳氮磷源改良剂对植物体内重金属含量的影响

不同碳氮磷源改良剂改良铅锌尾矿对植物重金属含量的影响见图 5.21。由于不同植物对尾矿废弃地恶劣环境的耐受性不同，以及不同植物的生长竞争力不一样，播种的 10 种乡土耐性植物种子的发芽率和生长情况也不同。6 个月、18 个月、30 个月均采集到的植物有芒草、狼尾草、黄花蒿、斑花败酱和苎麻。图 5.21 中所示的植物重金属元素含量数据为 5 种植物重金属含量的平均值。其中，N 处理在 18 个月和 30 个月时没有植物生长，故该处理在 18、30 个月没有植物重金属含量数据。从每个采样时间点来看，CK 处理植物体内 Cd、Cu、Pb、Zn 含量较高，添加不同碳氮磷源改良剂不同程度降低了植物体内重金属含量。与 CK 相比，植物 Cd 质量分数下降了 12.1%～58.7%，6 个月时差异显著的处理是 P（36.8%）、MHR（33.3%）、MHR＋P（42.1%）和 MHR＋N＋P（35.1%）；18 个月时差异显著的处理是 MHR（33.6%）和 MHR＋N＋P（42.2%）；30 个月时差异显著的处理是 P（24.9%）、MHR（58.7%）MHR＋N（40.3%）、MHR＋P（32.8%）和 MHR＋N＋P（29.8%）。与 CK 相比，植物 Cu 含量下降了 6.4%～46.0%，6 个月和 18 个月时所有处理较对照均有显著性差异（$P<0.05$），30 个月时除 P 外，其他处理较对照均有显著性差异（$P<0.05$）。与 CK 相比，植物 Pb 质量分数下降了 20.2%～68.0%，6 个月、18 个月和 30 个月时，所有处理较对照均有显著性差异（$P<0.05$）。与 CK 相比，植物 Zn 质量分数下降了 11.7%～51.8%，6 个月、18 个月和 30 个月时，所有处理较对照均有显著性差异（$P<0.05$）。此外，随着恢复时间的延长，植物体内的重金属含量有增加的趋势。

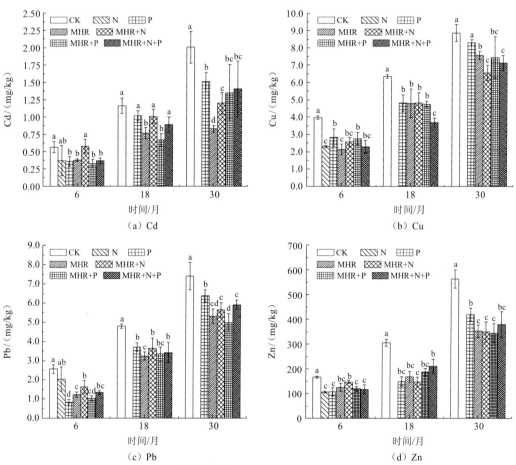

图 5.21　不同碳氮磷源对植物体内重金属含量的影响（均值±标准误差，$n=4$）

图中同一组中不同字母表示各处理间差异显著 $p<0.05$

3. 碳氮磷源改良剂对尾矿重金属有效态含量的影响

不同碳氮磷源改良剂改良铅锌尾矿废弃地对尾矿重金属有效态含量的影响见图 5.22。尾矿基质中 DTPA-Cd、DTPA-Cu、DTPA-Pb、DTPA-Zn 的质量分数范围分别为

0.16～0.24 mg/kg、3.85～4.30 mg/kg、2.53～3.19 mg/kg 和 114.57～120.49 mg/kg。与 CK 相比，添加不同碳氮磷源改良剂处理后，尾矿基质中重金属有效态含量均有不同程度的下降。其中，与 CK 相比，DTPA-Cd 质量分数下降了 2.5%～40.2%，其中差异显著的处理是 P、MHR＋N、MHR＋P 和 MHR＋N＋P；与 CK 相比，DTPA-Cu 质量分数下降了 1.4%～25.6%，差异显著的处理是 MHR＋N、MHR＋P 和 MHR＋N＋P；与 CK 相比，DTPA-Pb 质量分数下降了 1.4%～15.2%，差异显著的处理是 MHR、MHR＋P 和 MHR＋N＋P；与 CK 相比，DTPA-Zn 质量分数下降了 0.4%～24.9%，有显著性差异的处理是 P、MHR、MHR＋N、MHR＋P 和 MHR＋N＋P。但从时间上看，随着恢复时间的延长，DTPA-Cd 和 DTPA-Pb 有增加趋势，DTPA-Cu 有下降的趋势，DTPA-Zn 没有显著性差异。

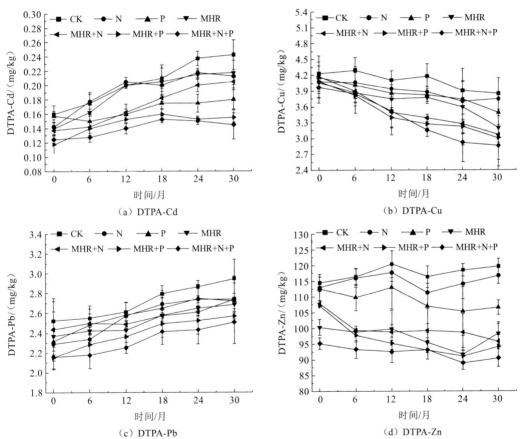

图 5.22　不同碳氮磷源改良剂对重金属有效态含量的影响（均值±标准误差，n=4）

4. 碳氮磷源改良剂对尾矿营养元素含量和 pH 的影响

不同碳氮磷源改良剂改良铅锌尾矿废弃地对尾矿营养元素含量和 pH 的影响见图 5.23。尾矿中营养元素含量较低，有机碳、水溶性碳、氨态氮、硝态氮、有效磷质量分数分别为 1.12～1.65 g/kg、31.07～36.14 mg/kg、1.21～1.35 mg/kg、0.12～0.16 mg/kg

和 2.09～2.62 mg/kg。添加不同碳氮磷源改良剂后，尾矿基质中营养元素含量均有不同程度的增加，pH 则显著降低。与 CK 相比，有机碳质量分数增加了 6%～93%，其中，差异显著的处理是 MHR、MHR＋N、MHR＋P 和 MHR＋N＋P；与 CK 相比，水溶性碳质

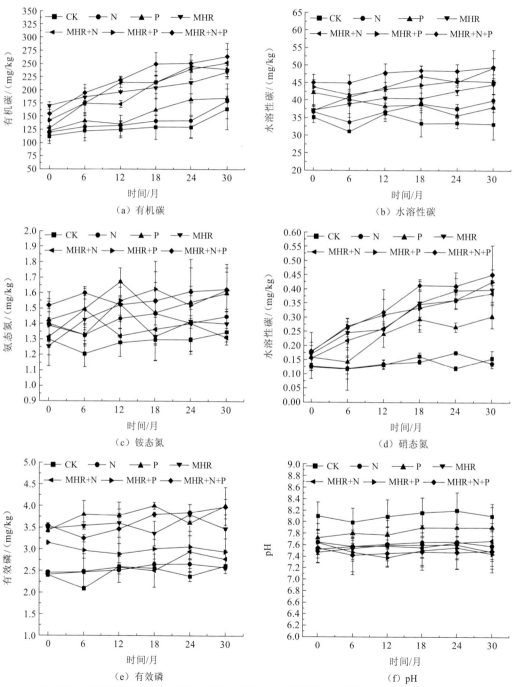

图 5.23　不同碳氮磷源改良剂对尾矿营养元素含量的影响（均值±标准误差，$n=4$）

量分数增加了 1%～49%，差异显著的处理是 MHR、MHR＋N、MHR＋P 和 MHR＋N＋P；与 CK 相比，铵态氮在各个处理和 3 个采样时间点均没有显著性差异，与 CK 相比，硝态氮质量分数增加了 21%～450%、差异显著的处理是 P、MHR、MHR＋N、MHR＋P 和 MHR＋N＋P；与 CK 相比，有效磷质量分数增加了 3%～82%。与 CK 相比，尾矿 pH 下降了 2.4%～8.8%，除 P 外，其他处理与对照均有显著性差异。从时间上看，随着恢复时间的延长，有机碳和硝态氮均有增加的趋势，水溶性碳、铵态氮和有效磷没有显著性变化。

5. 碳氮磷源改良剂对尾矿土壤酶活性的影响

不同碳氮磷源改良剂改良铅锌尾矿废弃地对尾矿土壤酶活性的影响见图 5.24。总体来看，尾矿基质中 4 种土壤酶活性均较低，脱氢酶为 0.03～0.06 μg TPF/g、β-葡萄糖苷酶为 13.59～17.36 μg 水杨苷/g、脲酶为 1.09～1.34 μg NH_4^+-N/g、磷酸酶为 112.24～126.96 μg PNP/g。与 CK 相比，添加不同碳氮磷源改良剂不同程度地提高了脱氢酶、β-葡萄糖苷酶、脲酶和磷酸酶活性。与 CK 相比，脱氢酶提高了 0.3～2.8 倍，差异显著的处理是 MHR、MHR＋N、MHR＋P 和 MHR＋N＋P；与 CK 相比，β-葡萄糖苷酶提高了

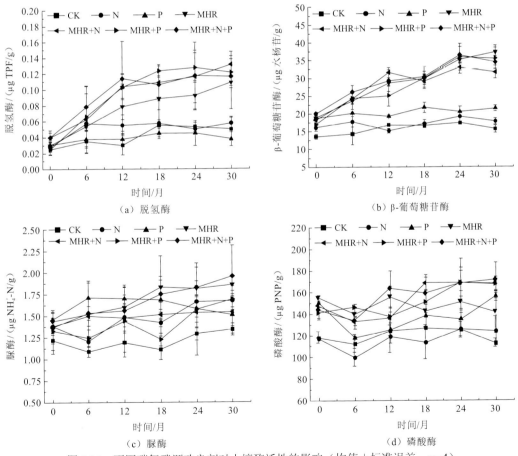

图 5.24　不同碳氮磷源改良剂对土壤酶活性的影响（均值±标准误差，$n=4$）

0.1～1.4 倍，除 N 外，其他处理较对照均有显著性差异；与 CK 相比，脲酶提高了 0.1～
0.6 倍，所有处理较对照均有显著性差异；与 CK 相比，磷酸酶提高了 0.1～0.5 倍，除 N
外，其他处理与对照均有显著性差异。从时间上看，随着恢复时间的延长脱氢酶和 β -
葡萄糖苷酶有升高的趋势，脲酶和磷酸酶没有显著性变化。

6. 碳氮磷源改良剂对土壤微生物群落的影响

不同碳氮磷源改良剂对土壤微生物群落的影响见表 5.13 和图 5.25。从表 5.13 来看，
添加不同碳氮磷源改良剂显著提高了土壤微生物的 OTU 数和微生物群落多样性。没有
添加改良剂的对照小区 OTU 数最少，仅为 1 652 个，添加不同碳氮磷源改良剂的试验小
区 OTU 个数提高了 1.5～2.3 倍。从丰富度指数来看，与对照相比，添加不同碳氮磷源
改良剂均显著提高了土壤微生物群落的 Chao1 指数和 ACE 指数。其中，MHR＋N＋P
处理小区效果最好，Chao1 指数和 ACE 指数分别为对照小区的 1.5 倍和 1.7 倍；N、P、
MHR、MHR＋N、MHR＋P 处理小区间没有显著性差异。从多样性指数来看，与对照相
比，添加不同碳氮磷源改良剂均显著提高了土壤微生物群落的 Simpson 指数和 Shannon
指数，但 N、P、MHR、MHR＋N、MHR＋P 和 MHR＋N＋P 处理小区间没有显著性差
异。从图 5.25 来看，添加不同碳氮磷源改良剂均显著性增加了土壤微生物活性，为对照
的 1.1～2.7 倍。从微生物生物量碳来看，N、P 处理小区与对照相比没有显著性差异，
MHR、MHR＋N、MHR＋P 和 MHR＋N＋P 处理小区微生物生物量碳显著性增加，分
别为对照的 2.1 倍、2.1 倍、2.8 倍和 2.8 倍。从微生物生物量氮来看，N、P、MHR、
MHR＋N、MHR＋P 和 MHR＋N＋P 处理小区显著性增加了微生物生物量氮，其中
MHR＋N＋P 处理小区效果最好，为对照的 2.5 倍。从微生物生物量磷来看，N、MHR、
MHR＋N 处理小区与对照相比没有显著性差异，P、MHR＋P 和 MHR＋N＋P 处理小
区显著性增加了微生物生物量磷，分别为对照处理的 1.3 倍、1.7 倍和 1.8 倍。

表 5.13 不同碳氮磷源改良剂对土壤微生物多样性的影响（均值±标准误差，$n=4$）

处理	覆盖率/%	OTU 数目	丰富度指数		多样性指数	
			Chao1 指数	ACE 指数	Simpson 指数	Shannon 指数
CK	95.1±0.28a	1 652±55a	3 497±339a	3 944±93a	0.983±0.004a	5.47±0.19a
N	94.8±0.29a	2 494±227b	4 340±176b	4 771±374ab	0.991±0.001b	5.81±0.24ab
P	94.5±0.13a	2 498±166b	4 725±112bc	5 182±206b	0.991±0.002b	6.02±0.08b
MHR	93.9±0.16a	2 728±132bc	4 619±227bc	5 309±270b	0.993±0.001b	5.95±0.26b
MHR＋N	94.0±0.10a	2 832±47bc	4 458±79b	5 316±127b	0.991±0.002b	6.07±0.08b
MHR＋P	94.1±0.14a	3 223±124c	4 836±348bc	5 341±214b	0.991±0.001b	6.09±0.07b
MHR＋N＋P	93.9±0.24a	3 850±244d	5 371±475c	6 725±482c	0.992±0.001b	6.17±0.05b

注：表中同列内不同字母表示各处理间差异显著（$P<0.05$）

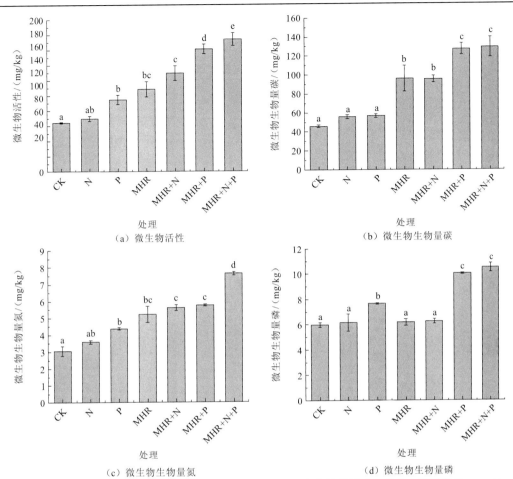

图 5.25　不同碳氮磷源改良剂对土壤微生物活性与微生物生物量的影响（均值±标准误差，$n=4$）

图中同一组中不同字母表示各处理间差异显著 $P<0.05$

7. 碳氮磷源改良剂对土壤微生物群落优势类群的影响

整个数据集共发现 24 个门，相对丰度最优势的 10 个门分别是变形菌门（Proteobacteria）、拟杆菌门（Bacteroidetes）、浮霉菌门（Planctomycetes）、放线菌门（Actinobacteria）、广古菌门（Euryarchaeota）、酸杆菌门（Acidobacteria）、绿弯菌门（Chloroflexi）、Candidate_division_OD1、蓝藻门（Cyanobacteria）和疣微菌门（Verrucomicrobia），分别占总的高质量序列的 31.1%、9.3%、8.6%、7.0%、3.4%、6.1%、4.9%、7.6%、5.7%和3.5%[图 5.26（a）]。总体来看，添加不同碳氮磷源改良剂提高了前 10 个优势门的总体相对丰度。与对照相比，添加不同碳氮磷源改良剂的处理小区中 Bacteroidetes、Euryarchaeota 和 Verrucomicrobia 相对丰度均显著性提高；Acidobacteria 相对丰度在 P、MHR、MHR＋P 和 MHR＋N＋P 处理小区中显著性提高，Candidate_division_OD1 相对丰度在 N、MHR＋P 和 MHR＋N＋P 处理小区中显著性提高；Cyanobacteria 相对丰度在 P、MHR、MHR＋P 和 MHR＋N＋P 处理小区中显著性下降；添加不同碳氮磷源改良剂对 Proteobacteria、Planctomycetes、Acidobacteria 和 Chloroflexi 的相对丰度没有显著性影响。

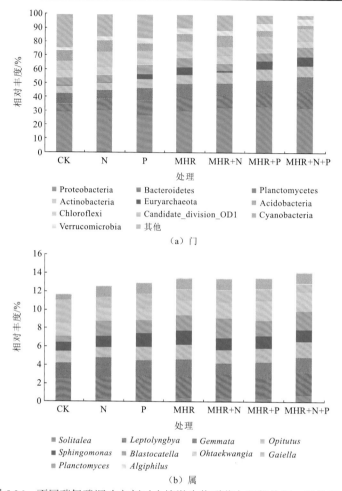

（a）门

（b）属

图 5.26　不同碳氮磷源改良剂对土壤微生物群落主要优势门、属的影响

整个数据集共发现 211 个属，相对丰度最优势的 10 个属分别是 *Solitalea*、*Leptolyngbya*、*Gemmata*、*Opitutus*、*Sphingomonas*、*Blastocatella*、*Ohtaekwangia*、*Gaiella*、*Planctomyces* 和 *Algiphilus*，分别占总序列的 0.39%、2.46%、1.65%、1.46%、1.31%、1.57%、1.75%、1.42%、1.09% 和 0.06%［图 5.26（b）］。总体来看，添加不同碳氮磷源改良剂提高了前 10 个优势属的总体相对丰度。与对照相比，添加不同碳氮磷源改良剂的处理 *Solitalea*、*Sphingomonas*、*Blastocatella* 和 *Planctomyces* 相对丰度均显著性提高；*Gaiella* 相对丰度显著性下降；*Opitutus* 相对丰度在 P、MHR、MHR＋N、MHR＋P 和 MHR＋N＋P 处理小区中显著性提高，*Ohtaekwangia* 相对丰度在 MHR＋N、MHR＋P 和 MHR＋N＋P 处理小区中显著性提高，*Gemmata* 相对丰度在 N 处理小区中显著性提高；添加不同碳氮磷源改良剂对 *Leptolyngbya* 和 *Algiphilus* 的相对丰度没有显著性影响。

8. 土壤主要微生物类群聚类与相关性分析

通过 gheatmap 程序包进行聚合促进树（aggregated boosted tree，ABT）分析添加碳氮磷源改良剂对微生物群落结构格局的影响。结果表明：在门水平上，CK、N、MHR＋N

处理聚在一起，P、MHR、MHR＋P 和 MHR＋N＋P 处理聚在一起[图 5.27（a）]；在属水平上，CK 单列，N、P、MHR、MHR＋N、MHR＋P 和 MHR＋N＋P 处理聚在一起，其中 N 和 P，MHR 和 MHR＋N，MHR＋P 和 MHR＋N＋P 分别聚在一起[图 5.27（b）]。

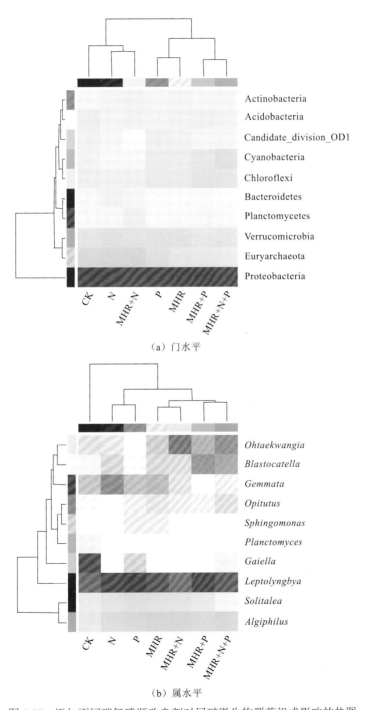

图 5.27　添加不同碳氮磷源改良剂对尾矿微生物群落组成影响的热图

利用 Pearson 相关性分析对主要微生物类群与土壤微生物活性、微生物生物量进行相关性分析表明：10 个主要优势门中 Bacteroidetes、Planctomycetes、Euryarchaeota 和 Verrucomicrobia 与微生物活性、微生物生物量碳、氮、磷呈显著（$P<0.05$）或极显著（$P<0.01$）正相关；Chloroflexi 和 Cyanobacteria 与微生物活性、微生物生物量碳、氮、磷呈显著（$P<0.05$）或极显著（$P<0.01$）负相关。10 个主要优势属中 Solitalea、Opitutus、Blastocatella 和 Ohtaekwangia 与微生物活性、微生物生物量碳、氮、磷呈显著（$P<0.05$）或极显著（$P<0.01$）正相关；Gaiella 与微生物活性、微生物生物量碳、氮、磷呈极显著（$P<0.01$）负相关（表 5.14）。

表 5.14　土壤微生物活性、微生物生物量与主要微生物类群相关性分析

水平	门/属	微生物活性	微生物生物量碳	微生物生物量氮	微生物生物量磷
门	变形菌门 Proteobacteria	0.185	0.129	0.227	0.396
	拟杆菌门 Bacteroidetes	0.654**	0.570*	0.707**	0.469*
	浮霉菌门 Planctomycetes	0.507*	0.559*	0.535*	0.348
	放线菌门 Actinobacteria	0.352	0.193	0.346	0.487*
	广古菌门 Euryarchaeota	0.761**	0.847**	0.674**	0.545*
	酸杆菌门 Acidobacteria	0.386	0.590*	0.531*	0.228
	绿弯菌门 Chloroflexi	−0.523*	−0.495*	−0.405*	−0.467*
	Candidate_division_OD1	−0.032	−0.088	−0.106	0.138
	蓝藻门 Cyanobacteria	−0.737**	−0.714**	−0.677**	−0.575**
	疣微菌门 Verrucomicrobia	0.653**	0.598*	0.525*	0.570*
属	Solitalea	0.619**	0.641**	0.781**	0.534*
	Leptolyngbya	−0.302	−0.322	−0.145	−0.400*
	Gemmata	−0.177	−0.086	−0.288	−0.124
	Opitutus	0.451*	0.585*	0.414*	0.315
	Sphingomonas	0.163	0.229	0.276	0.104
	Blastocatella	0.527*	0.500*	0.615**	0.342
	Ohtaekwangia	0.669**	0.691**	0.538*	0.498*
	Gaiella	−0.765**	−0.799**	−0.746**	−0.592**
	Planctomyces	0.448*	0.359	0.380	0.302
	Algiphilus	0.386	0.504*	0.404	0.193

*表示 $P<0.05$，**表示 $P<0.01$

参 考 文 献

陈明辉, 孙继茂, 付益平, 等, 2008. 湘西州矿产资源现状及找矿方向. 矿产与地质, 22(2): 93-96.

刁清清, 毛碧增, 2012. 蘑菇渣处理现状及在农业生产上的应用. 浙江农业科学(12): 1710-1712.

李建, 叶翔, 2013. 酒糟综合利用多元化研究. 中国酿造, 32(12): 121-124.

李强, 李忠义, 靳振江, 等, 2014. 基于典范对应分析的铅锌矿尾砂坝坍塌污染土壤特征研究. 地质评论, 60(2): 443-447.

刘文伟, 刘玉璇, 赵宇, 等, 2013. 中药渣综合利用研究进展. 药学研究, 32(1): 49-50.

龙健, 黄昌勇, 滕应, 2003. 矿区重金属污染对土壤环境质量微生物学指标的影响. 农业环境科学, 22(1): 60-63.

吴烈善, 曾东梅, 莫小荣, 等, 2015. 不同钝化剂对重金属污染土壤稳定化效应的研究. 环境科学, 36(1): 309-313.

吴清清, 马军伟, 姜丽娜, 等, 2010. 鸡粪和垃圾有机肥对苋菜生长及土壤重金属积累的影响. 农业环境科学学报, 29(7): 1302-1309.

张宏, 沈章军, 阳贵德, 等, 2011. 鸡粪改良铜尾矿对3种豆科植物生长及基质微生物量和酶活性的影响. 生态学报, 31(21): 6522-6531.

张晓君, 杨胜香, 段纯, 等, 2014. 蘑菇渣作为改良剂对铅锌尾矿改良效果研究. 农业环境科学学报, 33(3): 526-531.

ALVARENGA P, GONÇALVES A P, FERNANDES R M, et al., 2009. Organic residues as immobilizing agents in aided phytostabilization:(I)effects on soil chemical characteristics. Chemosphere, 74: 1292-1300.

BAASCH A, KIRMER A, TISCHEW S, 2012. Nine years of vegetation development in a postmining site: Effects of spontaneous and assisted site recovery. Journal of Applied Ecology, 49: 251-260.

BOLAN N S, DURAISAMY V P, 2003. Role of inorganic and organic soil amendments on immobilization and phytoavailability of heavy metals: A review involving specific case stuties. Australian Journal of Soil Research, 41(3): 533-555.

CHIU K K, YE Z H, WONG M H, 2006. Growth of *Vetiveria zizanioides* and *Phragmities australis* on Pb/Zn and Cu mine tailings amended with manure compost and sewage sludge. Bioresource Technology, 97(1): 158-170.

COOKE J A, JOHNSON M S, 2002. Ecological restoration of land with particular reference to the mining of metals and industrial minerals: A review of theory and practice. Environmental Reviews, 10: 41-71.

CLÉMENCE M B, PARDO T, BERNAL M P, et al., 2014. Assessment of the environmental risks associated with two mine tailing soils from the La Unión-Cartagena(Spain) mining distric. Journal of Geochemical Exploration, 147: 98-106.

GADEPALLE V P, OUKI S K, HERWIJNEN R V, et al., 2007. Immobilization of heavy metals in soil using natural and waste materials for vegetation establishment on contaminated sites. Soil Sediment Contam, 16: 233-251.

GALENDE M A, BECERRIL J M, BARRUTIA O, et al., 2014a. Field assessment of the effectiveness of organic amendments for aided phytostabilization of a Pb-Zn contaminated mine soil. Journal of Geochemical Exploration, 145(10): 181-189.

GALENDE M A, BECERRIL J M, GÓMEZ-SAGASTI M T, et al., 2014b. Chemical stabilization of metal-contaminated mine soil: Early short-term soil-amendment interactions and their effects on biological and chemical parameters. Water, Air & Soil Pollution, 225(1): 1863-1876.

GIL-SOTRES F, TRASAR-CEPEDA C, LEIRÓS M C, et al., 2005. Different approaches to evaluating soil quality using biochemical properties. Soil Biology and Biochemistry, 37: 877-887.

GIL-LOAIZ A J, WHITE S A, ROOT R A, et al., 2016. Phytostabilization of mine tailings using compost-assisted direct planting: Translating greenhouse results to the field. Science of the Total Environment, 565: 451-461.

HERRICK E, SCHUMAN G E, RANGO A, 2006. Monitoring ecological processes for restoration projects. Journal for Nature Conservation, 14: 161-171.

HOLL K D, 2002. Long-term vegetation recovery on reclaimed coal surface mines in the eastern USA. Journal of Applied Ecology, 39: 960-970.

IZQUIERDO I, CARAVACA F, ALGUACIL M M, et al., 2005. Use of microbiological indicators for evaluating success in soil restoration after revegetation of a mining area under subtropical conditions. Applied Soil Ecology, 30: 3-10.

KABAS S, ACOSTA J A, ZORNOZA R, et al., 2011. Integration of landscape reclamation and design in mine tailing in Cartagena-La Unión, SE Spain. International Journal of Energy and Environment, 5(2): 301-308.

KABAS S, FAZ A, ACOSTA J A, et al., 2012. Effect of marble waste and pig slurry on the growth of native vegetation and heavy metal mobility in a mine tailing pond. Journal of Geochemical Exploration, 123(12): 69-76.

KARACA O, CAMESELLE C, REDDY K R, et al., 2018. Mine tailing disposal sites: Contamination problems, remedial options and phycocaps for sustainable remediation. Reviews in Environmental Science and Bio-technology, 17:205-228.

KIRMER A, BAASCH A, TISCHEW S, 2012. Sowing of low and high diversity seed mixtures in ecological restoration of surface mined-land. Applied Vegetation Science, 15: 198-207.

LEE S H, KIM E Y, PARK H, et al., 2011. In situ stabilization of arsenic and metal-contaminated agricultural soil using industrial by-products. Geoderma, 161: 1-7.

LEE S H, JI W H, LEE W S, et al., 2014. Influence of amendments and aided phytostabilization on metal availability and mobility in Pb/Zn mine tailings. Journal of Environental Management, 139: 15-21.

LI J J, ZHOU X M, YAN J X, et al., 2015a. Effects of regenerating vegetation on soil enzyme activity and microbial structure in reclaimed soils on a surface coal mine site. Applied Soil Ecology, 87(3): 5.

LI X F, BOND P L, VAN NOSTRAND J D, et al., 2015b. From lithotroph- to organotroph-dominant: directional shift of microbial community in sulphidic tailings during phytostabilization. Scientific Reports, 5(1): 12978.

MELAMED R, CAO X, CHEN M, et al., 2003. Field assessment of lead immobilization in a contaminated soil after phosphate application. Science of the Total Environment, 305: 117-127.

MENCH M, LEPP N, BERT V, et al., 2010. Successes and limitations of phytotechnologies at field scale: Outcomes, assessment and outlook from COST Action 859. Journal of Soils and Sediments, 10: 1039-1070.

MENDEZ M O, MAIER R M, 2008. Phytoremediation of mine tailings in temperate and arid environments. Reviews in Environmental Science and Biotechnology, 7: 47-59.

PARDO T, BERNAL M P, CLEMENTE R, 2014a. Efficiency of soil organic and inorganic amendments on the remediation of a contaminated mine soil: I. Effects on trace elements and nutrients and leaching risk. Chemosphere, 107: 121-128.

PARDO T, CLEMENTE R, ALVARENGA P, et al., 2014b. Efficiency of soil organic and inorganic amendments on the remediation of a contaminated mine soil: II. Biological and ecotoxicological evaluation. Chemosphere, 107: 101-108.

SANTIBAÑEZ C, DE LA FUENTE L M, BUSTAMANTE E, et al., 2012. Potential use of organic- and hard-rock mine wastes on aided phytostabilization of large-scale mine tailings under semiarid Mediterranean climatic conditions: short-term field study. Applied and Environmental Soil Science, 1: 1-15.

TICA D, UDOVIC M, LESTAN D, 2011. Immobiization of potentially toxic metals using different soil amendments. Chemosphere, 85: 577-583.

WANG L, JI B, HU Y H, et al., 2017. A review on in situ phytoremediation of mine tailings. Chemosphere, 184: 594-600.

YANG S X, CAO J B, HU W Y, et al., 2013. An evaluation of the effectiveness of novel industrial by-products and organic wastes on heavy metal immobilization of Pb/Zn mine tailings. Environmental Science Processes & Impacts, 15(11): 2059-2067.

YANG T T, LIU J, CHEN W C, et al., 2017. Changes in microbial community composition following phytostabilization of an extremely acidic Cu mine tailings. Soil Biology and Biochemistry, 114: 52-58.

ZHU Y M, WEI C Y, YANG L S, 2010. Rehabilitation of a tailing dam at Shimen County, Hunan Province: Effectiveness assessment. Acta Ecologica Sinica, 30: 178-183.

第6章　有色金属矿山尾矿库生态修复过程中的土壤微生物群落结构与功能

城门山铜矿位于江西省九江市九江县城门乡境内，距离九江市区约 22 km。该地区属于亚热带气候，年平均降雨量 1 420 mm，平均气温 17.0 ℃。城门山铜矿是我国已探明的 18 个大型铜矿之一，不仅含有大量的铜，硫含量也非常丰富，并伴生有金、银、钼等其他金属。含铜黄铁矿矿石、含铜矽卡岩矿石及含铜斑岩矿石等是该矿最主要的三种矿石类型。调查发现，该区域尾矿 pH 低至 2.5 左右，酸化情况十分严重，无任何植物存在 [图 6.1（a）]。X 射线衍射（X-ray diffraction，XRD）的分析结果表明，试验地的尾矿主要由石英（quartz）、高岭石（kaolinite）、黄钾铁矾（jarosite）、伊利石（illite）和正长石（orthoclase）等组成（图 6.2）。

（a）恢复前照片

（b）恢复半年

（c）恢复1年

（d）恢复 3 年　　　　　　　　　　　（e）恢复 4 年

图 6.1　城门山铜尾矿生态恢复试验地不同采样时间的照片

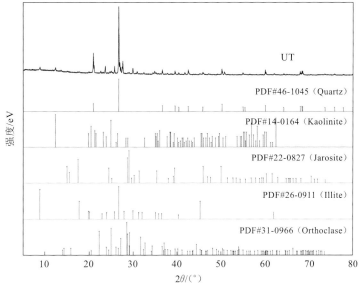

图 6.2　城门山铜尾矿矿物成分的 XRD 分析结果

2014 年在城门山凤爪沟铜矿尾矿库的中央，设置一块长 100 m、宽 40 m 的长方形区域，面积为 4 000 m^2 生态修复试验样地。试验地采用直接植被的方式进行生态恢复，其主要过程如下。

（1）修筑排水沟：试验地排水分为外围排水沟和试验区内排水沟。设置外围排水土沟（50 cm×50 cm），布置于试验地周边，用于减少外部雨水进入场地内；试验区内排水沟结合试验小区划分，形成人行便道兼排水。

（2）土壤备耕：采用人工开垦，同时翻松表层尾矿。

（3）土壤改良：采用原位基质改良方法，对表层 0～10 cm 左右的尾矿进行改良。土壤改良材料用量如下：石灰 20 t/hm^2，鸡粪 40 t/hm^2。首先在翻耕后的尾砂表面均匀地撒上一层石灰，然后撒上鸡粪（用量如上），再覆盖上一层约 2 cm 厚的土壤种子库，土壤种子库采集自附近的荒地 0～10 cm 的土层。平衡 15～30 d，保证改良剂与尾矿充分接触。

（4）植物种植：混播高羊茅（*Festuca elata*）、狗牙根（*Cynodon dactylon*）、百喜草（*Paspalum notatum*）、酸模叶蓼（*Polygonum lapathifolium*）、茵陈蒿（*Artemisia capillaris*）、

田菁（*Sesbania cannabina*）、绿穗苋（*Amaranthus hybridus*）等植物种子，种子用量为50 g/m²。种子播撒以后，浇适量的水，并覆盖稻草以辅助植物种子萌发，营造出湿润、温暖的萌发环境。

（5）后期抚育：主要包括浇水、补种、补加改良剂等相关措施，抚育时间为三个月，之后不再对试验地进行任何维护。

样地建立后，采样分 4 次进行，共采集了 252 个样品。前 2 次在恢复后的第 1 年进行，分别是生态恢复后 6 个月（2014 年 6 月）和恢复后 12 个月（2014 年 12 月）。此期间试验地生长的优势植物主要为百喜草（*Paspalum notatum*）、田菁（*Sesbania cannabina*）、酸模叶蓼（*Polygonum lapathifolium*）和艾草（*Artemisia vulgaris*）。每次在试验地的恢复区域按系统随机布点方法设置 30 个采样点，每个采样点首先采集上面已做恢复区域的改良层尾矿样品（amended layer of the reclaimed tailings，ALRT），采集深度为 10 cm（0～10 cm 层）；接着，去除改良层的影响，继续采下面已做恢复区域的未改良层尾矿样品（unamended layer of the reclaimed tailings，ULRT），采集深度也为 10 cm（11～20 cm 层），样品采集过程中注意排除石灰的干扰。另外，作为对照，在邻近的区域随机采集 6 个未做恢复的尾矿样品（unreclaimed tailings，UT），采集深度也是 10 cm。随后，为了进一步跟踪微生物群落的变化情况，在恢复后第 3 年（2016 年 7 月）和恢复后第 4 年（2017年 7 月）进行了后续的 2 次采样。此期间试验地生长的优势植物主要是斑茅（*Saccharum arundinaceum*）、苎麻（*Boehmeria nivea*）和刺槐（*Robinia pseudoacacia*）。考虑此前 UT样品数目和其他两类样品差异较大，易受到采样点选取的影响，故对样品的采集量进行了调整。每次在试验地按系统随机布点方法设置 20 个采样点，按上述采样方式分别采集ALRT 和 ULRT 样品。另外，作为对照，在邻近的不受恢复干扰的区域随机采集 20 个未做恢复的尾矿样品 UT。

6.1 土壤原核微生物群落结构的变化特征及其主要影响因子

6.1.1 土壤原核微生物群落结构的变化特征

基于 16S rRNA 基因 V4 区域的扩增子高通量测序分析，全部样品共获得了 10 636 631条高质量的序列，被划分成 20 330 个可操作分类单元（OTU）。以尾矿样品最少序列数（10 567 条）进行重抽样，计算了微生物多样性指数（包括样品的 OTU 数目、Chao1 指数、Simpson 指数、Shannon 指数、PD 值等）。结果发现，在生态恢复 6 个月后，不同样品类型间的 OTU 数目、Chao1 指数、Simpson 指数、Shannon 指数、PD 值均具有显著差异（$P < 0.05$），并且按照 UT＜ULRT＜ALRT 的规律递增（表 6.1）。类似的差异规律在恢复后 12 个月、第 3 年、第 4 年均保持不变（表 6.1，表 6.2）。以上结果表明生态恢复能够显著增加尾矿的原核微生物多样性。

表 6.1　生态恢复实施后第 6 个月和第 12 个月三种类型尾矿样品原核微生物群落多样性指数

多样性指数	6 个月			12 个月		
	UT	ULRT	ALRT	UT	ULRT	ALRT
OTU 数目	472±13 b	1734±124 a	1906±132 a	425±49 b	2321±92 a	2206±70 a
Chao1 指数	1147±40 b	3426±220 a	3725±223 a	1076±80 b	4522±170 a	4386±118 a
PD 值	53±1.0 b	137±8.3 a	150±8.2 a	55±5.7 b	178±5.3 a	171±3.6 a
Shannon 指数	4.15±0.05 b	7.76±0.31 a	8.07±0.35 a	3.72±0.14 b	9.25±0.16 a	8.94±0.16 a
Simpson 指数	0.87±0.00 b	0.94±0.01 a	0.95±0.02 a	0.80±0.01 b	0.99±0.00 a	0.99±0.00 a

注：表中同列内不同字母表示各处理间差异显著（$P<0.05$）UT：未恢复区；ULRT：恢复区未改良层；ALRT：恢复区改良层，后同

表 6.2　生态恢复实施后第 3 年和第 4 年三种类型尾矿样品原核微生物群落多样性指数

多样性指数	3 年			4 年		
	UT	ULRT	ALRT	UT	ULRT	ALRT
OTU 数目	255±30 c	1187±115 b	2152±31 a	232±6.3 c	641±102 b	2138±20 a
Chao1 指数	487±41 c	2225±169 b	3608±55 a	536±22 c	1268±160 b	3589±46 a
PD 值	68±7.0 c	197±13 b	306±4.0 a	57±1.1 c	125±15 b	314±2.7 a
Shannon 指数	4.4±0.22 c	6.6±0.39 b	9.5±0.04 a	4.1±0.08 c	5.4±0.42 b	9.5±0.03 a
Simpson 指数	0.88±0.01 c	0.93±0.02 b	1.0±0.00 a	0.87±0.01 c	0.91±0.02 b	1.0±0.00 a

表 6.3 生态恢复实施后第 6 个月和第 12 个月三种不同类型样品原核微生物群落优势门相对丰度 （单位：%）

优势门	6个月			12个月		
	UT	ULRT	ALRT	UT	ULRT	ALRT
广古菌门 Euryarchaeota	57±3.1 a	0.21±0.03 b	0.27±0.06 b	84±1.4 a	6.1±1.2 b	0.43±0.07 c
硝化螺旋菌门 Nitrospirae	24±2.5 a	1.0±0.29 b	0.50±0.04 b	1.2±0.28 b	7.9±1.4 a	1.2±0.05 b
厚壁菌门 Firmicutes	13±0.95 a	16±2.5 a	2.6±0.27 b	5.0±0.68 b	8.9±0.92 a	3.4±0.20 b
变形菌门 Proteobacteria	4.1±0.17 c	53±2.8 a	29±1.2 b	3.1±0.74 b	37±1.4 a	34±0.89 a
放线菌门 Actinobacteria	0.50±0.04 b	3.2±0.22 b	10±0.76 a	2.3±0.64 b	5.4±0.49 b	14±0.90 a
拟杆菌门 Bacteroidetes	0.37±0.02 c	18±1.9 a	8.2±0.40 b	0.24±0.06 c	18±1.2 a	12±0.80 b
酸杆菌门 Acidobacteria	0.19±0.01 b	1.1±0.16 b	13±1.2 a	0.67±0.32 b	3.3±0.19 b	9.5±0.96 a
疣微菌门 Verrucomicrobia	0.19±0.02 b	1.8±0.26 b	8.9±0.69 a	0.16±0.03 c	4.2±0.29 b	5.5±0.33 a
浮霉菌门 Planctomycetes	0.18±0.01 b	4.3±1.1 a	6.8±0.44 a	0.17±0.06 c	2.7±0.19 b	4.6±0.31 a
蓝细菌门 Cyanobacteria	0.09±0.01 b	0.14±0.01 b	2.3±0.65 a	1.1±1.0 a	1.6±0.86 a	2.2±0.67 a
绿弯菌门 Chloroflexi	0.05±0.01 b	0.36±0.03 b	3.2±0.50 a	0.20±0.05 bc	0.91±0.06 b	4.1±0.92 a
奇古菌门 Thaumarchaeota	0.04±0.02 b	0.03±0.00 b	2.4±0.50 a	0.42±0.01 b	1.1±0.16 b	2.9±0.43 a
芽单胞菌门 Gemmatimonadetes	0.04±0.00 b	0.44±0.06 b	2.3±0.52 a	0.05±0.01 b	1.1±0.14 a	0.98±0.07 a
候选门 Candidate division WPS1	0.01±0.00 b	0.03±0.00 b	1.1±0.25 a	0.01±0.00 b	0.08±0.01 b	0.40±0.04 a
候选门 Candidate division WPS2	0.01±0.00 b	0.04±0.01 b	1.1±0.10 a	0.01±0.00 c	0.11±0.01 b	0.46±0.03 a

　　对获得的测序序列进行物种分类，获得了不同类型尾矿的原核微生物群落结构信息。从门水平的分类结果来看，在生态恢复 6 个月后，UT 系列样品原核微生物群落最主要的门是 Euryarchaeota（广古菌门）（图 6.3 和表 6.3），其相对丰度达到了 57%，分别是 ALRT 和 ULRT 中该门的相对丰度的 214 倍和 268 倍。相比之下，Proteobacteria（变形菌门）则是 ALRT 和 ULRT 中细菌群落最主要的门类，其相对丰度分别达到了 29%和53%，是 UT 的 7～13 倍。在生态恢复 12 个月后，Euryarchaeota 仍然是 UT 细菌群落中最主要的门，其相对丰度高达 84%（图 6.3 和表 6.3）。尽管 Proteobacteria 仍然在 ALRT和 ULRT 中占据最优势地位，但其相对丰度在 ULRT 中下降至 37%。与之前的结果类似，不同样品类型间优势门类的相对丰度差异十分显著（$P<0.05$）。更长恢复时间（恢复后第 3 年和第 4 年）的结果表明，UT 样品中最主要的门仍然是 Euryarchaeota，其相对丰度分别达到 55%和 61%（图 6.3 和表 6.4）。但与第 1 年的结果不一致的是，虽然 ALRT样品中 Euryarchaeota 的相对丰度仍保持较低的水平（第 3 年和第 4 年分别为 0.2%和0.3%），但 ULRT 样品中 Euryarchaeota 的相对丰度在第 3 年上升到了 19%，恢复后第 4年维持在 18%，但与同一采样时间的 UT 相比仍然具有显著性差异（$P<0.05$）。尽管如此，Proteobacteria 仍然是 ALRT 和 ULRT 中最优势的门，其相对丰度在恢复后第 3 年分别为 36%和 40%，恢复后第 4 年分别为 39%和 42%（图 6.3 和表 6.4）。

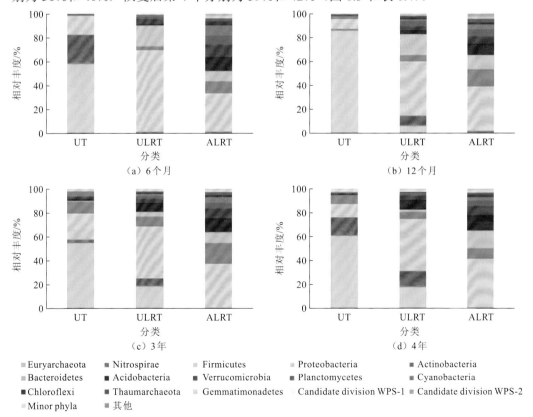

■ Euryarchaeota　　■ Nitrospirae　　Firmicutes　　Proteobacteria　　■ Actinobacteria
■ Bacteroidetes　　■ Acidobacteria　　■ Verrucomicrobia　　■ Planctomycetes　　■ Cyanobacteria
■ Chloroflexi　　■ Thaumarchaeota　　Gemmatimonadetes　　Candidate division WPS-1　　■ Candidate division WPS-2
■ Minor phyla　　■ 其他

图 6.3　生态恢复实施后 6 个月、12 个月、3 年、4 年尾矿样品的原核微生物门水平情况

UT：未恢复区；ULRT：恢复区未改良层；ALRT：恢复区改良层

表 6.4 生态恢复实施后第 3 年和第 4 年三种不同类型样品原核微生物群落优势门相对丰度

（单位：%）

优势门	3 年			4 年		
	UT	ULRT	ALRT	UT	ULRT	ALRT
广古菌门 Euryarchaeota	55±2.9 a	19±4.3 b	0.16±0.01 c	61±1.9 a	18±3.4 b	0.26±0.01 c
硝化螺旋菌门 Nitrospirae	2.7±0.40 b	6.6±1.1 a	0.42±0.02 c	15±1.9 a	13±4.6 a	0.55±0.03 b
厚壁菌门 Firmicutes	9.1±1.2 a	3.2±0.67 b	1.1±0.09 c	2.1±0.26 a	1.5±0.57 ab	1.2±0.11 b
变形菌门 Proteobacteria	13±1.4 b	40±2.6 a	36±0.57 a	8.9±0.97 b	42±3.8 a	39±0.71 a
放线菌门 Actinobacteria	9.9±1.3 b	8.3±0.79 b	17±0.72 a	7.5±0.69 b	6.1±0.90 b	9.0±0.43 a
拟杆菌门 Bacteroidetes	0.80±0.49 c	4.1±0.79 b	9.3±0.66 a	0.11±0.00 c	1.8±0.54 b	15±0.44 a
酸杆菌门 Acidobacteria	1.0±0.27 c	7.2±0.84 b	11±0.46 a	0.64±0.18 c	8.0±1.8 b	13±0.50 a
疣微菌门 Verrucomicrobia	0.36±0.21 c	1.9±0.47 b	4.4±0.27 a	0.04±0.00 c	1.8±0.56 b	4.3±0.19 a
浮霉菌门 Planctomycetes	2.2±0.35 b	3.6±0.36 b	8.3±0.20 a	0.89±0.18 c	3.5±1.1 b	7.8±0.18 a
绿弯菌门 Chloroflexi	4.0±1.3 a	2.1±0.48 b	5.1±0.26 a	0.78±0.12 b	0.45±0.12 b	3.0±0.14 a
奇古菌门 Thaumarchaeota	0.06±0.02 b	0.86±0.26 b	2.5±0.38 a	0.03±0.00 b	0.19±0.10 b	1.7±0.23 a
芽单胞菌门 Gemmatimonadetes	0.08±0.04 b	1.9±0.34 a	2.0±0.07 a	0.02±0.00 b	0.53±0.22 b	2.0±0.12 a

从属水平的分析结果上看，在生态恢复后第 1 年，6 个月时 UT 样品中相对丰度最高的属为 *Ferroplasma*（铁原体属），该属具有将二价铁氧化成三价铁的能力，其相对丰度高达 46%（图 6.4）。事实上，以 *Ferroplasma* 为代表的铁/硫氧化微生物属占据了 UT 微生物群落的绝大部分，主要包括 *Ferroplasma*（铁原体属）、*Leptospirillum*（钩端螺旋菌属；24%）、*Aplasma*（8.8%）、*Sulfobacillus*（嗜酸硫化杆菌属；6.9%）、*Acidithiobacillus*（嗜酸硫杆菌属；0.8%）、*Alicyclobacillus*（脂环酸芽孢杆菌属；0.7%）、*Gplasma*（0.2%）、*Acidiphilium*（嗜酸杆菌属，0.1%）8 个属，其总体的相对丰度高达 87%（图 6.4 和表 6.5）。这些铁/硫氧化微生物属在 ULRT 和 ALRT 中的总体相对丰度都显著低于 UT（全部 $P<0.05$），分别只占 28% 和 2.5%（表 6.5）。在恢复后 12 个月的样品中也同样表现出类似的变化规律。具体而言，这 8 个主要的铁/硫氧化微生物属在 UT 样品中总体相对丰度达到 82%，而在 ULRT 和 ALRT 则仅占 20% 和 2.6%（表 6.5）。其中，ALRT 和 ULRT 样品中的 *Ferroplasma*，*Aplasma* 和 *Gplasma* 等属的相对丰度均远低于 UT（$P<0.01$）。

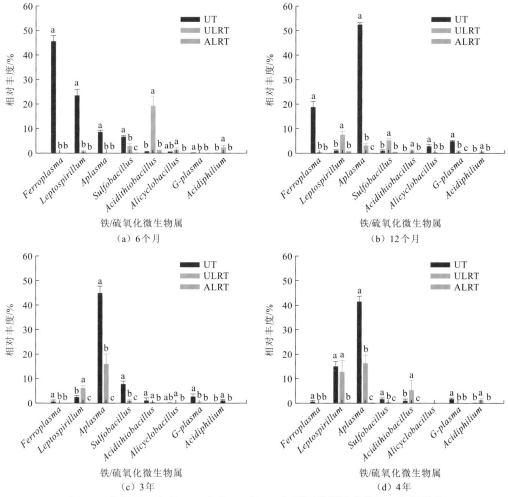

图 6.4　恢复后 6 个月、12 个月、3 年、4 年不同类型尾矿样品 8 个主要的
铁/硫氧化微生物属的相对丰度

与恢复后 6 个月不同的是，在恢复后 12 个月的 UT 样品中，*Aplasma* 取代 *Ferroplasma* 成为最优势的属，其相对丰度达到 52%；但 *Ferroplasma* 仍具有较高的丰度（19%），为相对丰度排第二的属（图 6.4）。对试验地进行的更长时间（第 3 年和第 4 年）的结果表明，与第 1 年的结果类似，以 *Aplasma* 等具有铁硫氧化功能的属在 UT 样品中仍表现为占据优势地位，8 个主要的铁/硫氧化微生物属相对丰度总和在 ULRT 和 ALRT 样品中的相对丰度仍远低于 UT 样品，尽管该总和在 ULRT 样品中相较于第 1 年的结果有较低程度的增加[图 6.4（c）（d）和表 6.6]。

表 6.5 生态恢复实施后 6 个月和 12 个月三种类型尾矿样品 8 个主要铁/硫氧化属的总体相对丰度

（单位：%）

参数	6 个月			12 个月		
	UT	ULRT	ALRT	UT	ULRT	ALRT
相对丰度	87±0.82 a	28±5.1 b	2.5±0.07 c	82±2.6 a	20±2.7 b	2.6±0.08 c

表 6.6 生态恢复实施后第 3 年和第 4 年三种类型尾矿样品八个主要铁/硫氧化属的总体相对丰度

（单位：%）

参数	3 年			4 年		
	UT	ULRT	ALRT	UT	ULRT	ALRT
相对丰度	61±2.9 a	25±5.2 b	0.46±0.05 c	63±2.6 a	37±8.7 b	0.63±0.01 c

在 OTU 水平上，与门、属的结果相一致，PCoA 的分析结果表明在恢复 6 个月时不同类型的样品微生物群落结构已经具有十分明显的差异。具体而言，来源于不同类型的样品聚类区分十分明显，一轴（PCo1）区分了 ALRT 样品和 UT、ULRT 样品，而二轴（PCo2）则明显区分了 UT 和 ULRT。在恢复 12 个月时，不同类型的样品间聚类规律更加明显，但可以发现的是 ULRT 与 UT 样品相比更加往 ALRT 靠近，对试验地进行的更长时间（第 3 年和第 4 年）生态恢复的结果同样也具有相似的趋势（图 6.5）。

初期良好的植被并不能保证生态恢复效果的长期稳定。事实上，改良尾矿理化性质的稳定和植物根系的生长是保证植被系统稳定、维持生态恢复效果的良好基础（Huang et al.，2012）。在本试验中，为了节约恢复成本，选用的改良材料仅添加到 0～10 cm 的尾矿层中。而实际上，随着恢复进程的发展，大部分植物的根系会穿过添加改良剂的尾矿层（ALRT），而进入下层未添加改良剂的尾矿层（ULRT）（Canadell et al.，1996）。另一方面，由于可能存在的毛细管作用，在 ULRT 中的一些植物限制性因素（例如可溶性的重金属离子等）可能会向上面 ALRT 层的迁移，影响植物生长（Huang et al.，2012）。因此，本小节不仅研究了 ALRT 层，同时也研究了 ULRT 层发生的微生物群落变化。有研究认为 *Euryarchaeota* 是重金属污染的指示类群（Hur et al.，2011），而在本小节的结果中 *Euryarchaeota* 在 UT 的微生物群落中占绝对优势，这从微生物层面进一步验证了原

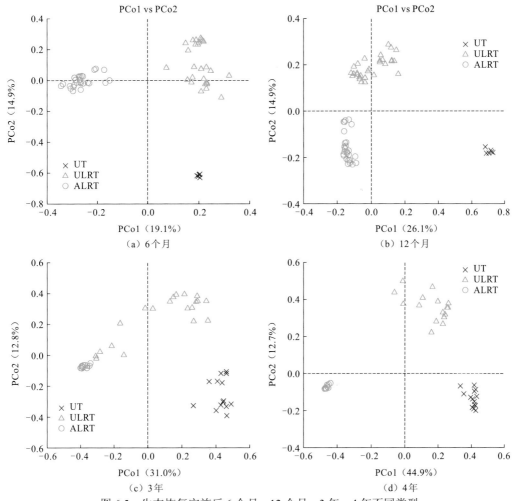

图6.5　生态恢复实施后6个月、12个月、3年、4年不同类型
样品原核微生物群落的 PCoA 分析结果

始尾矿恶劣的植物生长条件。恢复初期第1年的结果表明，随着生态恢复的实施，ALRT
和 ULRT 的 *Euryarchaeota* 都显著低于 UT，这表明改良材料不仅改善了 ALRT 的环境条
件，同时，也对下层 ULRT 的环境条件进行了改善。与此相一致的结果是，ALRT 和 ULRT
中 *Proteobacteria* 的相对丰度与此前报道的从轻度重金属污染场地采集的根际土壤相近
（Zhang et al.，2012）。

　　在属水平上，*Ferroplasma* 和 *Aplasma* 是 UT 中最主要的铁硫氧化微生物类群（图6.4）
（Yelton et al.，2013）。并且，8 种主要的铁硫氧化微生物类群占据了 UT 微生物群落的绝
大部分，这与以往对极端酸性尾矿的微生物群落研究结果类似（Liu et al.，2014；Chen
et al.，2013）。UT 样品中自养型铁硫氧化微生物类群的高比例存在反映了恢复前尾矿的
不稳定地球化学状态（Huang et al.，2012）。可喜的是，通过采用的生态恢复措施，能够
显著地抑制自养微生物的繁殖，促进尾矿微生物群落由自养型到异养型微生物群落的转
变。而与此相对应的是，ALRT 和 ULRT 的 NAG-pH 均大于5，这进一步支持了本小节

生态恢复措施能够通过改变原始尾矿中自养型微生物主导的微生物群落来抑制微生物介导的酸化发生（Huang et al.，2012；Liao et al.，2007）。此前的研究曾发现，恢复与未恢复的尾矿在属水平上的群落结构是显著不同的（Li et al.，2015）。这与本小节的结果是类似的。并且，本小节的结果发现，随着生态恢复的进行，ULRT 的整体微生物群落结构趋向于向 ALRT 转变。对此，可能的解释是 ALRT 中添加的各类改良物质（营养元素）可能会随着降雨等渗流到下层 ULRT 中（Huang et al.，2012），进一步对微生物群落造成影响。这一结果也进一步表明本研究的生态恢复措施能够促进植被系统的稳定（Li et al.，2014；Izquierdo et al.，2005）。

6.1.2 土壤原核微生物群落结构与理化因子的关系

本小节采用了相关性分析、多元线性逐步回归分析、典范对应分析，揭示尾矿原核微生物群落变化与理化因子的关系。相关性分析的结果表明在恢复 6 个月时，氧化还原电位 Eh 与 8 个优势铁/硫氧化微生物属的总体相对丰度呈现明显的正相关关系（$r=0.89$，$P<0.001$）（图 6.6）。多元线性逐步回归的分析结果也表明，氧化还原电位 Eh 是 8 个优势铁硫氧化微生物属的总体相对丰度最重要的单一预测因子。具体而言，包括 Eh 在内的多元线性回归模型显示 R^2 高达 0.79，并且再增加一个额外的理化因子（总 Cu）也仅仅将 R^2 增加到 0.83（表 6.7）。同样的，后续的 3 次采样分析也获得了类似的结果，支持以上结论（图 6.6，表 6.7）。这与前人的研究结果不一致，以前研究认为 pH 是影响铁/硫氧化微生物类群的主要因子（Chen et al.，2014；Li et al.，2014；Liu et al.，2014）。虽然需要进一步深入研究以揭示两种结果的差异原因，但前人的研究可能在 pH 的重要性方面也有一些认识的偏差，因为这些研究都很少测量 Eh（Chen et al.，2014；Li et al.，2014；Liu et al.，2014）。并且，在本小节中虽然也发现 pH 与 8 个优势铁/硫氧化微生物属的总体相对丰度之间存在显著的相关关系（$r=-0.68$ 及-0.64，P 值均<0.001）（图 6.7），但 Eh 和这些属的总体相对丰度之间相关性更为强烈（正相关）（图 6.6）。其原因可能是，这些属的大部分成员都是好氧菌（Yelton et al.，2013），而 Eh 是通气状态的良好指示因子。换言之，相对较低的 Eh 可以抑制铁/硫氧化微生物属的繁殖，从而有利于植物在极端酸性尾矿的定居。而对于 ALRT 和 ULRT 样品中 Eh 的降低，可能是改良材料中鸡粪所含的有机物质耗氧降解或者植物根系的呼吸作用所造成的（Li et al.，2014）。

CCA 的结果表明尾矿的细菌/古菌微生物群落结构在 OTU 水平上与理化性质也存在明显的相关性。在生态恢复 6 个月后，Eh、EC 和 AP 是影响尾矿微生物群落结构的决定性因子，它们总共能够解释群落变化的 21.9%，其中 Eh 这一指标单独解释了 8.1%（表 6.8）。在恢复 12 个月后，Eh、DTPA-Cu、pH 和 EC 是影响微生物群落结构的关键性因子，其总体能够解释群落变化的 30.5%，Eh 也是解释度最高的理化因子。在更长的恢复时间，第 3 年和第 4 年样品的分析结果同样也发现 Eh 是影响尾矿原核微生物群落结构的最主要的因子（表 6.8）。

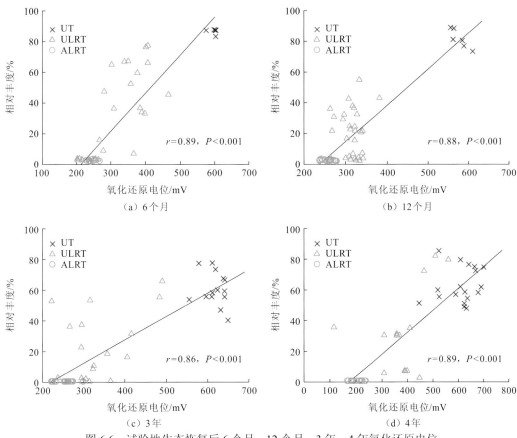

图 6.6　试验地生态恢复后 6 个月、12 个月、3 年、4 年氧化还原电位
与 8 个主要铁/硫氧化属总体相对丰度的线性关系

表 6.7　氧化还原电位与 8 个主要铁/硫氧化属总体相对丰度的多元线性逐步回归分析结果

时间	预测因子	累积 R^2	P
6 个月	Eh	0.790	<0.001
	总 Cu	0.833	<0.001
12 个月	Eh	0.769	<0.001
	DTPA-Cu	0.809	<0.001
	SO_4^{2-}	0.859	<0.001
	EC	0.883	<0.001
3 年	Eh	0.733	<0.001
	总 Cu	0.762	<0.001
	NAG	0.780	<0.001
4 年	Eh	0.778	<0.001
	总 Pb	0.801	<0.001

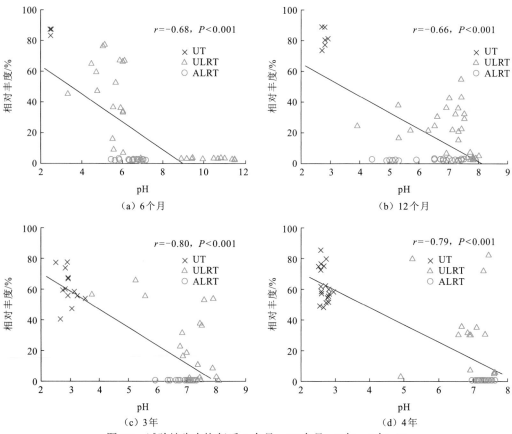

图 6.7　试验地生态恢复后 6 个月、12 个月、3 年、4 年 pH
与 8 个主要铁/硫氧化属总体相对丰度的线性关系

表 6.8　Bioenv 命令筛选出的最优理化因子组合的解释度

时间	参数	解释度/%	伪 F 值	P
6 个月	Eh	8.1	6.1	0.001
	EC	3.7	2.8	0.001
	有效磷	3.4	2.6	0.003
	合计	21.9	5.5	0.001
12 个月	Eh	4.0	3.5	0.001
	DTPA-Cu	3.5	3.1	0.001
	pH	3.3	2.9	0.001
	EC	2.7	2.3	0.001
	合计	30.5	6.7	0.001

时间	参数	解释度/%	伪 F 值	P
3 年	Eh	8.3	5.7	0.001
	NAG	2.1	3.2	0.001
	有效磷	2.0	2.1	0.004
	合计	22.4	4.3	0.001
4 年	Eh	6.7	4.4	0.001
	有效磷	3.2	3.1	0.001
	NAG	2.9	2.6	0.001
	DTPA-Cu	2.7	2.5	0.001
	总 Cu	2.5	2.2	0.001
	SO_4^{2-}	2.1	1.9	0.008
	合计	35.0	7.8	0.001

上述结果表明，氧化还原电位 Eh 同样是影响整个原核微生物群落结构的主要因子，尤其是在恢复后 6 个月（表 6.8）。这一结果与上述 Eh 与主要铁/硫氧化微生物属的总体相对丰度之间存在显著相关性的结果是一致的。这些结果可能对于极端酸性尾矿的生态恢复实践具有重要的指导意义。因为尾矿的 Eh 很容易受到物理扰动、改良材料及根系的影响，在实践中比较容易进行调控。本小节的结果表明 Eh 在以后的研究中可能值得给予更多的关注。另一方面，本小节同样发现尾矿细菌/古菌的微生物群落结构受到 EC、有效磷、DTPA-Cu、NAG、SO_4^{2-} 及 pH 等不同程度的影响（表 6.8），这与前人研究得出的结果类似（Li et al.，2016a；Li et al.，2015；Hur et al.，2011）。以前研究认为，土壤碳、氮含量可能对地下微生物群落的结构具有显著影响（Fierer et al.，2009）。而在本小节中，没有发现总碳、总氮是尾矿微生物群落结构的主要影响因子。与此结果一致的是，这两项碳、氮相关的指标与铁/硫氧化微生物属的总体相对丰度之间也并没有十分明显的相关关系（数据未列出）。此前的研究也有相似的发现：有机碳含量及水溶性有机碳对尾矿样品微生物群落结构的影响非常微弱（Li et al.，2015）。近期发表的一项研究结果也表明，土壤有机碳、总氮对铜尾矿细菌群落结构的影响也并不大，但该研究进行生态恢复的方式并不明确（Li et al.，2016b）。这些发现一定程度上支持了本小节结果。

6.2 土壤真菌群落结构的变化特征及其主要影响因子

6.2.1 土壤真菌群落结构的变化特征

为了了解生态恢复对尾矿真菌群落结构的影响，对恢复后第 3 年和第 4 年采集的样品进行了 ITS2 片段扩增测序分析，全部样品共获得了 6 569 678 条高质量的序列，被划分成 3 323 个 OTU。首先，以尾矿样品最少序列数 26 991 条进行重抽样，计算真菌群落微生物多样性指数（包括 OTU 数目、Chao1 指数、ACE 指数、Simpson 指数、Shannon 指数等），结果见表 6.9。可以看出，在生态恢复 3 年后，不同样品类型间的 OTU 数目、ACE 指数、Chao1 指数、Simpson 指数、Shannon 指数等均具有显著差异（$P < 0.05$），与细菌微生物群落的结果类似，同样按照 UT < ULRT < ALRT 的规律递增，但真菌的群落结构相对细菌要简单一些。其中，UT 的 OTU 数目仅为 172，Chao1 指数也只有 304，表示城门山酸化尾矿中真菌的种类较少，而 ULRT 和 ALRT 样品的 OTU 数目显著高于 UT，表示恢复措施能够显著增加真菌微生物的多样性。类似的差异规律在恢复后第 4 年采集的样品中也有发现（表 6.9）。但相同类型的样品在第 3 年和第 4 年间的真菌群落多样性指数变化的差异并不显著（$P > 0.05$）。

表 6.9 生态恢复实施后第 3 年和第 4 年尾矿真菌群落微生物多样性指数统计结果

多样性指数	3 年			4 年		
	UT	ULRT	ALRT	UT	ULRT	ALRT
OTU 数目	172±5.1 c	290±15 b	407±11 a	137±1.9 c	193±12 b	393±11 a
Chao1 指数	304±7.7 c	447±18 b	557±12 a	245±4.9 c	304±15 b	507±10 a
ACE 指数	379±13 c	504±19 b	590±13 a	318±9.4 c	355±17 b	503±9.6 a
Shannon 指数	0.82±0.13 c	2.28±0.11 b	3.28±0.14 a	1.05±0.10 c	1.72±0.18 b	3.36±0.13 a
Simpson 指数	0.35±0.06 b	0.78±0.02 a	0.87±0.03 a	0.47±0.05 c	0.61±0.06 b	0.88±0.02 a

注：表中不同字母表示各处理间差异显著（$P < 0.05$，LSD 检验）；UT 为未恢复区；ULRT 为恢复区未改良层；ALRT 为恢复区改良层

此外，对获得的高质量测序序列进行物种分类，获得了恢复后第 3 年和第 4 年采集的不同类型样品的真菌群落结构和相对丰度信息。从真菌群落门水平的分类结果来看，在进行恢复 3 年后，所有类型的样品真菌群落中最主要的门是 Ascomycota（子囊菌门）（图 6.8），尤其是在 UT 和 ULRT 样品中，其占绝对优势，相对丰度分别达到了 93% 和 91%；相比之下，ALRT 中该门的相对丰度为 75%。除 Ascomycota 以外，UT 样品中其他的真菌门类还包括 Basidiomycota（担子菌门，5.7%），其余门类相对丰度均低于 1%。

ULRT 中的真菌门类还包括 Mortierellomycota（3.2%），Rozellomycota（罗兹菌门，2.1%），Basidiomycota（担子菌门，1.7%），其余门类相对丰度均低于 1%。ALRT 中的真菌门类还包括 Basidiomycota（担子菌门，18.7%），Mortierellomycota（3.5%），Rozellomycota（罗兹菌门，2.1%），其余门类相对丰度均低于 1%。在恢复第 4 年采集的样品中，*Ascomycota* 仍然是相对丰度占绝对优势的门类，分别在 UT、ULRT、ALRT 中占 98%，93% 和 78%（图 6.8）。同时，与第 3 年采集的样品分析结果类似，Basidiomycota（担子菌门，13%）是 ALRT 中相对丰度第二的门类，Mortierellomycota，Rozellomycota 等在 ULRT、ALRT 样品中也是相对丰度排名靠前的真菌门类。综上结果，恢复后第 3 年和第 4 年采集的不同类型的尾矿样品在真菌门水平上均无显著差异，均为 Ascomycota 主导的群落，ALRT 样品中该门类的丰度低于其他两类样品。

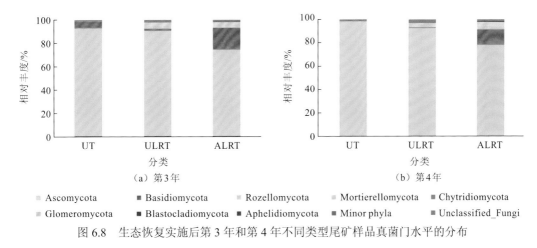

图 6.8　生态恢复实施后第 3 年和第 4 年不同类型尾矿样品真菌门水平的分布

与门水平上的结果不同，不同类型的样品在属水平上表现出了显著的差异（图 6.9）。具体而言，在恢复后第 3 年，UT 样品相对丰度较高的属主要包括 *Acidomyces*（38%），*Acidiella*（15%），*Scopulariopsis*（8.7%），*Hanseniaspora*（6.8%），*Peniophora*（5.5%），*Aureobasidium*（5.4%），*Hypocreales_unclassified*（5.3%），*Acidea*（2.9%），*Kazachstania*（1.4%），大部分均为对酸性环境具有较高耐性的属。而在恢复系列的 ULRT 样品中，*Trichoderma*（27%），*Talaromyces*（27%），*Penicillium*（9.7%）等具有促进植物生长、营养物质吸收等功能的菌根真菌属在整个群落中占很高的丰度，其他相对丰度较高的属还包括 *Plectosphaerella*（3.5%），*Mortierella*（3.2%），*Didymellaceae_unclassified*（3.0%），*Mycosymbioces*（2.2%），*Alternaria*（1.9%），*Acremonium*（1.7%）。这些在 ULRT 中具有较高丰度的属均未出现在 UT 样品前十优势属中。最后，在 ALRT 样品中的优势属中，同样也发现了同 ULRT 样品中一样的具有促进植物生长、营养物质吸收等功能的 *Penicillium*（9.7%）、*Trichoderma*（5.9%）、*Talaromyces*（1.1%），但丰度要显著低于 ULRT 样品（图 6.9）。事实上，Microascales 下的一个未分类属在 ALRT 样品中相对丰度最高，达到 11%。有意思的是，大型真菌 *Lycoperdon*（马勃属）在 ALRT 样品中也具有较高的

丰度，仅次于 *Microascales_unclassified* 和 *Penicillium*，相对丰度为 6.1%，在采样现场也有观察到该属的存在。

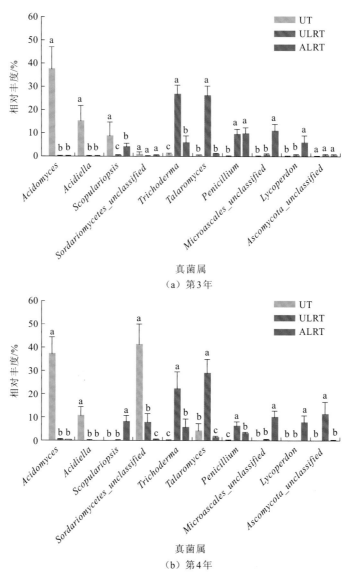

图 6.9　生态恢复实施后第 3 年和第 4 年不同类型尾矿样品真菌属水平的分布情况

恢复后第 4 年采集的样品属水平上与第三年样品的结果总体上类似（图 6.9）。具体而言，*Acidomyces*（37%），*Acidiella*（11%）这两类较高耐酸能力的真菌属仍然在 UT 样品中占有很高的丰度，但 Sordariomycetes 下的未分类属 *Sordariomycetes_unclassified* 在 UT 样品中相对丰度更高，达到 41%。这三个属在 UT 样品的真菌群落中占了绝大部分。而在 ULRT 样品中，与第 3 年采集样品的结果类似，*Talaromyces*（27%）、*Trichoderma*（27%）、*Penicillium*（9.7%）等仍是最主要的优势属。但除了这三个属，其他的优势属与第 3 年的结果不太相同，主要包括 *Ascomycota_unclassified*（12%）、*Sordariomycetes_* *unclassified*（7.9%）、*Scolecobasidium*（3.3%）、*Aspergillaceae_unclassified*（1.8%）、*Exophiala*（1.6%）等。相比而言，ALRT 样品的真菌群落在第 4 年和第 3 年采集的样品在前十优势属上则基本没有变化，*Microascales_unclassified*（10%）、*Scopulariopsis*（8.2%）、*Lycoperdon*（7.9%）、*Trichoderma*（5.9%）等在 ALRT 样品真菌群落中占据优势地位。

在 OTU 水平上，本小节分别对第 3 年和第 4 年采集的不同类型的样品进行了 PcoA 分析（图 6.10）。从分析结果上看，来源于不同类型的样品总体上都得到很好的区分，一轴（PCo1）区分了 UT 和 ULRT 样品。土壤真菌与植物的关系更为密切，但除大多数试验添加菌根真菌对恢复效果影响的研究以外，目前对于极端酸性尾矿生态恢复后真菌微生物群落的变化研究非常少。

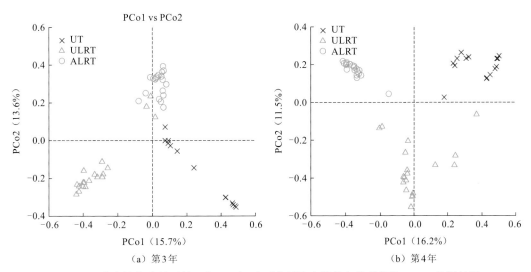

图 6.10　生态恢复实施后第 3 年、4 年不同类型尾矿样品真菌群落的 PCoA 分析结果

以上结果表明，生态恢复不仅能够显著增加细菌微生物群落的多样性，同时也能够显著增加真菌群落的多样性（表 6.9），这与已发表的研究结果类似（Mosier, et al., 2016；Hur et al., 2012）。分类上，Ascomycota 在未恢复尾矿和恢复后尾矿的真菌群落中均占绝对优势。这一结果并不奇怪，因为 Ascomycota 是真菌界真大的门类，已有的报道发现它在森林土壤、重金属污染土壤及修复植物的根际土壤等各类生境中都具有极高的相对丰度（Urbanová et al., 2015；Hur et al., 2012）。在属水平上，不同类群来源的样品表现出了很大的差异性。*Acidomyces*、*Acidiella* 等是 UT 样品中最主要的真菌属，这两个属所占相对丰度达到了 48%～53%（图 6.9），这与唯一的一篇对极端酸性尾矿进行真菌群落调查的论文结果类似（Hujslová et al., 2017），这可能与它们具有很强的耐酸能力有关（Hujslová et al., 2014；Hujslová et al., 2013）。事实上，UT 中丰度最高的 *Acidomyces* 不仅在酸性尾矿中被发现，同时也被发现在酸性矿山废水（AMD）的真菌群落中具有很高的丰度（Baker et al., 2009；Baker et al., 2004），在 AMD 的碳、氮元素循环方面可能发挥着十分重要的作用（Mosier et al., 2016），基于纯培养的研究表明其编码基因 AaMco1 表达的蛋白具有铁氧化酶活性，暗示其可能也参与铁氧化的过程（Boonen et al., 2014）。

而在恢复后的尾矿样品 ULRT 中，耐酸的 *Acidomyces*、*Acidiella* 等属的相对丰度很低，主要优势属为 *Talaromyces*、*Trichoderma*、*Penicillium* 3 个属，这些属在 ALRT 样品中也具有较高的丰度（图 6.9）。*Talaromyces*、*Penicillium* 的真菌能够通过加强无机磷的溶解和有机磷的矿化作用从而增加土壤中有效磷的含量，其溶磷的能力与土壤 pH 等有关（Della et al.，2018；Stefanoni et al.，2016），而尾矿中的磷不仅是植物生长所必需的元素，同时也能够缓解重金属的毒性。*Trichoderma* 是一类报道很多、使用广泛的植物促生微生物（plant growth-promoting microbes，PGPM），可以用于植物病原菌的生物防治（Pang et al.，2017；Harman et al.，2004），并且，该属的微生物侵染植物根系后常常能够促进根系的生长，增加作物的产量、对氧化胁迫的抗性及对营养物质的吸收和利用（Harman et al.，2004）。例如，有研究发现添加 *Trichoderma hamatum* 能够显著增加白三叶（*Trifolium repens*）和黑麦草（*Lolium perenne*）的高度和生长速度，提高氮固定的能力（Alcántara et al.，2016）。也就是说，生态恢复的实施显著增加了尾矿中具有促进植物生长和营养物质吸收利用能力的菌根真菌的相对丰度，这显然对试验地植物的生长和植被系统的长期稳定具有十分重要的作用。PCoA 的结果表明生态恢复显著改变了尾矿的真菌群落结构（OTU 水平），这与属水平的分类结果是一致的（图 6.9，图 6.10）。一项室内模拟试验的结果也支持以上结论（Valentín-Vargas et al.，2014）。但显然，与前面细菌群落 PCoA 结果不同的是，似乎并没有发现 ULRT 向 ALRT 群落靠近的趋势，这表明生态恢复对于细菌和真菌群落的改变可能具有不同的趋势结果。

6.2.2 土壤真菌群落结构与理化因子的关系

为了探究试验地真菌群落变化与理化因子之间的内在关联，本小节采用了冗余分析（redundancy analysis，RDA）的方法进行了研究。RDA 分析结果表明尾矿的真菌群落结构在 OTU 水平上与理化性质存在明显的相关性（表 6.10）。具体而言，在试验地恢复第 3 年，DTPA-Zn、总 Cu、Fe^{2+} 和总 Zn 是影响尾矿真菌群落结构的决定性因子，它们总共能够解释群落变化的 14.4%。在恢复第 4 年时，EC、DTPA-Zn 和 DTPA-Cu 是影响真菌群落结构的关键性因子，其总体能够解释群落变化的 13.5%（表 6.10）。

表 6.10 **Bioenv 命令筛选出的最优理化因子组合的解释度**（RDA 分析）

时间	理化因子	解释度/%	伪 F 值	P
	DTPA-Zn	5.8	3.7	0.001
	总 Cu	1.9	1.2	0.22
第 3 年	Fe^{2+}	1.9	1.2	0.24
	总 Zn	1.9	1.2	0.24
	小计	14.4	3.7	0.001

续表

时间	理化因子	解释度/%	伪 F 值	P
第 4 年	EC	6.2	4.3	0.001
	DTPA-Zn	3.3	2.4	0.03
	DTPA-Cu	1.9	1.3	0.20
	小计	13.5	2.8	0.004

上述结果表明，尾矿的微生物群落结构主要受到锌、铜等重金属相关的因子及电导率的影响，此前的研究也得出了类似的结论（Thiem et al.，2018）。尽管已有文献报道了对重金属具有较高耐性的真菌，例如，分类于 *Microsphaeropsis*、*Mucor*、*Phoma*、*Alternaria*、*Peyronellaea* 及 *Aspergillus* 等属的一些真菌（Colpaert et al.，2011），但绝大部分的真菌仍然会受到超标重金属离子的强烈影响（Deng et al.，2015；Liljeqvist et al.，2013；Park et al.，2011；Khan et al.，2010）。重金属对真菌的影响主要体现在 5 个方面：①通过与蛋白质的相互作用抑制真菌酶的活性；②置换或取代真菌所必需的一些金属离子；③对真菌细胞膜造成破坏；④引起氧化应激反应或对抗氧化胁迫的机制造成影响；⑤对于群落而言，常导致真菌生物量和多样性的降低。对于重金属毒性，有研究发现土壤真菌相对于细菌可能更为敏感。相关性分析的结果也表明，真菌群落的多样性指数（包括 OTU 数目、Chao1 指数、ACE 指数、Shannon-Wiener 指数及 Simpson 指数）和主要的优势属（包括 *Trichoderma*、*Talaromyces*、*Acidomyces*、*Lycoperdon*、*Scopulariopsis*、*Microascales_unclassified*、*Ascomycota_unclassified*、*Sordariomycetes_unclassified* 等），大部分与这些筛选出的理化因子间存在较强的相关性（表 6.11，表 6.12）。这也进一步验证了 RDA 的结果，支持尾矿的真菌群落结构主要受到重金属相关理化因子及电导率的影响。

表 6.11　生态恢复实施后第 3 年真菌多样性指数及主要优势属与 bioenv 筛选出
理化因子的相关性分析结果

	参数	DTPA-Zn	Cu	Fe^{2+}	Zn	EC	DTPA-Cu
多样性指数	OTU 数目	-0.43***	-0.65***	0.52***	0.70***	-0.57***	-0.81***
	Chao1 指数	-0.43***	-0.64***	0.53***	0.68***	-0.61***	-0.78***
	ACE 指数	-0.35***	-0.62***	0.49***	0.62***	-0.58***	-0.71***
	Shannon-Wiener 指数	-0.44***	-0.57***	0.49***	0.71***	-0.64***	-0.74***
	Simpson 指数	-0.45***	-0.47***	0.49***	0.62***	-0.67***	-0.65***
优势属	小囊菌目下的未分类属 *Microascales_unclassified*	-0.27*	-0.66***	0.46***	0.73***	-0.29*	-0.78***

续表

	参数	DTPA-Zn	Cu	Fe^{2+}	Zn	EC	DTPA-Cu
优势属	帚霉属 Scopulariopsis	-0.10	-0.45***	0.32*	0.69***	0.22	-0.53***
	马勃属 Lycoperdon	-0.26*	-0.62***	0.33*	0.60***	-0.19	-0.66***
	木霉属 Trichoderma	-0.68***	-0.04	0.64***	0.23	-0.21	-0.41***
	青霉菌属 Penicillium	-0.58***	-0.35**	0.58***	0.35**	-0.27*	-0.57***
	篮状菌属 Talaromyces	-0.76***	0.08	0.63***	0.09	-0.08	-0.25
	Acidomyces	0.32*	0.19	-0.39**	-0.24	0.18	0.42***
	子囊菌门下的未分类属 Ascomycota_unclassified	-0.42***	-0.42***	0.49***	0.50***	-0.09	-0.58***
	粪壳菌纲下的未分类属 Sordariomycetes_unclassified	-0.11	-0.47****	0.17	0.49***	0.09	-0.46***

表6.12　生态恢复实施后第 4 年真菌多样性指数及主要优势属与 bioenv 筛选出理化因子的相关性分析结果

	参数	DTPA-Zn	Cu	Fe^{2+}	Zn	EC	DTPA-Cu
多样性指数	OTU 数目	-0.21	-0.53***	0.26*	0.56***	-0.69***	-0.85***
	Chao1 指数	-0.15	-0.56***	0.19	0.54***	-0.65***	-0.80***
	ACE 指数	-0.12	-0.53***	0.16	0.52***	-0.57***	-0.73***
	Shannon-Wiener 指数	-0.13	-0.55***	0.25	0.50***	-0.59***	-0.78***
	Simpson 指数	-0.08	-0.50***	0.25	0.41***	-0.51***	-0.70***
优势属	小囊菌目下的未分类属 Microascales_unclassified	-0.09	-0.66***	0.13	0.60***	-0.48***	-0.71***
	帚霉属 Scopulariopsis	0.08	-0.63***	-0.05	0.57***	-0.41**	-0.68***
	马勃属 Lycoperdon	0.13	-0.65***	-0.03	0.56***	-0.42**	-0.65***
	木霉属 Trichoderma	-0.62***	-0.01	0.43***	0.26*	-0.58***	-0.51***
	青霉菌属 Penicillium	-0.55***	-0.05	0.66***	0.11	-0.70***	-0.59***
	篮状菌属 Talaromyces	-0.59***	0.30*	0.56***	-0.07	-0.49***	-0.22
	Acidomyces	0.41***	0.20	-0.46***	-0.31*	0.66***	0.63***
	子囊菌门下的未分类属 Ascomycota_unclassified	-0.33*	-0.15	0.34**	0.18	-0.48***	-0.41**
	粪壳菌纲下的未分类属 Sordariomycetes_unclassified	0.42	-0.03	-0.52***	-0.17	0.46***	0.41**

此外，尾矿真菌和细菌 / 古菌微生物群落结构的影响因素是不一致的（表 6.9，表 6.10）。可以看出，尽管尾矿的真菌群落结构主要受到重金属相关理化因子及电导率的影响，但解释度并不高（表 6.10）。事实上，此前很多研究的结果表明，相比于土壤理化因子，植物因素对真菌群落的影响程度更大（Harantova et al.，2017；Krüger et al.，2017；Perez-Izquierdo et al.，2017；Urbanova et al.，2015），这可能是本研究中理化因子解释度偏低的主要原因。

6.3　土壤微生物群落功能的变化特征

为了进一步了解尾矿在恢复过程中微生物群落的功能变化，本节选取恢复后第 3 年的 9 个样品进行宏基因组分析，其中包括 UT 系列 3 个样品（UTM-1，UTM-2，UTM-3），ULRT 系列 3 个样品（ULRTM-1，ULRTM-2，ULRTM-3），ALRT 系列 3 个样品（ALRTM-1，ALRTM-2，ALRTM-3）。在对这些样品构建 300 bp 短片段文库，采用 Illumina Hiseq X-10 平台进行 PE150 双端测序。获得的测序结果在进行质控后，利用 SOAPdenovo 软件进行拼接，然后进行基因预测，最后使用 Diamond 软件与 KEGG、eggNOG 数据库、NCBI-nr 等三大数据库进行比对，得出基因的注释信息（表 6.13～表 6.15）。可以看出，经过序列拼接，UT 样品获得的 Contig 数目最少（22 万～26 万条），而 ULRT 和 ALRT 获得的 Contig 条数在 91 万～303 万条。基因预测的结果也是 UT 的功能基因数目最少，范围为 52 万～62 万个；ULRT 和 ALRT 的样品预测出的功能基因数目为 145 万～490 万个。KEGG 数据库的基因注释率为 56%～67%；eggNOG 数据库的基因注释率为 55%～65%；NCBI-nr 的基因注释率为 66%～76%。

表 6.13　未恢复区（UT）系列样品的序列拼接、基因预测及注释信息统计结果

条目		UTM-1		UTM-2		UTM-3	
		数值	比例/%	数值	比例/%	数值	比例/%
Contigs 序列	总数	252 676	100	221 490	100	263 515	100
	平均长度/bp	1 763	—	1 789	—	1 745	—
	平均 GC 含量/%	54	—	58	—	57	—
	N50 /bp	3 361	—	3 498	—	3 156	—
	最长片段/bp	656 367	—	478 837	—	433 747	—
预测基因	总数	593 487	100	525 752	100	618 767	100
	平均长度/bp	613	—	635	—	619	—
	平均 GC 含量/%	57	—	59	—	58	—
注释信息	KEGG	333 225	56	311 540	59	356 152	58
	eggNOG	329 113	55	308 185	59	352 443	57
	NCBI-nr	389 758	66	364 820	69	414 105	67

表 6.14 恢复区未改良层（ULRT）系列样品的序列拼接、基因预测及注释信息统计结果

条目		ULRTM-1		ULRTM-2		ULRTM-3	
		数值	比例/%	数值	比例/%	数值	比例/%
Contigs 序列	总数	1 029 005	100	1 555 199	100	1 178 170	100
	平均长度/bp	1 199	—	1 090	—	1 099	—
	平均 GC 含量/%	61	—	61	—	60	—
	N50/bp	1 303	—	1 082	—	1 116	—
	最长片段/bp	1 434 537	—	1 956 948	—	1 036 712	—
预测基因	总数	1 959 692	100	2 763 688	100	2 108 201	100
	平均长度/bp	564	—	545	—	537	—
	平均 GC 含量/%	61	—	62	—	61	—
注释信息	KEGG	1 264 667	65	1 754 909	63	1 255 859	60
	eggNOG	1 245 331	64	1 726 661	62	1 237 478	59
	NCBI-nr	1 446 596	74	2 009 127	73	1 450 383	69

表 6.15 恢复区改良层（ALRT）系列样品的序列拼接、基因预测及注释信息统计结果

条目		ALRTM-1		ALRTM-2		ALRTM-3	
		数值	比例/%	数值	比例/%	数值	比例/%
Contigs 序列	总数	916 637	100	932 133	100	3 036 850	100
	平均长度/bp	895	—	895	—	914	—
	平均 GC 含量/%	63	—	65	—	65	—
	N50/bp	829	—	832	—	859	—
	最长片段/bp	405 184	—	202 922	—	1 388 860	—
预测基因	总数	1 454 613	100	1 500 486	100	4 904 589	100
	平均长度/bp	501	—	508	—	520	—
	平均 GC 含量/%	64	—	66	—	66	—
注释信息 KEGG	eggNOG	945 137	65	998 061	67	3 198 429	65
	NCBI-nr	926 776	64	978 697	65	3 138 132	64
	Contigs 序列	1 083 715	75	1 138 023	76	3 666 951	75

6.3.1 土壤微生物群落功能基因的总体情况

将拼接后所获得的基因序列与 eggNOG 数据库进行比对注释后，可以得到不同类型样品的功能基因类群的总体分布情况（图 6.11）。可以看出，来源于不同类型的样品聚类

十分明显，分成了 UT、ULRT、ALRT 三种类型，而 ULRT 样品在聚类上与 ALRT 样品更为接近。［R］General function prediction only（一般预测功能基因）、［E］Amino acid transport and metabolism（氨基酸的运输与代谢）、［C］Energy production and conversion（能量的产生与转换）等功能类群的相关基因在所有样品中都具有较高的相对丰度。在不同类型的样品间进行比较，可以看出［L］Replication，recombination and repair（复制、重组与修复）在 UT 样品中具有很高的相对丰度，而 ULRT 样品和 ALRT 样品中该功能类群的相对丰度则低于 UT 样品，其相对丰度排序是 UT＞ULRT＞ALRT。而复制、重组与修复相对丰度较高往往与恶劣的环境条件相关联（Zhang et al.，2016a），这与 UT 样品的极端酸性、高重金属毒性及强烈的氧化胁迫环境是一致的。这也间接地表明生态恢复明显改变了尾矿原有的恶劣环境条件。对于［M］Cell wall/membrane/envelope biogenesis（细胞壁/膜/包膜的生物发生）、［T］Signal transduction mechanisms（信号转导机制）等功能类群，在 ULRT 和 ALRT 样品中的相对丰度则明显高于 UT 样品。细胞壁/膜/包膜的生物发生与微生物细胞的复制繁殖密切关联，而信号转导可能与细胞的代谢紧密相关，这

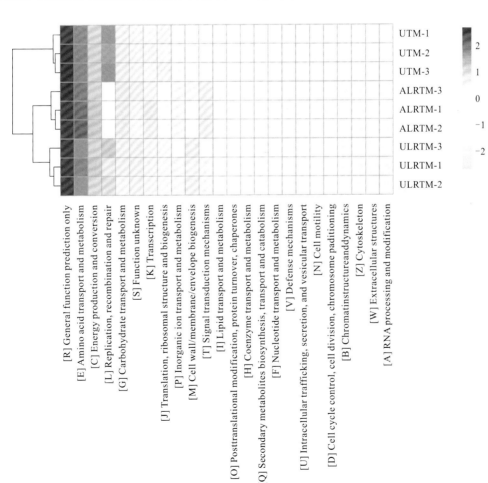

图 6.11　各样品基于 COG Category 的统计分布情况

表明恢复后的尾矿可能在微生物繁殖及代谢方面更为活跃，此前的一项研究也发现生态恢复后的微生物 16S rRNA 基因的拷贝数显著高于未做恢复的对照尾矿（Nelson et al., 2015）。另外，从 KEGG 数据库比对结果 Level 2 水平的统计情况来看，ALRT 和 ULRT 样品似乎具有丰度更高的代谢基因水平（图 6.12），进一步支持了上述结论。

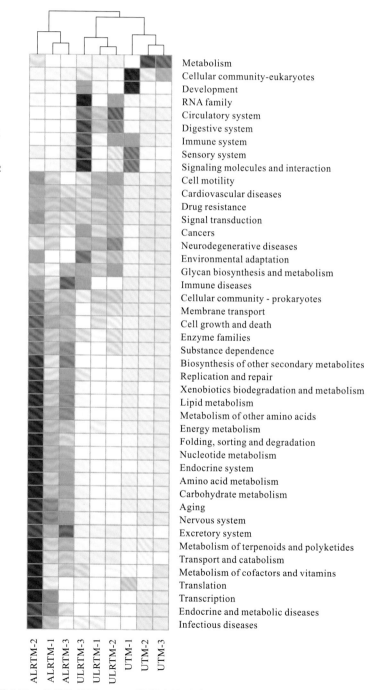

图 6.12　各样品基于 KEGG 数据库比对结果 Level 2 的统计分布情况

6.3.2　土壤微生物群落适应极端环境相关基因的变化特征

与其他重金属尾矿库一样。城门山尾矿库同样具有较低的 pH，较高的重金属含量和氧化还原电位。与森林土壤、农田土壤相比，尾矿库对微生物的生存及繁衍是极其不利的极端环境，微生物需要相应的适应机制以保证自身存活。鉴于目前尚未有极端酸性铜尾矿宏基因组研究的报道，本小节最主要参考相似生境，如 AMD（Hua et al.，2015；Chen et al.，2014）、酸性铅锌尾矿（Chen et al.，2013）、铜矿堆浸场（Zhang et al.，2016b）等的研究结果，对极端环境（低 pH、重金属胁迫、氧化胁迫）适应相关 COG 功能基因在不同类型样品中的相对丰度情况进行了整理分析（图 6.13～图 6.15）。其中，在重金属胁迫适应相关的 COG 功能基因方面，考虑城门山铜尾矿主要是以高浓度铜离子胁迫为主，故主要选择了与铜毒性耐受相关的基因及转运蛋白基因（Das et al.，2016）。

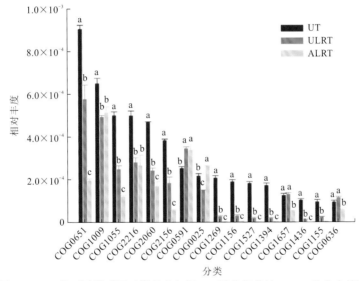

图 6.13　三种不同类型尾矿样品中与低 pH 适应相关的 COGs 的分布情况

首先，对 UT 样品的极端环境适应相关的基因进行了分析，发现在低 pH 适应方面，COG0651 在所有相关基因中相对丰度最高，表明其主要是通过编码 Na^+ 或 K^+ 等金属阳离子逆向运输蛋白通过质子泵系统将质子运出细胞以适应酸性环境；在重金属胁迫适应方面，COG2217 相对丰度较高，其编码的重金属转运蛋白（heavy metal translocating P-type ATPase）具有将重金属转出细胞的能力；在氧化胁迫适应方面，COG0526 相对丰度最高，其编码的是过氧化物还原酶（alkyl hydroperoxide reductase / thiol specific antioxidant）。其次，对于 ULRT 样品和 ALRT 样品，发现两者在低 pH、重金属胁迫及氧化胁迫适应相关的大部分 COG 的相对丰度明显低于 UT 样品（图 6.11～图 6.13），这与理化性质的变化情况是一致的，因为生态恢复后的样品 pH 已显著提高，酸化得到控制，而 DTPA-Cu 的含量和氧化还原电位则显著下降，从功能基因的水平上间接反映出尾矿的生态恢复取得了很好的效果。

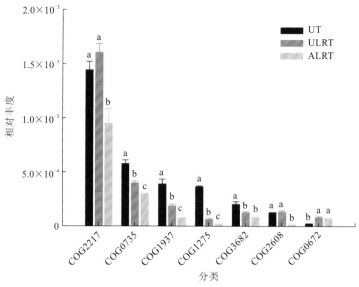

图 6.14　三种不同类型尾矿样品中与重金属胁迫适应相关的 COGs 的分布情况

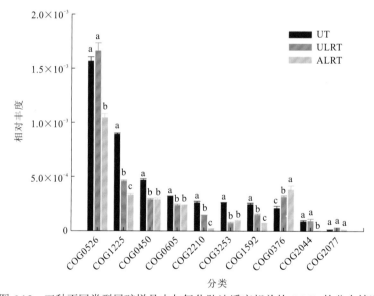

图 6.15　三种不同类型尾矿样品中与氧化胁迫适应相关的 COGs 的分布情况

6.3.3　土壤微生物群落铁/硫氧化相关基因的变化特征

　　铁/硫氧化微生物类群催化金属硫化物氧化导致的产酸，是重金属尾矿生态恢复中面临的主要难题。前面已经详细地讨论了生态恢复后的铁/硫氧化微生物类群的相对丰度变化情况及主要影响因子，本小节将结合宏基因组分析的数据结果进一步讨论生态恢复后铁/硫氧化相关基因的变化情况。鉴于现有的数据库均没有对铁/硫氧化相关的基因进行分类整理，本小节主要通过总结此前相关研究揭示的铁/硫氧化机制相关的基因，对 NCBI-nr 数据库的注释结果进行整理。

对铁氧化相关的机制，由于其较为复杂，现有的研究结果揭示的尚不够全面。到目前为止，铁氧化的具体代谢途径只有在 *Acidithiobacillus ferrooxidans* 中得到了深入的研究，当然，在其他一些微生物的代谢途径中也有一些基于基因组数据分析结果和试验的推测（Bonnefoy et al.，2012）。总体而言，目前已报道的二价铁氧化相关的机制主要包括：*At. ferrooxidans* 中的 *cyc1/rus/cyc2* 基因，*At. ferrivorans* 中的 *iro* 基因，*Sulfolobus metallicus* 的 *fox* 基因簇，*Thiobacillus prosperus* 的 *cox* 操纵子，*Leptospirillum* spp.的 *Cyt572/Cyt579*，*Rhodobacter capsulatus* SB1003 的 *foxEYZ* 操纵子，*Rhodopseudomonas palustris* TIE-1 的 *pioAB* 基因及 *Shewanellas* spp.和 *Geobacter* spp.中的 *mtrAB* 基因（Zhang et al.，2016b；Hua et al.，2015；Talla et al.，2014；Chen et al.，2013；Bonnefoy et al.，2012；Amouric et al.，2011；Mi et al.，2011）。

对于硫氧化相关的机制，主要是在 *Acidithiobacillus* 中得到了较为全面的研究（Yin et al.，2014）。此前研究报道的硫氧化关键酶（机制）及编码基因主要包括：Tetrathionate hydrolase（编码基因 *tetH*）、Sulfur oxidation multienzyme complex system（编码基因 *soxXYZAB*）、Thiosulfate dehydrogenase（编码基因 *tsd*）、Sulfide quinone reductase（编码基因 *sqr*）、Thiosulfate:quinone oxidoreductase（编码基因 *doxDA*）、Sulfur oxygenase reductase（编码基因 *sor*）、Sulfate adenylyltransferase/adenylylsulfate kinase（编码基因 *sat/cysC*）（Zhang et al.，2016a；Liljeqvist et al.，2013；Chen et al.，2013）。

根据以上基因信息，从 NCBI-nr 数据库的注释结果中分别统计了三种类型样品的铁/硫氧化相关基因的相对丰度数据（图 6.16）。可以看出，恢复后的样品 ULRT 和 ALRT 中铁氧化或者硫氧化相关基因的相对丰度均显著低于原始的尾矿样品 UT（$P<0.05$），并按照 ALRT<ULRT<UT 的规律排列。该结果与前面得出的铁/硫氧化微生物类群的趋势是一致的（图 6.4，表 6.5，表 6.6）。这说明生态恢复不仅能够显著降低尾矿中铁/硫氧化微生物类群在群落中的比例，同时也能够降低尾矿中铁/硫氧化相关基因的相对丰度。但显然，与前面不同类型样品间铁/硫氧化微生物类群比例的巨大差异相比（表 6.5，表 6.6），基因水平上的差异相对较小。可能的解释有两点：①本小节研究的尾矿以铁/硫氧化古菌为主，在采取手工法提取 DNA 时，为了保持片段的完整性以进行宏基因组分析，主要采用温和的溶菌酶裂解和冻融裂解方法，而大多数古菌的细胞壁不含二氨基庚二酸（D-氨基酸）和胞壁酸，溶解酶对其没有作用，可能导致古菌裂解程度受到影响，而在研究群落结构时，主要采用剧烈的物理破碎方法裂解细胞，裂解比较完全；②如前所述，可能是由于目前对于古菌中铁/硫氧化机制的研究不够深入，公共数据库中相关的条目较少，即便是宏基因组测序中获得了相关的序列，但缺少对应的注释结果（Chen et al.，2013）。此外，氧化还原电位 Eh 与铁/硫氧化微生物属的总体相对丰度呈现明显的正相关关系。进一步地，通过相关性分析研究了氧化还原电位 Eh 与铁氧化、硫氧化基因相对丰度之间的联系（图 6.17）。分析结果表明，Eh 与铁氧化、硫氧化基因的相对丰度之间同样具有显著的正相关关系（分别为 $r=0.89$，$P<0.001$；$r=0.83$，$P=0.006$）。这进一步从功能基因水平上验证了氧化还原电位与铁/硫氧化的紧密联系。

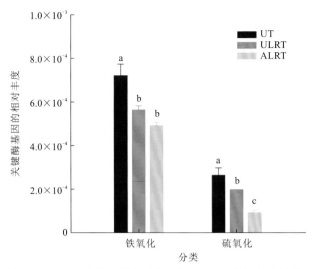

图 6.16 三种不同类型样品中铁/硫氧化相关基因的统计情况

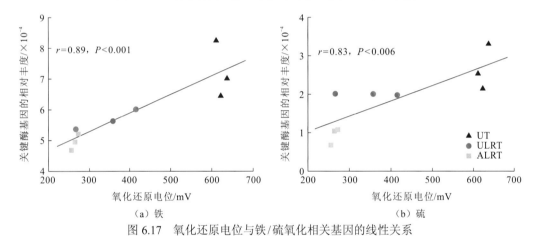

（a）铁 （b）硫

图 6.17 氧化还原电位与铁/硫氧化相关基因的线性关系

6.3.4 土壤微生物群落碳固定相关基因的变化特征

目前研究发现的微生物碳固定的途径主要包括 6 种，分别是 Calvin-Benson-Bassham（CBB）cycle、reductive citric acid（rTCA）cycle、3-hydroxypropionate（3-HP）cycle、reductive acetyl-CoA pathway、dicarboxylate-4-hydroxybutytate cycle 及 3-Hydroxypropionate-4-hydroxybutyrate cycle（Berg et al.，2010）。前两种是最主要的途径。对于 CBB cycle 而言，ribulose-1，5-bisphosphate carboxylase oxygenase（Rubisco）及 ribulose-5-phosphate kinase 是该代谢途径的关键酶，由 *rbcL*、*rbcS* 和 *prkB* 三个基因编码（Berg et al.，2010）。对于 rTCA cycle 来讲，其关键酶主要是 2-氧化戊二酸-铁氧还蛋白氧化还原酶（Ofor，2-oxoglutarate-ferredoxin oxidoreductase）和 ATP 柠檬酸盐裂解酶（ACL，ATP citrate lyase）。

基于 KEGG 数据库的比对结果，对三类样品中碳固定相关的基因进行了整理。在 CBB cycle 方面，总体上，未恢复的尾矿样品 UT 中编码基因的相对丰度高于恢复后的

ULRT 和 ALRT 样品[图 6.18（a）]；此外，其关键酶编码基因 *rbcL*、*rbcS* 和 *prkB* 也具有同样的趋势[图 6.18（b）]。在 rTCA cycle 方面，尽管整体上三类样品在基因的相对丰度上并没有显著差异[图 6.18（a）]，但在关键酶编码基因方面，可以发现未恢复的尾矿样品 UT 中检测不到编码 ATP 柠檬酸盐裂解酶的 *ACL* 基因[图 6.18（b），表 6.16]，考虑其关键作用，可以认为其不能通过 rTCA 途径进行碳固定，类似的结果在凡口铅锌矿的酸性尾矿宏基因组研究中也有报道（Chen et al.，2013）。与此不同的是，在恢复后的 ULRT 和 ALRT 样品中，均检测到了相对较高丰度的 *ofor* 和 *ACL* 基因。综合以上结果，并考虑 ULRT 和 ALRT 样品中 rTCA 和 CBB cycle 途径相关的功能基因相对丰度明显高于 UT 样品中 CBB cycle 单一途径，可以得出恢复后尾矿样品中的碳固定相关基因的相对丰度高于未恢复的尾矿样品。

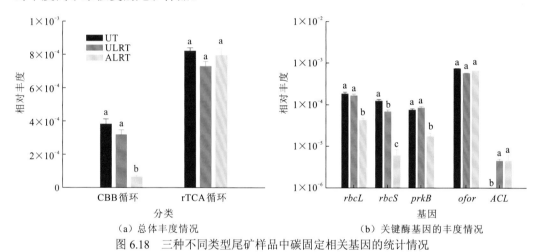

（a）总体丰度情况　　　　　　　　　（b）关键酶基因的丰度情况

图 6.18　三种不同类型尾矿样品中碳固定相关基因的统计情况

此外，结合物种分类结果对两种碳固定途径的主要参与微生物进行了探究。首先，对于卡尔文循环（CBB cycle）而言，在未恢复的 UT 样品中，其关键酶基因主要存在于 *Thermomonospora*（高温单孢菌属）、*Nocardia*（诺卡氏菌属）、*Acidithiobacillus*（硫杆菌属）、*Ferrovum* 及 *Leptospirillum*（钩端螺菌属）等属中，这些属也是其他重金属尾矿中主要行使碳固定功能的微生物（Chen et al.，2013）；对于恢复后的尾矿样品，在 ULRT 中 *Rubrivivax*（红长命菌属）、*Ideonella*（艾德昂菌属）、*Sphingomonas*（鞘氨醇单胞菌属）、*Bradyrhizobium*（慢性根瘤菌属）等是这三个编码基因的主要贡献者，在 ALRT 中则发现主要存在于 *Bradyrhizobium*、*Meiothermus*、*Meiothermus*、*Rudaea* 等属中。对于还原性三羧酸循环（rTCA cycle），在 ULRT 样品中 *Rudaea*、*Acidobacterium*、*Aplasma*、*Gemmatimonas* 是其关键酶基因的主要贡献者。对于 ALRT 样品，这些基因主要存在于 *Nocardioides*、*Ilumatobacter*、*Sphingomonas*、*Solirubrobacter*、*Candidatus* 等属。由于 UT 样品中缺乏关键的 *ACL* 基因，故不对其参与该过程的微生物进行讨论。以上物种分类结果表明，在碳固定方面，与未恢复的尾矿相比，恢复后的尾矿样品不仅在功能基因的相对丰度上得到明显提高，同时，在具体参与该过程的主要微生物类群方面也截然不同。

并且，这些在恢复后尾矿碳固定方面的主要参与者，在其他正常生境如森林土壤、植物根际土等也具有广泛地分布。

表 6.16 三种不同类型样品碳固定关键酶基因的相对丰度数据

代谢途径	KO 号	编码基因	UT		ULRT		ALRT	
			平均值	标准误差	平均值	标准误差	平均值	标准误差
卡尔文循环 CBB cycle	K01601	*rbcL*	1.8×10^{-4}	1.7×10^{-5}	1.7×10^{-4}	1.5×10^{-5}	4.2×10^{-5}	5.7×10^{-6}
	K01602	*rbcS*	1.2×10^{-4}	1.2×10^{-5}	6.8×10^{-5}	7.7×10^{-6}	6.0×10^{-6}	2.4×10^{-6}
	K00855	*prkB*	7.5×10^{-5}	6.1×10^{-6}	8.5×10^{-5}	7.5×10^{-6}	1.7×10^{-5}	3.7×10^{-6}
还原性三羧酸循环 rTCA cycle	K00174/00175	*ofor*	7.5×10^{-4}	9.3×10^{-6}	5.7×10^{-4}	1.4×10^{-5}	6.6×10^{-4}	4.1×10^{-5}
	K15230/15231	*ACL*	ND	—	4.5×10^{-6}	4.6×10^{-7}	4.5×10^{-6}	1.7×10^{-6}

注：基于 KEGG 数据库的比对结果。

6.3.5　土壤微生物群落氮代谢相关基因的变化特征

根据 KEGG 数据库的比对结果，对三种类型样品的氮代谢的相关基因进行了整理。氮代谢主要包括 6 个主要途径，也就是异化硝酸盐还原（dissimilatory nitrate reduction）、同化硝酸盐还原（assimilatory nitrate reduction）、硝化作用（nitrification）、反硝化作用（denitrification）、氮固定（nitogen fixation）、厌氧氨氧化作用（anammox）等。总体而言，恢复后的样品 ULRT 和 ALRT 中参与氮循环相关的基因相对丰度要高于原始的尾矿样品 UT，按照 ALRT＞ULRT＞UT 的规律排列，尤其表现在反硝化途径上［图 6.19（a），表 6.17］。

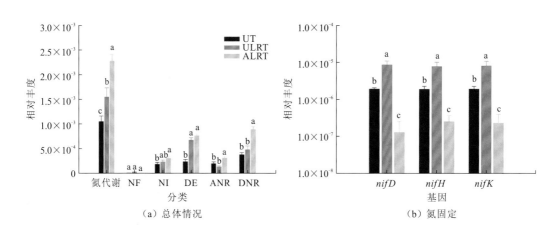

（a）总体情况　　　　　　　　　　　（b）氮固定

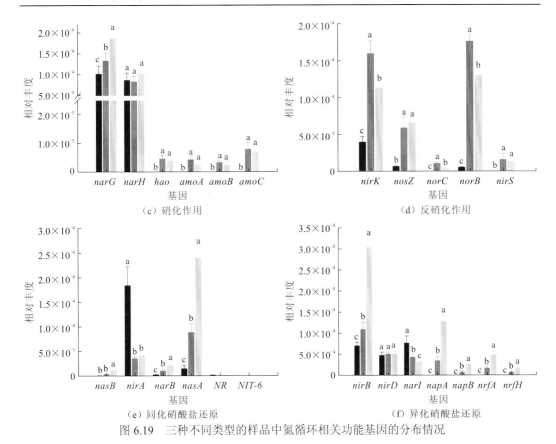

图 6.19　三种不同类型的样品中氮循环相关功能基因的分布情况

更具体的，对参与 6 条氮循环途径的酶编码基因进行了整理，发现三类样品中均未检测到参与厌氧氨氧化作用（Anammox）的相关的编码基因（表 6.17）。此外，在 UT 样品没有检测到 K02305（norC）、K02567（napA）、K02568（napB）、K03385（nrfA）、K10535（hao）、K10944（amoA）、K10945（amoB）、K10946（amoC）、K15864（nirS）、K15876（nrfH）等编码氮循环关键酶的相关基因，但这些基因在 ALRT 和 ULRT 样品中均有检测到（表 6.17）。K10535（hao）、K10944（amoA）、K10945（amoB）、K10946（amoC）是硝化作用的关键酶的编码基因（Daims et al.，2015；Kapoor et al.，2015），其主要参与 NH_4^+ 氧化成 NO_2^- 的过程，这些关键酶基因的缺失，表明 UT 样品的微生物群落可能不具备将 NH_4^+ 氧化成 NO_2^- 的能力［图 6.19（c），表 6.17］。K02567（napA）、K02568（napB）、K03385（nrfA）、K15876（nrfH）等，是异化硝酸盐还原作用中将 NO_3^- 还原成 NO_2^- 的关键酶基因（Tu et al.，2017），但在 UT 样品中检测到了编码相同功能酶的 narl 基因（Baker et al.，2015），因此，UT 样品的微生物仍然具有将 NO_3^- 还原成 NO_2^- 的能力［图 6.19（f）］。事实上，除厌氧氨氧化（Anammox）的相关基因及 NIT-6 基因以外，在恢复后的 ALRT 和 ULRT 样品中几乎检测到了 KEGG 数据中整理的所有氮循环相关基因（表 6.17）。

最后，对参与氮循环途径的相关微生物进行了分析。在氮固定（Nitogen fixation）方面，UT 样品中编码固氮酶的基因主要来自 *Leptospirillum*（钩端螺菌属）、*Methylococcus*（甲基球菌属）。*Leptospirillum* 的 group I 和 III（Goltsman et al.，2009）及 *Methylococcus*

表 6.17 三种不同类型样品氮循环相关基因相对丰度数据（基于 KEGG 数据库的比对结果）

代谢途径	KO 号	编码基因	UT		ULRT		ALRT	
			平均值	标准误差	平均值	标准误差	平均值	标准误差
氮固定	K02586	nifD	1.4×10^{-5}	1.2×10^{-5}	8.7×10^{-6}	2.3×10^{-6}	1.3×10^{-7}	1.3×10^{-7}
	K02588	nifH	1.4×10^{-5}	1.2×10^{-5}	7.9×10^{-6}	2.4×10^{-6}	2.5×10^{-7}	1.3×10^{-7}
	K02591	nifK	1.4×10^{-5}	1.2×10^{-5}	8.2×10^{-6}	2.7×10^{-6}	2.3×10^{-7}	1.7×10^{-7}
硝化作用	K00370	narG	1.0×10^{-4}	1.9×10^{-5}	1.3×10^{-4}	1.9×10^{-5}	1.9×10^{-4}	1.8×10^{-5}
	K00371	narH	8.7×10^{-5}	1.7×10^{-5}	8.3×10^{-5}	1.4×10^{-5}	1.0×10^{-4}	1.2×10^{-5}
	K10535	hao	ND	—	4.6×10^{-6}	1.2×10^{-6}	3.9×10^{-6}	1.2×10^{-6}
	K10944	amoA	ND	—	4.2×10^{-6}	1.1×10^{-6}	2.5×10^{-6}	8.1×10^{-7}
	K10945	amoB	ND	—	3.2×10^{-6}	6.9×10^{-7}	2.3×10^{-6}	1.1×10^{-6}
	K10946	amoC	ND	—	7.9×10^{-6}	2.2×10^{-6}	6.7×10^{-6}	1.8×10^{-6}
反硝化作用	K00368	nirK	4.0×10^{-5}	7.4×10^{-6}	1.6×10^{-4}	1.7×10^{-5}	1.1×10^{-4}	3.3×10^{-6}
	K00376	nosZ	6.5×10^{-6}	1.1×10^{-6}	5.9×10^{-5}	1.5×10^{-5}	6.6×10^{-6}	3.5×10^{-6}
	K02305	norC	ND	—	1.1×10^{-5}	1.9×10^{-6}	5.1×10^{-6}	8.2×10^{-7}
	K04561	norB	5.2×10^{-6}	7.3×10^{-7}	1.8×10^{-4}	8.8×10^{-6}	1.3×10^{-4}	5.8×10^{-6}
	K15864	nirS	3.0×10^{-8}	3.0×10^{-8}	1.6×10^{-5}	7.9×10^{-6}	1.3×10^{-5}	1.7×10^{-6}

续表

代谢途径	编码基因	KO 号	UT 平均值	UT 标准误差	ULRT 平均值	ULRT 标准误差	ALRT 平均值	ALRT 标准误差
同化硝酸盐还原	nasB	K00360	3.8×10^{-7}	2.9×10^{-8}	2.9×10^{-6}	6.1×10^{-7}	1.1×10^{-5}	2.3×10^{-6}
	nirA	K00366	1.8×10^{-4}	3.8×10^{-5}	3.5×10^{-5}	3.3×10^{-6}	4.1×10^{-5}	3.6×10^{-6}
	narB	K00367	2.3×10^{-6}	2.7×10^{-7}	9.7×10^{-6}	3.2×10^{-6}	2.1×10^{-5}	5.2×10^{-6}
	nasA	K00372	1.4×10^{-5}	6.1×10^{-6}	8.8×10^{-5}	1.7×10^{-5}	2.4×10^{-4}	2.0×10^{-5}
	NR	K10534	1.2×10^{-6}	3.3×10^{-7}	2.2×10^{-7}	6.6×10^{-8}	ND	—
	NIT-6	K17877	2.3×10^{-8}	1.5×10^{-8}	ND	—	1.1×10^{-7}	1.1×10^{-7}
异化硝酸盐还原	nirB	K00362	7.0×10^{-5}	7.7×10^{-6}	1.1×10^{-4}	1.7×10^{-5}	3.0×10^{-4}	2.0×10^{-5}
	nirD	K00363	4.7×10^{-5}	7.6×10^{-6}	5.0×10^{-5}	4.2×10^{-6}	5.1×10^{-5}	5.9×10^{-6}
	narI	K00374	7.6×10^{-5}	1.7×10^{-5}	4.3×10^{-5}	4.7×10^{-6}	3.2×10^{-5}	5.8×10^{-7}
	napA	K02567	ND	—	3.4×10^{-5}	1.0×10^{-5}	1.3×10^{-4}	1.7×10^{-5}
	napB	K02568	ND	—	6.8×10^{-6}	3.7×10^{-6}	2.5×10^{-5}	1.2×10^{-6}
	nrfA	K03385	ND	—	1.6×10^{-5}	5.7×10^{-6}	4.7×10^{-5}	1.1×10^{-5}
	nrfH	K15876	ND	—	7.2×10^{-6}	2.5×10^{-6}	1.8×10^{-5}	4.8×10^{-6}

注：UT 为未恢复区；ULRT 为恢复区未改良层；ALRT 为恢复区改良层

（Rastogi et al.，2009；Bender et al.，1994）都能够在缺氮的环境下进行氮固定。由于 UT 样品的总氮含量十分低，而氮对于尾矿微生物的生存是必需的，以上两种属可能在尾矿微生物群落的构建中具有十分重要的作用。对于 ALRT 样品而言，似乎固氮酶相关的基因丰度都较低，主要来自 *Aquabacterium*、*Martelella*、*Azospirillum* 三个属。而对于 ULRT 样品，*Geobacter*（地杆菌属）、*Leptospirillum*（钩端螺菌属）、*Azonexus*、*Acidithiobacillus*（硫杆菌属）、*Clostridium*（梭菌属）贡献了主要的编码固氮酶基因。在硝化作用（nitrification）途径，上面提到，在 UT 样品中缺乏将 NH_4^+ 氧化成 NO_2^- 的相关酶编码基因，但有将 NO_2^- 氧化成 NO_3^- 的酶编码基因（*narG*、*narH*），其主要来自 *Streptomyces*（链霉菌属）、*Aplasma* 和 *Acidothermus*（嗜酸栖热菌属）。对于恢复后的 ALRT 样品，硝化作用相关酶的编码基因主要来自 *Solirubrobacter*、*Cellulomonas*、*Nocardioides*、*Conexibacter* 等属。在 ULRT 样品中，*Reyranella*、*Streptomyces*（链霉菌属）、*Acidothermus*（嗜酸栖热菌属）和 *Actinospica* 等属贡献了硝化作用相关酶的主要编码基因。对于反硝化作用（denitrification）途径，UT 样品中相关酶的编码基因主要来自 *Rhodanobacter*、*Leptospirillum* 和 *Myxococcales*，而对于 ULRT 样品，*Rhodanobacter*、*Burkholderia*、*Acidobacteriaceae* 是该代谢途径相关酶编码基因的主要贡献者。在 ALRT 样品中，该代谢途径相关酶的编码基因主要来自 *Arenimonas*、*Cupriavidus*、*Bradyrhizobium* 等属。在同化硝酸盐还原（assimilatory nitrate reduction）方面，在未恢复的 UT 样品中，*Thermobaculum*、*Ferroplasma*（铁原体属）、*Thermithiobacillus*（热硫杆状菌属）、*Rubrobacter* 等属具有较高的相关酶编码基因；在恢复后的 ULRT 样品中，*Bradyrhizobium*、*Thermobaculum*、*Rubrobacter*、*Streptomyces* 等是相关酶编码基因的主要贡献者；在 ALRT 样品中，其相关酶编码基因主要是由 *Candidatus*、*Solirubrobacter*、*Cupriavidus*、*Bradyrhizobium* 等属提供。最后，在异化硝酸盐还原（dissimilatory nitrate reduction）途径方面，UT 样品的相关酶编码基因的主要来源于 *Kutzneria*、*Streptomyces* 及 *Aeromicrobium* 等属；而对于 ULRT 样品，反硝化作用酶相关的编码基因主要来源于 *Bradyrhizobium*、*Candidatus*、*Kutzneria*、*Methylibium* 等属；最后，在 ALRT 样品中，*Candidatus*、*Methylibium*、*Cupriavidus*、*Nocardioides* 提供了大部分的相关酶编码基因。

上述结果表明，不仅三类样品在氮循环相关代谢途径功能基因的相对丰度上存在显著差异，同时在具体参与这些代谢途径的主要微生物方面也不一致。ULRT 样品和 UT 样品在参与氮循环的微生物类群表现出很大的差异；而对于 ALRT 样品，不管在功能基因的分布，抑或是参与相关代谢通路的微生物类群，均与恢复前的尾矿截然不同（图 6.19，表 6.17）。这表明生态恢复显著改变了尾矿微生物群落的氮循环代谢过程。此前的研究发现，从裸露的铜尾矿到尾矿植被区，氮固定的关键基因 *nifH* 的拷贝数显著增加，从 5.1×10^5 拷贝 /g 增加到 3.4×10^7 拷贝 /g，克隆文库的结果发现相关的固氮微生物主要来源于 *Proteobacteria*、*Cyanobacteria* 及 *Firmicutes*（Huang et al.，2011）。随后的一项室内试验也证明，通过添加改良基质进行植被，能够显著增加尾矿中 *nifH* 和 *amoA* 基因的相对丰度（Nelson et al.，2015）。曾有一篇论文研究了铜尾矿植被恢复过程中对氮循环相关基因的影响（Li et al.，2017），发现白茅（*Imperata Cylindrica*）和香根草（*Chrysopogon zizanioides*）能够增加尾矿中 *nifH* 和 *amoA* 基因的丰度和活性，其中白茅对氮固定基因 *nifH* 的影响更为显著，对于尾矿中的氮积累具有十分积极的作用。这些研究的发现进一步支持了本节结果。

参 考 文 献

ALCÁNTARA C, THORNTON C R, PEREZ-DE-LUQUE A, et al., 2016. The free-living rhizosphere fungus *Trichoderma hamatum* GD12 enhances clover productivity in clover-ryegrass mixtures. Plant and Soil, 398: 165-180.

AMOURIC A, BROCHIER-ARMANET C, JOHNSON D B, et al., 2011. Phylogenetic and genetic variation among Fe（II）-oxidizing Acidithiobacilli supports the view that these comprise multiple species with different ferrous iron oxidation pathways. Microbiology, 157: 111-122.

DAS S, DASH H R, CHAKRABORTY J, 2016. Genetic basis and importance of metal resistant genes in bacteria for bioremediation of contaminated environments with toxic metal pollutants. Applied Microbiology and Biotechnology, 100: 2967-2984.

DELLA MONICA I F, GODOY M S, GOOES A M, et al., 2018. Fungal extracellular phosphatases: Their role in P cycling under different pH and P sources availability. Journal of Applied Microbiology, 124: 155-165.

BAKER B J, LUTZ M A, DAWSON S C, et al., 2004. Metabolically active eukaryotic communities in extremely acidic mine drainage. Applied and Environmental Microbiology, 70: 6264-6271.

BAKER B J, TYSON G W, GOOSHERST L, et al., 2009. Insights into the diversity of eukaryotes in acid mine drainage biofilm communities. Applied and Environmental Microbiology, 75: 2192-2199.

BAKER B J, LAZAR C S, TESKE A P, et al., 2015. Genomic resolution of linkages in carbon, nitrogen, and sulfur cycling among widespread estuary sediment bacteria. Microbiome, 3: 14.

BENDER M, CONRAD R, 1994. Microbial oxidation of methane, ammonium and carbon monoxide, and turnover of nitrous oxide and nitric oxide in soils. Biogeochemistry, 27: 97-112.

BERG I A, KOCKELKORN D, RAMOS-VERA W H, et al., 2010. Autotrophic carbon fixation in archaea. Nature Reviews Microbiology, 8: 447-460.

BOONEN F, VANDAMME A, ETOUNDI E, et al., 2014. Identification and characterization of a novel multicopper oxidase from *Acidomyces acidophilus* with ferroxidase activity. Biochimie, 102: 37-46.

BONNEFOY V, HOLMES D S, 2012. Genomic insights into microbial iron oxidation and iron uptake strategies in extremely acidic environments. Environmental Microbiology, 14: 1597-1611.

CANADELL J, JACKSON R B, EHLERINGER J B, et al., 1996. Maximum rooting depth of vegetation types at the global scale. Oecologia, 108: 583-595.

CHEN L X, LI J T, CHEN L X, et al., 2013. Shifts in microbial community composition and function in the acidification of a lead/zinc mine tailings. Environmental Microbiology, 15: 2431-2444.

CHEN Y T, LI J T, CHEN L X, et al., 2014. Biogeochemical processes governing natural pyrite oxidation and release of acid metalliferous drainage. Environmental Science & Technology, 48: 5537-5545.

COLPAERT J V, WEVERS J H L, KRZNARIC E, et al., 2011. How metal-tolerant ecotypes of ectomycorrhizal fungi protect plants from heavy metal pollution. Annals of Forest Science, 68: 17-24.

DAIMS H, LEBEDEVA E V, PJEVAC P, et al., 2015. Complete nitrification by Nitrospira bacteria. Nature, 528: 504.

DELLA MONICA I F, GODOY M S, GODEAS A M, et al., 2018. Fungal extracellular phosphatases: their role in P cycling under different pH and P sources availability. Journal of Applied Microbiology, 124: 155-165.

DENG L J, ZENG G M, FAN C Z, et al., 2015. Response of rhizosphere microbial community structure and diversity to heavy metal co-pollution in arable soil. Applied Microbiology and Biotechnology, 99: 8259-8269.

FIERER N, STRICKLAND M S, LIPTZIN D, et al., 2009. Global patterns in belowground communities. Ecology Letters, 12: 1238-1249.

GOLTSMAN D S A, DENEF V J, SINGER S W, et al., 2009. Community genomic and proteomic analyses of chemoautotrophic iron-oxidizing "Leptospirillum rubarum" (group II)and "Leptospirillum ferrodiazotrophum" (group III) bacteria in acid mine drainage biofilms. Applied and Environmental Microbiology, 75: 4599-4615.

HARMAN G E, HOWELL C R, VITERBO A, et al., 2004. Trichoderma species - opportunistic, avirulent plant symbionts. Nature Reviews Microbiology, 2: 43-56.

HARANTOVA L, MUDRAK O, KOHOUT P, et al., 2017. Development of microbial community during primary succession in areas degraded by mining activities. Land Degradation & Development, 28: 2574-2584.

HUA Z S, HAN Y J, CHEN L X, et al., 2015. Ecological roles of dominant and rare prokaryotes in acid mine drainage revealed by metagenomics and metatranscriptomics. ISME Journal, 9: 1280-1294.

HUANG L B, BAUMGARTL T, MULLIGAN D, 2012. Is rhizosphere remediation sufficient for sustainable revegetation of mine tailings? Annals of Botany, 110: 223-238.

HUANG L N, TANG F Z, SONG Y S, et al., 2011. Biodiversity, abundance, and activity of nitrogen-fixing bacteria during primary succession on a copper mine tailings. FEMS Microbiology Ecology, 78: 439-450.

HUJSLOVÁ M, KUBATOVA A, BUKOVSKA P, et al., 2017. Extremely acidic soils are dominated by species-poor and highly specific fungal communities. Microbial Ecology, 73: 321-337.

HUJSLOVÁ M, KUBATOVA A, KOSTOVCIK M, et al., 2014. Three new genera of fungi from extremely acidic soils. Mycological Progress, 13: 819-831.

HUJSLOVÁ M, KUBATOVA A, KOSTOVCIK M, et al., 2013. Acidiella bohemica gen. et sp. nov. and Acidomyces spp. (Teratosphaeriaceae), the indigenous inhabitants of extremely acidic soils in Europe. Fungal Diversity, 58: 33-45.

HUR M, KIM Y, SONG H R, et al., 2011. Effect of genetically modified poplars on soil microbial communities during the phytoremediation of waste mine tailings. Applied and Environmental Microbiology,

77: 7611-7619.

HUR M, LIM Y W, YU J J, et al., 2012. Fungal community associated with genetically modified poplar during metal phytoremediation. Journal of Microbiology, 50: 910-915.

IZQUIERDO I, CARAVACA F, ALGUACIL M M, et al., 2005. Use of microbiological indicators for evaluating success in soil restoration after revegetation of a mining area under subtropical conditions. Applied Soil Ecology, 30: 3-10.

KAPOOR V, LI X, ELK M, et al., 2015. Impact of heavy metals on transcriptional and physiological activity of nitrifying bacteria. Environmental Science & Technology, 49: 13454-13462.

KHAN S, HESHAM A E, QIAO M, et al., 2010. Effects of Cd and Pb on soil microbial community structure and activities. Environmental Science and Pollution Research, 17: 288-296.

KRÜGER C, KOHOUT P, JANOUSKOVA M, et al., 2017. Plant communities rather than soil properties structure arbuscular mycorrhizal fungal communities along primary succession on a mine spoil. Frontiers in Microbiology, 8: 719.

LI X F, BOND P L, VAN NOSTRAND J D, et al., 2015. From lithotroph-to organotroph-dominant: directional shift of microbial community in sulphidic tailings during phytostabilization. Scientific Reports, 5: 12978.

LI X F, HUANG L B, BOND P L, et al., 2014. Bacterial diversity in response to direct revegetation in the Pb-Zn-Cu tailings under subtropical and semi-arid conditions. Ecological Engineering, 68: 233-240.

LI Y, SUN Q Y, ZHAN J, et al., 2016a. Vegetation successfully prevents oxidization of sulfide minerals in mine tailings. Journal of Environmental Management, 177: 153-160.

LI Y, JIA Z J, SUN Q Y, et al., 2016b. Ecological restoration alters microbial communities in mine tailings profiles. Scientific Reports, 6: 25193.

LI Y, JIA Z J, SUN Q Y, et al., 2017. Plant-mediated changes in soil N-cycling genes during revegetation of copper mine tailings. Frontiers in Environmental Science, 5: 79.

LIAO B, HUANG L N, YE Z H, et al., 2007. Cut-off net acid generation pH in predicting acid-forming potential in mine spoils. Journal of Environmental Quality, 36: 887-891.

LILJEQVIST M, RZHEPISHEVSKA O I, DOPSON M, 2013. Gene identification and substrate regulation provide insights into sulfur accumulation during bioleaching with the psychrotolerant acidophile Acidithiobacillus ferrivorans. Applied and Environmental Microbiology, 79: 951-957.

LIU J, HUA Z S, CHEN L X, et al., 2014. Correlating microbial diversity patterns with geochemistry in an extreme and heterogeneous environment of mine tailings. Applied and Environmental Microbiology, 80: 3677-3686.

MOSIER A C, MILLER C S, FRISCHKORN K R, et al., 2016. Fungi contribute critical but spatially varying roles in nitrogen and carbon cycling in acid mine drainage. Frontiers in Microbiology, 7: 238.

NELSON K N, NEILSON J W, ROOT R A, et al., 2015. Abundance and activity of 16S rRNA, amoA and nifH bacterial genes during assisted phytostabilization of mine tailings. International Journal of Phytoremediation, 17: 493-502.

PANG G, CAI F, LI R X, et al., 2017. *Trichoderma*-enriched organic fertilizer can mitigate microbiome degeneration of monocropped soil to maintain better plant growth. Plant and Soil, 416: 181-192.

PARK B, LEE J, RO H, et al., 2011. Effects of heavy metal contamination from an abandoned mine on nematode community structure as an indicator of soil ecosystem health. Applied Soil Ecology, 51: 17-24.

PEREZ-IZQUIERDO L, ZABAL-AGUIRRE M, FLORES-RENTERIA D, et al., 2017. Functional outcomes of fungal community shifts driven by tree genotype and spatial-temporal factors in mediterranean pine forests. Environmental Microbiology, 19: 1639-1652.

RASTOGI G, SANI R K, PEYTON B M, et al., 2009. Molecular studies on the microbial diversity associated with mining-impacted Coeur D'alene river sediments. Microbial Ecology, 58: 129-139.

STEFANONI RUBIO P J, GODOY M S, DELLA MONICA I F, et al., 2016. Carbon and nitrogen sources influence tricalcium phosphate solubilization and extracellular phosphatase activity by Talaromyces flavus. Current Microbiology, 72: 41-47.

TALLA E, HEDRICH S, MANGENOT S, et al., 2014. Insights into the pathways of iron-and sulfur-oxidation, and biofilm formation from the chemolithotrophic acidophile Acidithiobacillus ferrivorans CF27. Research in Microbiology, 165: 753-760.

THIEM D, GOLEBIEWSKI M, HULISZ P, et al., 2018. How does salinity shape bacterial and fungal microbiomes of Alnus Glutinosa roots? Frontiers in Microbiology, 9: 651.

TU Q C, HE Z L, WU L Y, et al., 2017. Metagenomic reconstruction of nitrogen cycling pathways in a CO_2-enriched grassland ecosystem. Soil Biology and Biochemistry, 106: 99-108.

URBANOVÁ M, SNAJDR J, BALDRIAN P, 2015. Composition of fungal and bacterial communities in forest litter and soil is largely determined by dominant trees. Soil Biology and Biochemistry, 84: 53-64.

VALENTÍN-VARGAS A, ROOT R A, NEILSON J W, et al., 2014. Environmental factors influencing the structural dynamics of soil microbial communities during assisted phytostabilization of acid-generating mine tailings: A mesocosm experiment. Scinece of the Total Environment, 500: 314-324.

YELTON A P, COMOLLI L R, JUSTICE N B, et al., 2013. Comparative genomics in acid mine drainage biofilm communities reveals metabolic and structural differentiation of co-occurring archaea. BMC Genomics, 14: 485.

YIN G Z, LI G Z, WEI Z A, et al., 2011. Stability analysis of a copper tailings dam via laboratory model tests: a Chinese case study. Minerals Engineering, 24: 122-130.

ZHANG W H, HUANG Z, HE L Y, et al., 2012. Assessment of bacterial communities and characterization of lead-resistant bacteria in the rhizosphere soils of metal-tolerant Chenopodium ambrosioides grown on lead-zinc mine tailings. Chemosphere , 87: 1171-1178.

ZHANG X, NIU J J, LIANG Y L, et al., 2016a. Metagenome-scale analysis yields insights into the structure and function of microbial communities in a copper bioleaching heap. BMC Genetics, 17: 21.

ZHANG X, LIU X D, LIANG Y L, et al., 2016b. Metabolic diversity and adaptive mechanisms of iron- and / or sulfur-oxidizing autotrophic acidophiles in extremely acidic environments. Environmental Microbiology Reports, 8: 738-751.

术 语 索 引

编码基因 ·········· 205

变形菌门 ·········· 56

采矿废弃物酸化 ·········· 3

大中型土壤动物 ·········· 21

担子菌门 ·········· 192

氮代谢 ·········· 66

典范对应分析（CCA） ·········· 154

动物群落 ·········· 21

多样性净效应 ·········· 118

多元回归树（MRT） ·········· 63

多元线性回归模型（MLRM） ·········· 188

二价铁氧化 ·········· 69

方硫锰矿 ·········· 54

方铅矿 ·········· 54

放线菌门 ·········· 56

改良层 ·········· 180

高通量测序 ·········· 180

根茎对策 ·········· 74

功能基因 ·········· 200

钩端螺旋菌属 ·········· 185

古菌 ·········· 21

广古菌门 ·········· 56

宏基因组分析 ·········· 65

后期抚育 ·········· 180

厚壁菌门 ·········· 56

互补效应 ·········· 118

化学改良法 ·········· 2

黄铁矿 ·········· 54

黄铜矿 ·········· 54

基质改良 ·········· 5

金属硫化物 ·········· 4

净产酸潜力 ·········· 57

聚硫化物机制 ·········· 54

均匀度指数 ·········· 20

可操作分类单元（OTUs） ·········· 60

扩增子 ·········· 180

硫代硫酸盐机制 ·········· 54

硫氧化 ·········· 68

硫氧化微生物 ·········· 56

裸地 ·········· 10

螨虫 ·········· 21

铅锌矿 ·········· 74

忍耐对策 ·········· 74

冗余分析（RDA） ·········· 196

闪锌矿 ·········· 54

生态恢复试验小区 ·········· 122

生态修复 ·········· 4

生物多样性 ·········· 116

生物量 ·········· 117

嗜酸杆菌属 ·········· 185

嗜酸硫化杆菌属 ·········· 185

嗜酸微生物 ·········· 4

酸杆菌门 ·········· 56

酸化机制 ·········· 54

酸化潜力预测 ·········· 54

酸碱中和能力 ·········· 57

酸性矿山废水 ·········· 3

苔藓结皮 ·········· 10

苔-藻混合结皮 ·········· 10

碳固定 ·········· 65

铁氧化钩端螺旋菌 ············ 4

铁氧化微生物 ············ 56

铁原体属 ············ 185

铜矿 ············ 87

土壤 pH ············ 13

土壤铵态氮 ············ 15

土壤电导率 ············ 13

土壤含水量 ············ 12

土壤化学性质 ············ 13

土壤机械组成 ············ 12

土壤酶活性 ············ 142

土壤容重 ············ 12

土壤水溶性有机碳 ············ 14

土壤速效磷 ············ 16

土壤微生物群落结构与功能 ············ 179

土壤物理性质 ············ 12

土壤硝态氮 ············ 15

土壤演化结构方程模型 ············ 43

土壤阳离子交换量 ············ 13

土壤重金属有效态含量 ············ 19

土壤重金属总量 ············ 18

土壤总氮 ············ 14

土壤总磷 ············ 16

土壤总有机碳 ············ 14

微生境对策 ············ 74

微生物群落 ············ 31

尾矿 ············ 2

未改良层 ············ 180

物理固定法 ············ 2

细菌 ············ 21

先锋植物 ············ 74

线虫 ············ 21

相对丰度 ············ 61

硝化螺旋菌门 ············ 56

选择效应 ············ 118

氧化还原电位 ············ 188

氧化亚铁硫杆菌 ············ 4

有机废弃物 ············ 140

预测基因 ············ 199

原生动物 ············ 27

原生演替 ············ 3

原位基质改良技术 ············ 138

藻类结皮 ············ 10

真菌 ············ 21

植被恢复法 ············ 2

植物配置模式 ············ 124

植物群落 ············ 20

植物修复技术 ············ 5

植穴 ············ 122

种植带 ············ 122

重金属耐性植物 ············ 74

重金属胁迫 ············ 116

主成分分析（PcoA） ············ 195

注释信息 ············ 199

子囊菌门 ············ 192

Chao1 指数 ············ 60

Contigs 序列 ············ 199

eggNOG 数据库 ············ 200

ITS2 片段 ············ 192

NAG-pH 阈值 ············ 57

Pearson 相关性分析 ············ 160

Shannon-Wiener 指数 ············ 20

16S rRNA 基因序列 ············ 61

16S V4 区 ············ 180

Simpson 指数 ············ 20

454 焦磷酸测序技术 ············ 60

植 物 索 引

艾草……………………………………180
白花泡桐………………………………164
白茅…………………………………… 10
柏树……………………………………164
斑花败酱………………………………129
斑茅……………………………………180
苍耳…………………………………… 75
草木犀…………………………………123
刺槐…………………………………… 91
滇白前………………………………… 96
翻白叶………………………………… 96
飞龙掌血………………………………108
高羊茅…………………………………123
狗尾草………………………………… 76
狗牙根………………………………… 5
海州香薷……………………………… 92
黑麦草…………………………………123
胡枝子…………………………………129
画眉草…………………………………128
黄花蒿…………………………………129
灰白毛莓………………………………108
节节草………………………………… 75
结缕草………………………………… 10
金钗凤尾蕨…………………………… 80
金合欢…………………………………129
金鸡菊…………………………………122
井栏边草……………………………… 77
蕨…………………………………………77
杠板归………………………………… 89
宽叶香蒲……………………………… 5
魁蒿…………………………………… 75
狼尾草…………………………………128
芦竹……………………………………122
绿穗苋…………………………………180
马棘……………………………………129

芒草……………………………………108
芒萁…………………………………… 75
毛萼莓…………………………………108
毛蕊花………………………………… 96
木贼…………………………………… 10
女娄菜………………………………… 90
箬竹……………………………………108
山莓……………………………………108
商陆…………………………………… 90
双穗雀稗……………………………… 5
水蓼…………………………………… 93
粟草……………………………………128
酸模…………………………………… 90
酸模叶蓼………………………………179
天蓝苜蓿……………………………… 10
田菁……………………………………138
乌毛蕨………………………………… 77
蜈蚣草………………………………… 77
五节芒…………………………………122
细叶芨芨草…………………………… 96
香根草………………………………… 5
香青…………………………………… 96
斜羽凤尾蕨…………………………… 79
鸭跖草………………………………… 92
野菊……………………………………156
一年蓬………………………………… 90
阴地蒿………………………………… 92
茵陈蒿………………………………… 93
硬杆子草………………………………129
油茶……………………………………108
藏野青茅……………………………… 96
苎麻…………………………………… 91
紫花苜蓿………………………………123
紫穗槐…………………………………129